●目　　次●

●はじめに

　当教材は小さな個人塾の塾長自らが作成しました。実際にこの教材で多くの生徒の成績を上げてきましたので，自信をもっておすすめできる教材です。

●当教材の到達目標，練習問題の難易度

　当教材は基礎力を確実にすることを一番の目的としています。そのため，ゼロからでも独学で習得できるよう解説を加え，入試で出題されるような応用問題はほぼ排除し，基礎の定着に役立つ良質な基本問題を多く収録しています。

●当教材の使い方

　当教材は計算や証明を書き込める形式にしています。一度書き込んでしまうと繰り返し同じ問題を解くことが困難になりますが，このテキストの場合は最初からどんどん書き込んでください。それにより独自のオリジナルノートが完成します。そして，このノートを定期テスト対策や入試対策をする上で，忘れたところを見直すのに役立ててください。

　また，練習問題には若干難易度の高い標準レベルの問題も含まれますので，数学が苦手な人はすべての問題を解こうと思わず，最初は計算問題を完璧にすることを目標とし，時間に余裕があればそれ以外の解けそうな問題を選んで解いていってください。

●個別指導塾，学校のテキストとしても最適

　当教材は解説もあり，例題も豊富ですので板書をする必要がほとんどなく，効率的に授業を進めることができます。また特に学習塾において，学生が講師の場合は指導にむらが出やすいですが，順序通り進めてもらえれば，そのむらがかなり抑えられると実感いただけるはずです。

●監修者より

数学は積み重ねの学問です。積み重ねの一部は小学校から始まりますが，大部分は中学校から始まります。

数学は考える学問です。思考力を鍛えるという点においては数学以上の材料はないといえます。

　小学校では身近で実用的なことを学びました。

中学校では各単元をたくさん練習することによって体で覚えることに比重が置かれています。

この本にもたくさんの練習問題があります。

　ここで注意点があります。

中学校での定期試験や模試や高校入試において確かに計算練習が重視されますし，その努力の結果はテストの点数として反映されますが，数学の本質は体で「覚える」ことにではなく「考える」ことにあります。

この点を誤解すると高等学校に入ってから難解で膨大な分量の数学の問題を「覚える」ことになってしまい，大変な苦労をします。

この本の解説や問題演習で「考える」ことを意識して身につけることができれば，高等学校以降の人生で不必要な丸暗記事項を減らすことができるだけでなく，さまざまな場面で数学を頑張って良かったと

思えることでしょう。

本書には無理なくそれを実行できる工夫が随所になされています。

しっかりと説明や証明を読み，しっかりと問題に取り組んでみてください。

　ちなみに中学校から高等学校までの数学は実は一連のものとなっており，高等学校で理系に進むと最後に中学校１年生からやってきたことの意味や理科との繋がりがより深く分かります。お楽しみに。

　純粋な意味での「頭が良くなる」ことができる科目は数学だけです。

本書を通して皆さんが考える力を身につけ，現在や将来にいかせることを切に願っています。

監修　田中洋平

●著者より

・教材によるアナログプログラミング

　現代は人工知能によってあらゆるものが自動化されつつあります。私自身も教材を工夫することによって，ある程度の授業の自動化に成功したと確信しています。この場合の自動化とは，「**手順通りに進めることで自動的に生徒の成績が上がる**」ということを意味します。

　教科書通りに授業を進めてもなかなか結果がでないことから，教師はプリント教材の作成を強いられるわけですが，そこにメスを入れる余地があると考えています。

　私は学習塾での指導において，緻密に教材をプログラミングすることで授業の準備時間を大幅に減らすことに成功しました。これにより生徒一人ひとりに目を配る余裕が生まれ，個々に合わせた発展演習を行ったり，あるいは社会経験を多く語ったりすることができるようになったのです。

　今度はこれを汎用化することが私の目標です。高度なソフトウエアを多くのコンピューターにインストールすることで多くの時間と労力が短縮されます。これと同じように教材力で多くの単純作業が短縮できるはずです。これは決して教師側が横着をするためではなく，自動化できない教育，つまり人間にしかできないきめ細やかな教育に時間に多くの時間を割くためであることを強調しておきます。

・単純作業は自動化すべき

　結果を出すためには授業は何より**演習中心**であることが必要でした。そのためには次の時間が無駄であると気づきました。

- ・教師が授業の手順を考える時間
- ・プリントを印刷し，配る時間
- ・教師が板書をして，生徒がそれを書き写す時間

　そこで生まれたのがこの教材です。実際私がこの教材で授業をする場合，見開き左ページの内容をざっと説明し，すぐに練習問題をさせます。あとは生徒をよく観察し，個々にアドバイスを加えたり，質問対応をしたりします。やることはほぼこれだけ。これで中程度の生徒は，週１回90分程度の授業で，標準的な学校の授業を上回るペースで進めることができています。おかげで試験直前に十分な対策を行うことができ，わりと大きな成果を出しています。

微風出版 代表　児保祐介（こやすゆうすけ）

1章 ||| 図形と角の性質

●鋭角・直角・鈍角

・90°より小さい角を**鋭角**という。

・90°の角を**直角**という。

・90°より大きく 180°より小さい角を**鈍角**という。

●平行・垂直の表し方

直線 l と直線 m が平行であることは，$l/\!/m$ と表す。

直線 l と直線 m が垂直であることは，$l\perp m$ と表す。

平行　　垂直

$l/\!/m$　　$l\perp m$

●対頂角

交わる 2 直線がつくる 1 つの角の向かい合う角を，その角の**対頂角**という。

[性質] **対頂角は互いに大きさが等しい。**

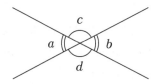

左図では，$\angle a$ の対頂角は $\angle b$　（$\angle b$ の対頂角は $\angle a$）

$\angle c$ の対頂角は $\angle d$　（$\angle d$ の対頂角は $\angle c$）

$\angle a = \angle b,\ \angle c = \angle d$

例題 **1**　　次の図の $\angle x$ の大きさを求めなさい。

(1)　　　　　　(2)

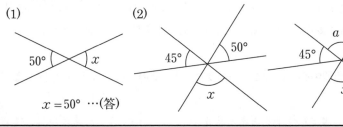

(1) $x = 50°$ …(答)

(2) x

$45 + a + 50 = 180$

$a = 180 - 45 - 50$

$\quad = 85$

$a = x$ なので，

$x = 85°$ …(答)

●同位角と錯角

同位角

錯角

●互いに同位角	●互いに錯角
$\angle a$ と $\angle e$（十字線の左上同士）	$\angle f$ と $\angle d$
$\angle b$ と $\angle f$（十字線の左下同士）	$\angle g$ と $\angle a$
$\angle c$ と $\angle g$（十字線の右下同士）	
$\angle d$ と $\angle h$（十字線の右上同士）	

[!Point]　右図のようにアルファベットの z や z を裏返した文字をたどったとき，折れ曲がった角同士が互いに錯角

1 次の問いに答えなさい。

(1) 90°より小さい角を何というか。(　　　　　　　　)

(2) 90°の角を何というか。(　　　　　　　　)

(3) 90°より大きく 180°より小さい角を何というか。(　　　　　　　　)

(4) 線分 AB と線分 CD が平行，垂直であることを，それぞれ記号を用いて表しなさい。

平行：(　　　　　　　　)　　垂直：(　　　　　　　　)

2 次の図の∠x の大きさを求めなさい。

(1)

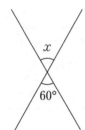

(2)

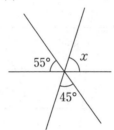

(3)

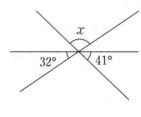

(4)

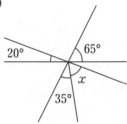

(5)

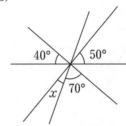

3 下の図に関して，次の角を答えなさい。

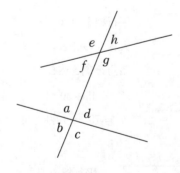

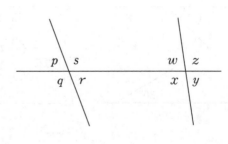

(1) ∠a の同位角

(2) ∠a の錯角

(3) ∠d の錯角

(4) ∠g の同位角

(5) ∠p の同位角

(6) ∠x の錯角

(7) ∠q の同位角

(8) ∠w の錯角

●同位角・錯角の性質

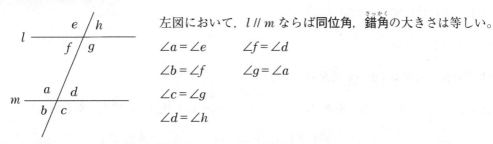

左図において，*l // m* ならば**同位角**，**錯角**（さっかく）の大きさは等しい。

$\angle a = \angle e$　　　$\angle f = \angle d$

$\angle b = \angle f$　　　$\angle g = \angle a$

$\angle c = \angle g$

$\angle d = \angle h$

例題 2　　*l // m* であるとき，∠*x*，∠*y* の大きさを求めなさい。

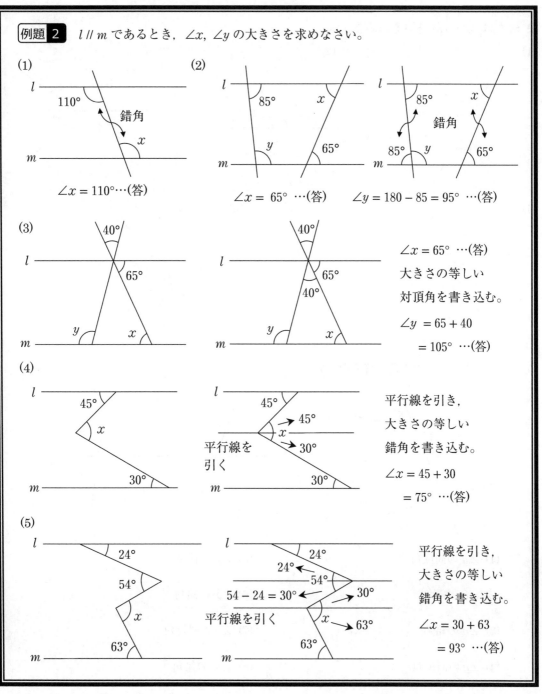

(1)
∠*x* = 110°…（答）

(2)
∠*x* = 65° …（答）　　∠*y* = 180 − 85 = 95° …（答）

(3)
∠*x* = 65° …（答）

大きさの等しい

対頂角を書き込む。

∠*y* = 65 + 40

　　 = 105° …（答）

(4)
平行線を引き，

大きさの等しい

錯角を書き込む。

∠*x* = 45 + 30

　　 = 75° …（答）

(5)
54 − 24 = 30°

平行線を引き，

大きさの等しい

錯角を書き込む。

∠*x* = 30 + 63

　　 = 93° …（答）

4 $l /\!/ m$ であるとき，$\angle x$, $\angle y$ の大きさを求めなさい。

(1)

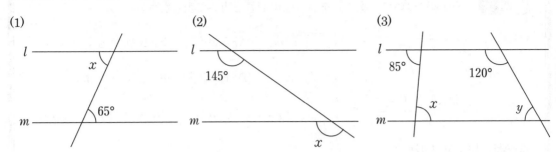

(2)

(3)

(4)

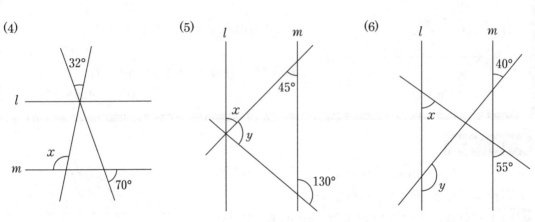

(5)

(6)

(7)

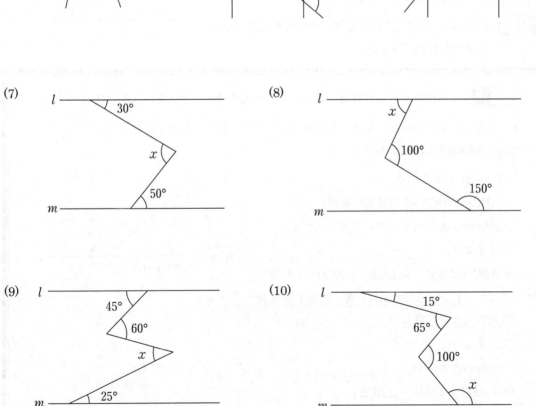

(8)

(9)

(10)

1章

例題 3　下の図について，次の角を A〜G の記号を用いて表しなさい。

(1)

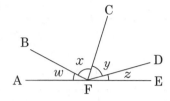

① ∠w　∠AFB …(答)　※∠BFA でもよい

② ∠z　∠DFE …(答)　※∠EFD でもよい

③ ∠x＋∠y　∠BFD …(答)　※∠DFB でもよい

(2) AB // FC, AC // DE

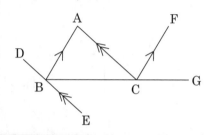

①∠ABC の同位角で，大きさが等しい角

∠FCG …(答)

②∠ACB の錯角で，大きさが等しい角

∠CBE …(答)

③∠BAC の錯角で，大きさが等しい角

∠ACF，∠ABD …(答)

● 内角と外角

多角形の内側の角を**内角**，右図のように 1 辺とそれと隣り
合う辺の延長線とで成す角を**外角**という。

性質　三角形の 2 つの内角の和は，他の内角と隣り合う
　　　外角の大きさに等しい

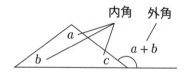

内角　　外角

例題 4　下の図を用いて次の 2 つのことを説明しなさい。ただし，AB // CD とする。

(1) 三角形の 2 つの内角の和は，他の内角と隣り合う外角の大きさに等しい

(2) 三角形の内角の和は 180° である。

AB // CD であるので，

∠ABC ＝ ∠DCE（平行線の同位角）…①

∠BAC ＝ ∠ACD（平行線の錯角）…②

①＋②より，

∠ABC ＋ ∠BAC ＝ ∠DCE ＋ ∠ACD ＝ ∠ACE

よって，2 つの内角の和は，他の内角と隣り合う
外角の大きさに等しい。

①，②より，

三角形の内角の和

＝ ∠ABC ＋ ∠BAC ＋ ∠ACB

＝ ∠DCE ＋ ∠ACD ＋ ∠ACB ＝ ∠BCE

BCE は一直線であるので，三角形の内角の和は 180° である。

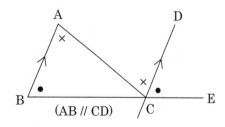

5 下の図について，次の角を A〜G の記号を用いて表しなさい。ただし[　　]内には数値を答えること。

(1) AE⊥CE

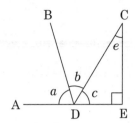

① ∠a = (　　　　　　)　　② ∠c = (　　　　　　)

③ ∠e = (　　　　　　)　　④ ∠a + ∠b = (　　　　　　)

⑤ ∠b + ∠c = (　　　　　　)

⑥ (　　　　　　) = 90°

⑦ ∠a + ∠b + ∠c = (　　　　　　) = [　　　　　]°

(2) AC//ED, CE//FG

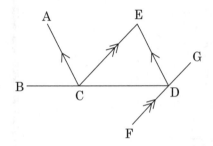

①∠EDG の錯角で，大きさが等しい角

②∠ACE の錯角で，大きさが等しい角

③∠CDE の同位角で，大きさが等しい角

④∠FDC の錯角で，大きさが等しい角

6 三角形の内角の和が180°であることを同位角や錯角の性質を使って，下の図で説明しなさい。ただし DE // BC であるとする。

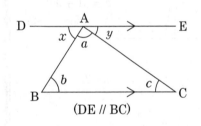

(DE // BC)

DE // BC で，平行線のア.(　　　　　　)は等しいので，

∠b = ∠x …①

∠c = ∠イ.(　　　　　) …②　　①，②より，

△ABC の内角の和 = ∠a + ∠b + ∠c

　　　　　　　　　 = ∠a + ∠x + ∠(　イ　)

　　　　　　　　　 = ウ.(　　　　　)°

よって，三角形の内角の和は180°である。

7 次の文は三角形の2つの角の和は残りの角の外角の大きさに等しいことを説明したものである。この文中の空欄を埋めなさい。

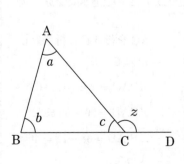

左図の三角形 ABC において，

三角形の内角の和はア.(　　　　　)°であるので，

a + b + c = (　ア　)。

よって a + b = イ.(　　　　　) …①

また，BCD は一直線であるので，c + z = ウ.(　　　　　)°

よって z = エ.(　　　　　) …②

①，②より a + b = オ.(　　　　　)となるので，

三角形の2つの角の和は残りの内角と隣り合う外角の大きさに等しい。

1章

●鋭角三角形・直角三角形・鈍角三角形

・3つの角がすべて鋭角である三角形を**鋭角三角形**という。

・1つの角が直角である三角形を**直角三角形**という。

・1つの角が鈍角である三角形を**鈍角三角形**という。

$\boxed{\text{例題 5}}$　次の△ABC は，鋭角三角形，直角三角形，鈍角三角形のうち，どの三角形か。

(1) $\angle A = 25°$, $\angle B = 60°$ → $\angle C = 180 - 25 - 60 = 95°$

　　　　　　　1つの角が鈍角なので鈍角三角形 …(答)

(2) $\angle A = 70°$, $\angle B = 80°$ → $\angle C = 180 - 70 - 80 = 30°$

　　　　　　　すべて鋭角なので鋭角三角形 …(答)

(3) $\angle C = 90°$　　　1つの角が直角なので直角三角形 …(答)

(4) $\angle B = 100°$　　　1つの角が鈍角なので鈍角三角形 …(答)

$\boxed{\text{例題 6}}$　次の図の $\angle x$ の大きさを求めなさい。

(1)

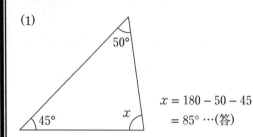

$x = 180 - 50 - 45$
　$= 85°$ …(答)

(2)

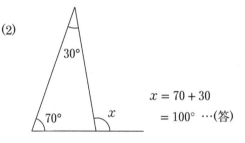

$x = 70 + 30$
　$= 100°$ …(答)

(3)

(4)

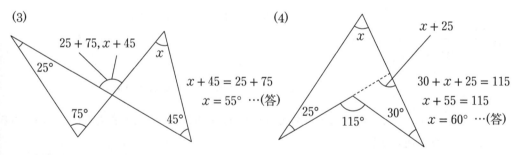

$x + 45 = 25 + 75$
$x = 55°$ …(答)

$30 + x + 25 = 115$
$x + 55 = 115$
$x = 60°$ …(答)

$\boxed{\text{例題 7}}$　長方形 ABCD を図のように AC を折り目に折り返した。このとき図の $\angle x$ の大きさを求めなさい。

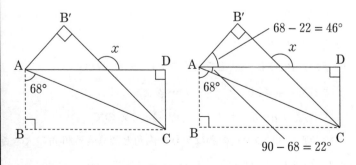

AC を折り目に折り返したので，

$\angle BAC = \angle B'AC = 68°$

$\angle CAD = 90 - 68 = 22°$

$\angle B'AD = 68 - 22 = 46°$

よって，

$x = 90 + 46 = 136°$ …(答)

1章

8 次の△ABC は，鋭角三角形，直角三角形，鈍角三角形のうち，どの三角形か。

(1) ∠A = 55°，∠B = 75°　　　　(2) ∠A = 35°，∠B = 55°　　　　(3) ∠A = 70°，∠B = 30°

(4) ∠B = 97°，∠C = 33°　　　　(5) ∠B = 65°，∠C = 90°　　　　(6) ∠B = 10°，∠C = 70°

9 2つの内角が鈍角である三角形は書くことができない。その理由を答えなさい。

10 次の図の∠x の大きさを求めなさい。

(1)
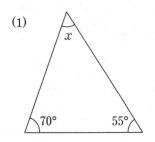

(2)
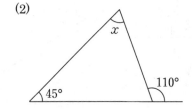

(3)
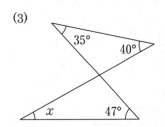

(4)
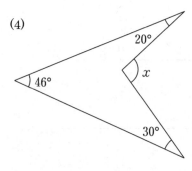

11 長方形 ABCD を図のように BD を折り目に折り返した。このとき図の∠x の大きさを求めなさい。

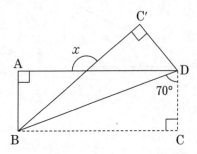

1
章

★ 章 末 問 題 ★

12 下図に関して次の問いに答えなさい。

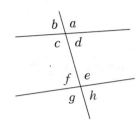

(1) ∠a と∠c のような位置にある2つの角を何というか。

(2) ∠a と∠e のような位置にある2つの角を何というか。

(3) ∠d と∠f のような位置にある2つの角を何というか。

13 次の図の∠x の大きさを求めなさい。ただし(3)〜(7)は l//m であるものとする。

(1)

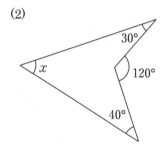

(2)

(3)

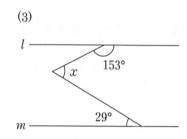

(4)

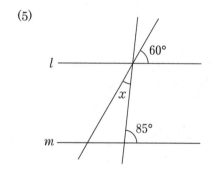

(5)

(6)

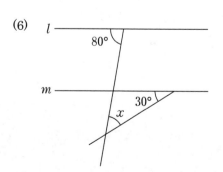

(7)

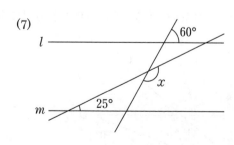

14 次の空欄に当てはまる言葉を答えなさい。

(1) 0°より大きく 90°より小さい角を（　　　　　　　　　）という。

(2) 2つの内角が，20°，60°である三角形は（　　　　　　　　　）三角形である。

(3) 2つの内角が，50°，40°である三角形は（　　　　　　　　　）三角形である。

15 下の図について，次の問いに答えなさい。

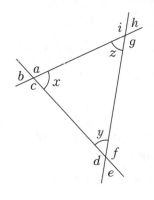

(1) ∠f の大きさを x と z の文字式で表しなさい。

(2) 大きさが $y + z$ となる角を∠a〜∠i から2つ選びなさい。

$y + z =$ ①（　　　　　　）= ②（　　　　　　）

16 次の∠x，∠y を求めなさい。ただし，四角形 ABCD は平行四辺形とする。

(1)

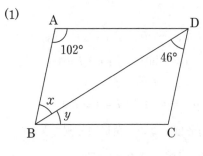

(2)

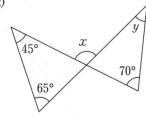

∠x =（　　　　　　），∠y =（　　　　　　）　　　∠x =（　　　　　　），∠y =（　　　　　　）

17 長方形 ABCD を，図のように折ったとき，次の問いに答えなさい。

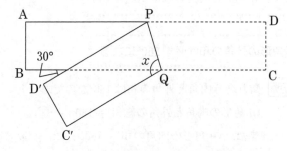

(1) ∠DPQ と大きさが等しい角を2つ答えなさい。（　　　　　　　），（　　　　　　　）

(2) 図の ∠x の大きさを求めなさい。∠x =（　　　　　　　　）

2章 ‖‖ 多角形の内角・外角

●多角形の内角の和

●四角形の内角の和

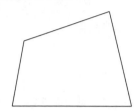 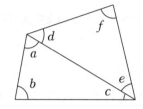

$a+b+c=180°$　　$d+e+f=180°$

$a+b+c+d+e+f=360°$

四角形は2つの三角形に分割できる。

→内角の和 $=180×2=360°$

●五角形の内角の和

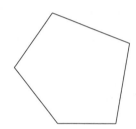 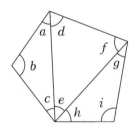

$a+b+c=180°$　　$d+e+f=180°$

$g+h+i=180°$

$a+b+c+d+e+f+g+h+i=540°$

五角形は3つの三角形に分割できる。

→内角の和 $=180×3=540°$

●六角形の内角の和

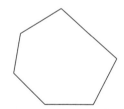 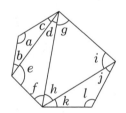

$a+b+c=180°$　　$d+e+f=180°$

$g+h+i=180°$　　$j+k+l=180°$

$a+b+c+d+e+f$
　　$+g+h+i+j+k+l=720°$

六角形は4つの三角形に分割できる。

→内角の和 $=180×4=720°$

●n 角形の内角の和

> n 角形は $n-2$ 個の三角形に分割できるので，n 角形の内角の和は $180(n-2)$

●多角形の外角の和

> 多角形の外角の和は必ず **360°** になる

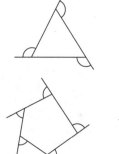 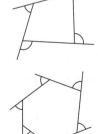

証明　隣り合う内角と外角の和は180°なので，

　　　(n 角形の内角と外角の総和) $=180n$ …①

　　　また，(n 角形の内角の和) $=180(n-2)$ …②

　　　①－②より，

　　　　n 角形の外角の和

　　　　$=180n-180(n-2)$

　　　　$=180n-180n+360=360°$

18 次の空欄に当てはまる言葉や数値を答えなさい。

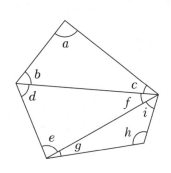

左図のように五角形は３つの三角形に分割できる。

内角の和は $a+b+c+d+e+f+g+h+i$ となり，

$a+b+c =$ ①(　　　　　)°

$d+e+f =$ ②(　　　　　)°

$g+h+i =$ ③(　　　　　)°　辺々を加えると，

$a+b+c+d+e$

$\qquad +f+g+h+i =$ ④(　　　　　)°

よって，内角の和 $=$ ⑤(　　　　　)°となる。

この考え方から，多角形の内角の和 $=$（分割できる三角形の数）$\times$ ⑥(　　　　　　)

で求めることができる。このことをまとめると以下の表になる。

角の数	4	5	6	7	…	n
分割できる 三角形の数	2				…	
内角の和	360				…	

19 次の空欄に当てはまる言葉や数値を答えなさい。

正六角形の内角の和は①(　　　　　)° であり，

すべての内角は等しいので，１つの内角は，

②(　　　　　)° ÷6 = ③(　　　　　)° となる。

よって１つの外角は180° − ④(　　　　　) = ⑤(　　　　　)°

となるので，

外角の和 = ⑥(　　　　　) × 6 = ⑦(　　　　　)°

左の六角形を考えると，（内角の和）= ⑧(　　　　　)° であり，

また，（隣（とな）り合う内角と外角の和）= ⑨(　　　　　)° なので，

（六角形の内角と外角の総和）= ⑩(　　　　　) × 6 = ⑪(　　　　　)°

よって，（六角形の外角の和）= ⑫(　　　　　)° − ⑬(　　　　　)°

$\qquad\qquad\qquad\qquad$ = ⑭(　　　　　)°

2章

例題 1 正五角形の1つの内角の大きさを求めなさい。

五角形の内角の和 $= 180 \times (5-2) = 540°$ で，

正五角形なので，内角はすべて等しいので，

1つの内角 $= 540 \div 5 = 108°$ …(答)

例題 2 正六角形の1つの外角の大きさを求めなさい。

多角形の外角の和 $= 360°$ で，

正六角形なので，外角はすべて等しいので，

1つの外角 $= 360 \div 6 = 60°$ …(答)

例題 3 内角の和が1080°になる多角形は何角形か。

求める多角形を n 角形とすると，

n 角形の内角の和 $= 180 \times (n-2)$

$180(n-2) = 1080$

$180n - 360 = 1080$

$180n = 1080 + 360$

$180n = 1440$

$n = \dfrac{1440}{180} = 8$　　よって，八角形 …(答)

例題 4 1つの外角の大きさが36°になる正多角形は正何角形か。

外角の和は360°なので，$360 \div 36 = 10$　　　よって，正十角形 …(答)

例題 5 1つの内角の大きさが150°になる正多角形は正何角形か。

1つの外角大きさ $= 180 - 150 = 30$

外角の和は360°なので，$360 \div 30 = 12$　　よって，正十二角形 …(答)

※求める正多角形を n 角形として，

$180(n-2) = 150n$

を解いて n を求めてもよいが，計算が簡単になるため，外角の和を利用できるときはできるだけ利用すること。

20 次の問いに答えなさい。

(1) 正八角形の１つの内角の大きさを求めなさい。

(2) 正十角形の１つの内角の大きさを求めなさい。

(3) 正十二角形の１つの外角の大きさを求めなさい。

(4) 正十五角形の１つの外角の大きさを求めなさい。

(5) 内角の和が1260°になる多角形は何角形か。

(6) 内角の和が1620°になる多角形は何角形か。

(7) １つの外角の大きさが 72°になる正多角形は正何角形か。

(8) １つの内角の大きさが 162°になる正多角形は正何角形か。

(9) 隣り合う内角と外角の大きさの比が８：１である正多角形の辺の数を答えなさい。

2章

例題 6 　次の図の∠x を求めなさい。

(1)

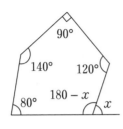

五角形の内角の和 $= 180 \times (5-2) = 540°$ より，

$120 + 90 + 140 + 80 + (180 - x) = 540$

$610 - x = 540$

$\quad -x = 540 - 610$

$\quad -x = -70$

$\quad\quad x = 70° \cdots$(答)

(2)

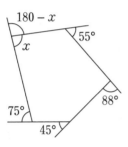

多角形の外角の和 $= 360°$ より，

$75 + 45 + 88 + 55 + (180 - x) = 360$

$443 - x = 360$

$\quad -x = 360 - 443$

$\quad -x = -83$

$\quad\quad x = 83° \cdots$(答)

(3)

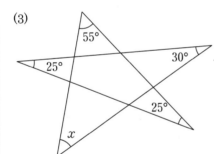

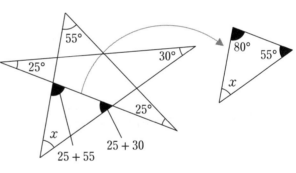

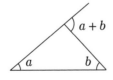

三角形の2つの内角の和は，
他の角の外角に等しいことを
利用して解く。

$80 + 55 + x = 180$

$135 + x = 180$

$\quad\quad x = 180 - 135$

$\quad\quad x = 45° \cdots$(答)

21 次の図の∠x を求めなさい。

(1)

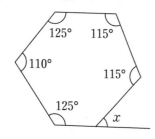

(2)

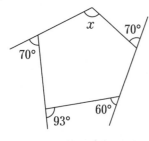

(3)

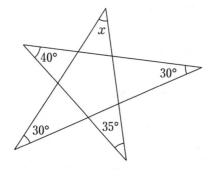

(4)

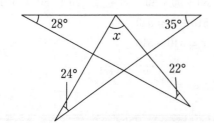

2章

例題 **7**　次の図の∠x の大きさを求めなさい。ただし同じ印をつけた角の大きさは等しいものとする。

(1)

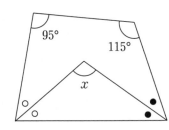

○ $= a$　● $= b$ とする。

三角形の内角の和は $180°$

より，　$a + b + x = 180$ …①

四角形の内角の和は $360°$ より，

$$2a + 2b + 115 + 95 = 360$$
$$2a + 2b + 210 = 360$$
$$2a + 2b = 360 - 210$$
$$2a + 2b = 150$$　両辺を2で割って，
$$a + b = 75$$ …②

①－②より，

$$a + b + x = 180$$
$$-)\quad a + b \quad\;\; = \;\;75$$
$$\overline{\qquad\qquad\qquad\qquad}$$
$$x = 105° \cdots (答)$$

(2)

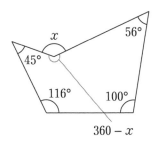

$360 - x$

!注意　内角が $180°$ を超えても多角形の内角の和は変わらない。

五角形の内角の和 $= 180(5 - 2) = 180 \times 3 = 540°$ より，

$$45 + 116 + 100 + 56 + (360 - x) = 540$$
$$677 - x = 540$$
$$-x = 540 - 677$$
$$-x = -137$$
$$x = 137° \cdots (答)$$

(3)

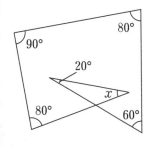
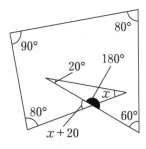

$x + 20$

五角形の内角の和

$= 180(5 - 2) = 540°$ より，

$$80 + 90 + 80 + 60 + (x + 20 + 180) = 540$$
$$510 + x = 540$$
$$x = 540 - 510$$
$$x = 30° \cdots (答)$$

22 次の図の∠x の大きさを求めなさい。ただし同じ印をつけた角の大きさは等しいものとする。

(1)

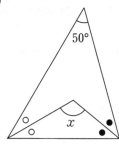

(2)

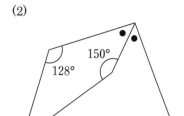

(3)

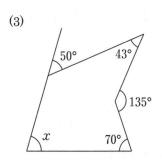

(4)

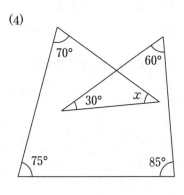

●○━━★章末問題★━━○●

23 以下は下図の五角形の内角の和が540°になることを説明したものである。以下の空欄を埋めなさい。

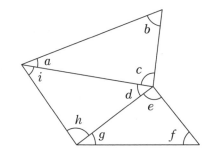

内角の和 $= a + b + c + d + e + f + g + h + i$ であり，

$a + b + c = $ [ア.　　　　　]° …①

$d + h + i = $ [イ.　　　　　]° …②

$e + g + f = $ [ウ.　　　　　]° …③

①＋②＋③より，

$a + b + c + d + e + f + g + h + i = 180 \times$ [エ.　　　　]

　　　　　　　　　　　　$= $ [オ.　　　　]

よって，内角の和は540°となる。

24 次の問いに答えなさい。

(1) 多角形の内角の和について，次の空欄に当てはまる数値や式を答えなさい。

n 角形は①(　　　　　　)個の三角形に分割できる。また，三角形の内角の和は②(　　　　　　)°

なので，n 角形の内角の和は③(　　　　　　　　　)となる。

(2) 以下は多角形の外角の和を求める過程である。(　　)には数値，[　　]には文字式を入れなさい。

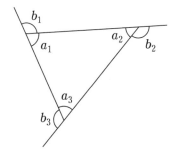

左図の三角形を考えると，

$a_1 + b_1 = $ A.(　　　　　)° …①

$a_2 + b_2 = $ B.(　　　　　)° …②

$a_3 + b_3 = $ C.(　　　　　)° …③　　①＋②＋③より，

$(a_1 + a_2 + a_3) + (b_1 + b_2 + b_3) = 180 \times$ D.(　　　　　)

　　　　　　　　　　　　　$= $ E.(　　　　　)° …⑤

$a_1 + a_2 + a_3 = $ F.(　　　　　)° …⑥　　⑤－⑥より，

$b_1 + b_2 + b_3 = $ G.(　　　　　)°

同様に n 角形の各内角の大きさを $a_1, a_2, a_3 \ldots a_n$，各外角の大きさを $b_1, b_2, b_3 \ldots b_n$ とすると，

内角の和＋外角の和 $= (a_1 + a_2 + a_3 + \cdots + a_n) + (b_1 + b_2 + b_3 + \cdots + b_n) = $ H.[　　　　　] …⑦

　　　　(1)より，内角の和 $= a_1 + a_2 + a_3 + \cdots + a_n = $ I.[　　　　　] …⑧

⑦－⑧より，外角の和 $= b_1 + b_2 + b_3 + \cdots + b_n = $ J.[　　　　　]－K.[　　　　　]

　　　　　　　　　$= $ L.(　　　　　)

25 次の問いに答えなさい。

(1) 内角の和が1980°になる多角形は何角形か。

(2) 1つの外角の大きさが20°になる正多角形は正何角形か。

(3) 正九角形の1つの内角の大きさを求めなさい。

(4) 正八角形の1つの外角の大きさを求めなさい。

(5) 1つの内角の大きさが120°になる正多角形は正何角形か。

(6) △ABC の∠B の大きさは∠A の2倍で，∠C の大きさは∠A の3倍であるとき，∠A の大きさを求めなさい。

26 次の図の∠x の大きさを求めなさい。

(1)
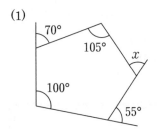

(2)
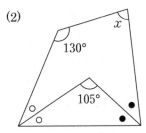

(3)
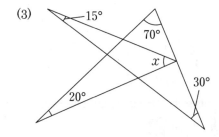

27 次のように平行な2直線 l, m の間に正多角形があるとき，∠x の大きさを求めなさい。

(1)
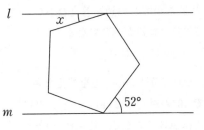

(2)
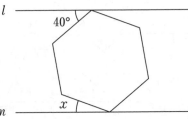

3章 ‖‖‖ 三角形の合同

●合同の意味

　平面上の２つの図形がぴったり重なり合うとき，２つの図形は互いに合同であるという。裏返してもぴったり重なれば合同といってよい。同号の記号は「≡」を用いる。

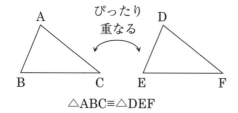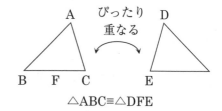

△ABC≡△DEF　　　　　　　△ABC≡△DFE

※合同であることを表すとき，対応する点（重なる点）を順に並べて書く。

●対応する点や辺の見つけ方

　対応する角に印や実際の角度を書きこんで考えてみる。

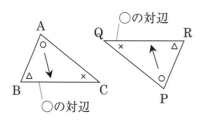

○→△→×の順に点を並べると

A→B→C　／　P→R→Q　→　△ABC≡△PRQ

○の対辺が重なる　→　BC＝RQ

△の対辺が重なる　→　AC＝PQ

×の対辺が重なる　→　AB＝PR

例題 1 　下図の２つの三角形が互いに合同であるとき，次の問いに答えなさい。

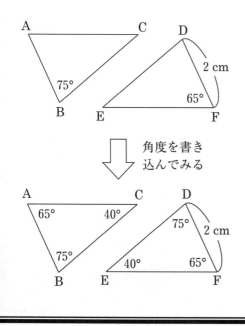

角度を書き込んでみる

(1) ∠EDF の大きさを求めなさい。

　∠ABC と∠EDF が対応するので，

　∠EDF＝75°…(答)

(2) ２つの三角形が合同であることを記号を用いて表しなさい。

　65°→75°→40°の順に並べていく。

　△ABC≡△FDE …(答)

(3) 辺 EF と長さが等しい辺を答えなさい。

　△FDE で 75°の対辺が EF になるので，

　EF＝AC　→辺 CA…(答)

(4) △ABC で長さが２cm の辺を答えなさい。

　△FDE で 40°の対辺が２cm で，△ABC で 40°の対辺は AB。よって，辺 AB …(答)

28 次の問いに答えなさい。

(1) 次の空欄を埋めなさい。

　平面上の2つの図形がぴったり重なり合うとき，2つの図形は互いに(　　　　　　　　　)であるという。

(2) 下の2つの三角形が互いに合同であるとき，空欄を埋めなさい。

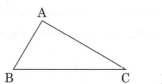 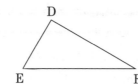

△ABC ≡ ①(　　　　　　　　　)

△ACB ≡ ②(　　　　　　　　　)

△CAB ≡ ③(　　　　　　　　　)

(3) 下の2つの三角形が互いに合同であるとき，空欄を埋めなさい。

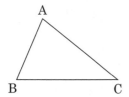 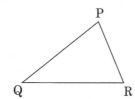

△ABC ≡ ①(　　　　　　　　　)

∠ACB ＝ ②(　　　　　　　　　)

PR ＝ ③(　　　　　　　　　)

29 下の図の2つの三角形が互いに合同であるとき，次の問いに答えなさい。

(1) ∠DEFの大きさを求めなさい。

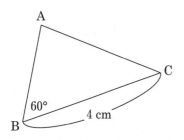

(2) 2つの三角形が合同であることを記号を用いて表しなさい。

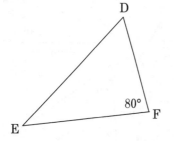

(3) 辺ABと長さが等しい辺を答えなさい。

(4) △DEFで長さが4cmの辺を答えなさい。

●三角形の合同条件

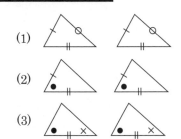

(1)

(2)

(3)

┏━三角形の合同条件━┓
　2つの三角形が次の場合，必ず合同になる

(1) 3組の辺がそれぞれ等しい

(2) 2組の辺とその間の角がそれぞれ等しい

(3) 1組の辺とその両端（りょうたん）の角がそれぞれ等しい

3章

┌─────────────────────────────────┐

例題 2 　次の条件を満たす三角形をコンパスと三角定規を用いてかきなさい。

　　　　　（指定された角度は三角定規の角を利用すること）

(1) 三辺の長さが3cm，2cm，3.5cmの
　　三角形

コンパスの幅を
2cm, 3.5cm にする

2cm　　　　3.5cm

3cm

定規で3cmの線分を引く。

(2) 一辺の長さが4cmでその両端の角が30°，
　　45°である三角形

三角定規の30°, 45°
の部分を利用して
線を引く

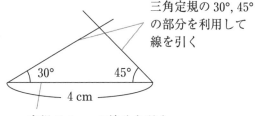

30°　　　　45°
　　　4cm

定規で4cmの線分を引く

(3) (1)(2)でかいた図形とは合同でない三角形を，同じ条件でもう1つかくことはできるか。

　(1)は三辺が決まり，(2)は一辺とその両端の角が決まってしまうので，合同条件から

　合同でない図形をかくことはできない。

　(1)の場合：かくことはできない …(答)　　　(2)の場合：かくことはできない …(答)

例題 3 　次の三角形の中から互いに合同な三角形の組をすべて選び，記号で答えなさい。

　　　　　また，そのとき使った合同条件も答えなさい。

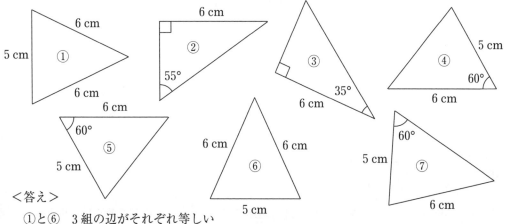

＜答え＞

　①と⑥　3組の辺がそれぞれ等しい

　②と③　1組の辺とその両端の角がそれぞれ等しい（注）内角はそれぞれ90°, 35°, 55°

　④と⑤　2組の辺とその間の角がそれぞれ等しい

30 三角形の合同条件を3つ書きなさい。

----

31 次の条件を満たす三角形をコンパスと三角定規を用いてかきなさい。

（下の線分を用い，指定された角度は三角定規の角を利用すること）

(1) 三辺の長さが5cm，4cm，3cmの三角形　　(2) 一辺の長さが5cmでその両端の角が45°，60°
である三角形（三角定規の角を利用すること）

5cm　　　　　　　　　　　　5cm

(3) (1),(2)でかいた図形とは合同でない図形を，同じ条件でかくことができるか。(1),(2)それぞれの
場合について答えなさい。

(1)の場合：（　できる・できない　）　　　(2)の場合：（　できる・できない　）

32 次の三角形の中から互いに合同な三角形の組をすべて選び，記号で答えなさい。また，そのと
き使った合同条件も答えなさい。

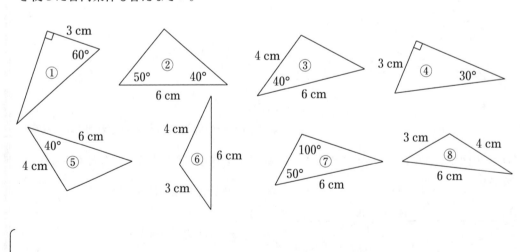

例題 4　次の問いに答えなさい。

(1) 下の図で AB＝AD，∠BAC＝∠DAC のとき，△ABC と合同な三角形を答え，合同条件
も答えなさい。

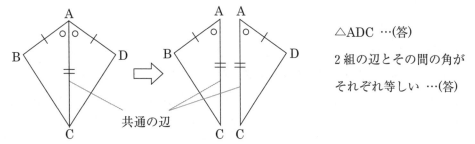

△ADC …(答)

2組の辺とその間の角が

それぞれ等しい …(答)

共通の辺

(2) 下の図で AC＝BD，AD＝BC のとき，△ACD と合同な三角形を答え，合同条件も答え
なさい。

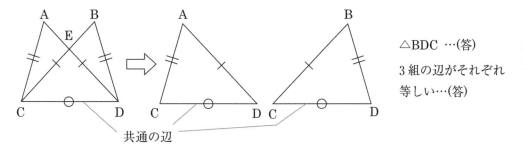

△BDC …(答)

3組の辺がそれぞれ

等しい…(答)

共通の辺

(3) 下の図で AB＝AC，∠ABE＝∠ACD のとき，△ABE と合同な三角形を答え，合同条件
も答えなさい。

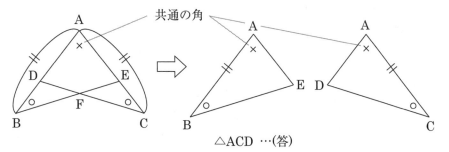

共通の角

△ACD …(答)

1組の辺とその両端の角がそれぞれ等しい…(答)

(4) 下の図で AB∥CD，AO＝DO のとき，△AOB と合同な三角形を答え，合同条件も答え
なさい。

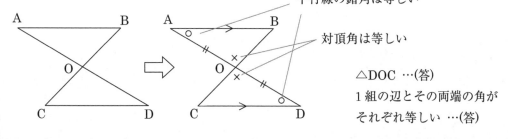

平行線の錯角は等しい

対頂角は等しい

△DOC …(答)

1組の辺とその両端の角が

それぞれ等しい …(答)

33 次の問いに答えなさい。

(1) 下の図で∠BAD＝∠CAD, ∠ADB＝∠ADC のとき，△ABD と合同な三角形を答え，合同条件も答えなさい。

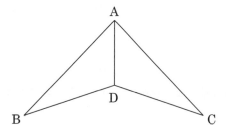

(2) 下の図で AB＝CD, BD＝CA のとき，△ABD と合同な三角形を答え，合同条件も答えなさい。

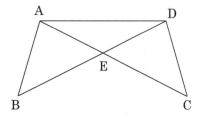

(3) 下の図で AB＝AC, AE＝AD のとき，△ABE と合同な三角形を答え，合同条件も答えなさい。

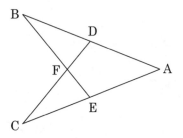

(4) 下の図で AB//CD, AB＝CD のとき，△AOB と合同な三角形を答え，合同条件も答えなさい。

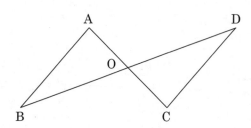

★ 章 末 問 題 ★

34 三角形の合同条件を3つ書きなさい。

----

35 下図の四角形 ABCD と四角形 EFGH は，直線 l が対称軸となる線対称な図形である。この図に関して次の問いに答えなさい。

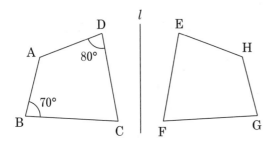

(1) 2つの四角形が合同であることを，記号を使って表しなさい。

(2) ∠G の大きさを求めなさい。

(3) 辺 AB に対応する辺を答えなさい。

36 次の問いに答えなさい。

(1) 次の条件を満たす三角形をコンパスと三角定規を用いてかきなさい。
（角度は三角定規の角度を利用してよいものとする。）

条件：二辺の長さが 6 cm, 5 cm でその間の角が 60°である三角形

(2) (1)でかいた図形とは合同でない図形を，同じ条件でかくことができるか。

（　できる・できない　）

37 次の三角形の中から互いに合同な三角形を「≡」を使って表し，そのとき使った合同条件も答えなさい。

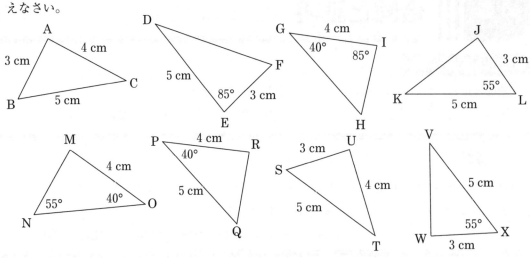

38 次の図で，△ABC と合同である三角形を「≡」を使って表しなさい。またそのとき使った合同条件も答えなさい。

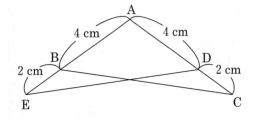

39 下の図について次の問いに答えなさい。

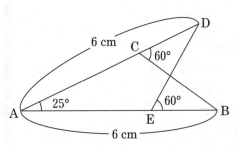

(1) ∠ADE と∠ABC の大きさをそれぞれ答えなさい。

∠ADE = [　　　　　　　]°　∠ABC = [　　　　　　　]°

(2) △ADE と合同な三角形を「≡」を使って表しなさい。またそのとき使った合同条件も答えなさい。

4章 ‖‖ 合同と証明

●命題の仮定と結論

客観的に正しいか，正しくないかを判断できる文章を**命題**という。

命題の「○○○ならば□□□」の○○○の部分を**仮定**，□□□の部分を**結論**という。

例題 1　次の命題の，仮定と結論を答えなさい。

(1) $x>0$，$y<0$ ならば，$xy<0$ である。　→　仮定：$x>0$，$y<0$　結論：$xy<0$ …(答)

(2) △ABC≡△DEF ならば，∠ABC＝∠DEF である。

→　仮定：△ABC≡△DEF　結論：∠ABC＝∠DEF …(答)

●証明　あることがらが成り立つことを，筋道を立てて明らかにすることを**証明**という。

例題 2　下の図で，AB＝AD，CB＝CD ならば，△ABC と△ADC は合同であることを証明しなさい。

【仮定】　　AB＝AD，CB＝CD　　　　【結論】　　△ABC≡△ADC

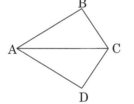

【証明】　△ABC と△ADC で，← 注目する三角形を宣言

仮定より，　CB ＝ CD …①　宣言で△ABC を先に書いたので，△ABC の辺や角を左に書く

等しい理由を書く　AB ＝ AD …②

共通の辺なので，　AC ＝ AC …③　後で用いる式に番号をつける

①，②，③より，3 組の辺がそれぞれ等しいので，　用いる合同条件を書き，最後に結論を書く

△ABC≡△ADC

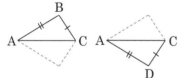

！注意　①〜③の部分はどの順番に書いてもよい

例題 3　下の図で，AB＝AC，AD＝AE ならば，△ABE と△ACD は合同であることを証明しなさい。

【仮定】　　AB＝AC，AD＝AE　　　【結論】　　△ABE≡△ACD

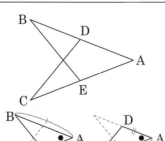

【証明】　△ABE と△ACD で，

仮定より，　AB＝AC …①

AE＝AD …②

共通の角なので，

∠BAE＝∠CAD　（共通）…③

①，②，③より，2 組の辺とその間の角がそれぞれ等しいので，△ABE≡△ACD

40 下の図に関する次の命題の仮定と結論を答えなさい。

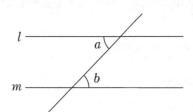

命題：$l /\!/ m$ ならば ∠a = ∠b である。

仮定：[　　　　　　　　　]　結論：[　　　　　　　　　]

41 下の図で，AB = CD，AD = CB ならば，△ABD と △CDB は合同であることを証明しなさい。

【仮定】

【結論】

【証明】

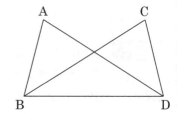

42 下の図で，OA = OB，∠OAC = ∠OBD = 90°ならば，△OAC と△OBD が合同になることを証明しなさい。

【仮定】

【結論】

【証明】

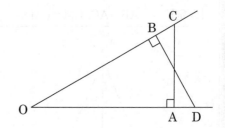

4章

例題 4　下の図で，AB // CD, OB = OC ならば，△OAB≡△ODC であることを証明しなさい。

【仮定】　AB // CD, OB = OC

【結論】　△OAB≡△ODC

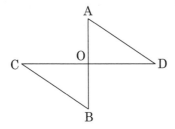

【証明】△OAB と△ODC で，

仮定より，OB = OC …①

平行線の錯角は等しいので，

∠OBA = ∠OCD …②

対頂角は等しいので，

∠AOB = ∠DOC …③

①，②，③より，1組の辺とその両端の角がそれぞれ等しいので，△OAB≡△ODC

例題 5　下の図で，AB⊥CD で，点 O は AB,CD の中点ならば，△OAD≡△OBC であることを証明しなさい。

【仮定】　AB⊥CD, AO = BO, CO = DO

【結論】　△OAD≡△OBC

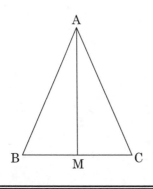

【証明】△OAD と△OBC で，

仮定より，AO = BO …①

CO = DO …②

対頂角は等しいので，

∠AOD = ∠BOC …③

①，②，③より，2組の辺とその間の角がそれぞれ等しいので，△OAD≡△OBC

!注意　③は「仮定より AB⊥CD なので，∠AOD = ∠BOC = 90°」としてもよい。

例題 6　下の図で，AB = AC で点 M は BC の中点ならば，△ABM≡△ACM であることを証明しなさい。

【仮定】　AB = AC, BM = CM

【結論】　△ABM≡△ACM

【証明】△ABM と△ACM で，

仮定より，AB = AC …①

BM = CM …②

共通の辺なので，

AM = AM …③

①，②，③より，3組の辺がそれぞれ等しいので，△ABM≡△ACM

43 下の図で，AB // CD, OA = OD ならば，△OAB≡△ODC であることを証明しなさい。

【仮定】

【結論】

【証明】

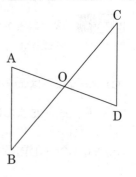

44 下の図で，AO⊥CO, AO = CO, DO = BO ならば，△OAB≡△OCD であることを証明しなさい。

【仮定】

【結論】

【証明】

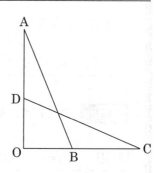

45 下の図で，AM⊥BC で点 M は BC の中点ならば，△ABM≡△ACM であることを証明しなさい。

【仮定】

【結論】

【証明】

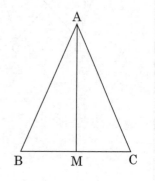

●命題の逆

ある命題の仮定と結論を入れかえた命題を，命題の**逆**という。

例題 **7**　次の命題が正しいか，正しくないかを判定しなさい。またその命題の逆を答え，それが正しいか，正しくないかも判定しなさい。

(1) $x = 5$ ならば $x^2 = 25$ である。→正しい

　　逆：$x^2 = 25$ ならば $x = 5$ である。→正しくない　　※ $x^2 = 25$ ならば $x = 5, -5$

(2) △ABC≡△DEF ならば AB＝DE である。→正しい

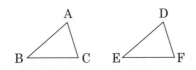

　　　　　　　　　　　　　　　※合同な図形の対応する角や辺は等しい

　　　　　　　　　　　　　　　逆：AB＝DE ならば△ABC≡△DEF である。

　　　　　　　　　　　　　　　→正しくない　※仮定は合同条件になっていない

(3) 下図に関して，$l \parallel m$ ならば∠a＝∠b である。→正しい

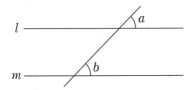

　　　　　　　　　　　　　　　※l と m が平行ならば，同位角は等しい。

　　　　　　　　　　　　　　　逆：∠a＝∠b ならば $l \parallel m$ である。→正しい

　　　　　　　　　　　　　　　※逆に同位角が等しければ，l と m は平行

例題 **8**　下の図で，AE＝CE，∠BAE＝∠DCE ならば，AB＝CD であることを証明しなさい。

【仮定】　AE＝CE，∠BAE＝∠DCE　　　　　【結論】　　AB＝CD

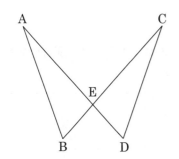

【証明】　△ABE と△CDE で，

　　　　仮定より，AE＝CE …①

　　　　　　　　　∠BAE＝∠DCE …②

　　　　対頂角は等しいので，

　　　　　　　　　∠AEB＝∠CED …③

　　　①，②，③より，1組の辺とその両端の角がそれぞれ等しいので，△ABE≡△CDE

　　　合同な図形の対応する**辺の長さは等しい**ので，

　　　AB＝CD

　　　角が等しいことを証明する場合は「合同な図形の対応する**角の大きさは等しいので**」に置き換える。

46 次の命題が正しいか，正しくないかを判定しなさい。またその命題の逆を答え，それが正しいか，正しくないかも判定しなさい。

(1) n が 4 の倍数ならば n は偶数である。→（ 正しい ・ 正しくない ）

逆：（　　　　　　　　　　　　　　　　　　　　 ）→（ 正しい ・ 正しくない ）

(2) $a + b = 1$ ならば $a = 1 - b$ である。→（ 正しい ・ 正しくない ）

逆：（　　　　　　　　　　　　　　　　　　　　 ）→（ 正しい ・ 正しくない ）

(3) $x + y = 4$ ならば $x = 3$, $y = 1$ である。→（ 正しい ・ 正しくない ）

逆：（　　　　　　　　　　　　　　　　　　　　 ）→（ 正しい ・ 正しくない ）

(4) $\triangle ABC \equiv \triangle DEF$ ならば $\angle C = \angle F$ である。→（ 正しい ・ 正しくない ）

逆：（　　　　　　　　　　　　　　　　　 ）

→（ 正しい ・ 正しくない ）

(5) 図において，$l /\!/ m$ ならば $\angle a = \angle b$ である。→（ 正しい ・ 正しくない ）

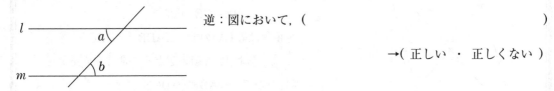

逆：図において，（　　　　　　　　　　　 ）

→（ 正しい ・ 正しくない ）

47 下の図で，$AB = CD$, $AD = CB$ ならば，$\angle ADB = \angle CBD$ であることを証明しなさい。

【仮定】

【結論】

【証明】

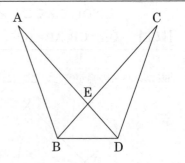

4
章

例題 9　下の図で，BD＝CE，BE＝CD ならば，∠DBC＝∠ECB であることを証明しなさい。

【仮定】　BD＝CE，BE＝CD　　　　　【結論】　∠DBC＝∠ECB

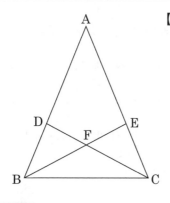

【証明】　△DBC と△ECB で，

　　　仮定より，BD＝CE …①

　　　　　　　CD＝BE …②

　　共通の辺なので，BC＝CB …③

　　①，②，③より，3組の辺がそれぞれ等しいので，

　　　　　△DBC≡△ECB

　　合同な図形の対応する角の大きさは等しいので，

　　　　　∠DBC＝∠ECB

例題 10　下の図で，AE＝DE，BE＝CE ならば，AB//CD であることを証明しなさい。

【仮定】　AE＝DE，BE＝CE　　　　　【結論】　AB//CD

【証明】　△ABE と△DCE で，

　　　仮定より，AE＝DE …①

　　　　　　　BE＝CE …②

　　対頂角は等しいので，∠AEB＝∠DEC …③

　　①，②，③より，2組の辺とその間の角がそれぞれ

　　等しいので，△ABE≡△DCE

　　合同な図形の対応する角の大きさは等しいので，

　　　　　∠EAB＝∠EDC

　　よって，錯角が等しいので，AB//CD

例題 11　下の図は，∠XOY の二等分線を作図したものである。この図において∠XOP＝∠YOP であることを証明しなさい。

【仮定】　OA＝OB，AP＝BP　　　　　【結論】　∠XOP＝∠YOP

※コンパスの幅が等しいことに注意する

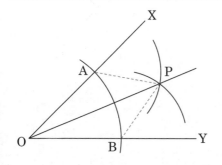

【証明】　△AOP と△BOP で，

　　　仮定より，OA＝OB …①

　　　　　　　AP＝BP …②

　　共通の辺なので，OP＝OP …③

　　①，②，③より，3組の辺がそれぞれ等

　　しいので，△AOP≡△BOP

　　合同な図形の対応する角の大きさは等

　　しいので，∠XOP＝∠YOP

48 下の図で，∠ABE＝∠ACD, AB＝AC ならば，CD＝BE であることを証明しなさい。

【仮定】

【結論】

【証明】

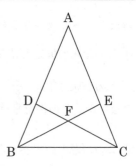

49 下の図で，O は AD,BC の中点ならば，AB∥CD であることを証明しなさい。

【仮定】

【結論】

【証明】

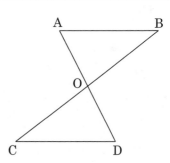

50 下の図は，∠XOY の二等分線を作図したものである。この図において∠XOR＝∠YOR であることを証明しなさい。

【仮定】

【結論】

【証明】

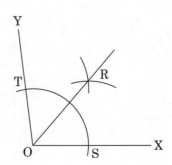

● ★ 章 末 問 題 ★

51 下の命題に関して次の問いに答えなさい。

命題：　$x > 0, y > 0$ ならば，$xy > 0$ である。

(1) この命題の仮定と結論を答えなさい。仮定：(　　　　　　　) 結論：(　　　　　　)

(2) この命題は正しいか，正しくないか。また正しくない場合は x, y がどのような値のとき成り立たないか。その例を挙げなさい。

(3) この命題の逆を答えなさい。　(　　　　　　　　　　　　　　　　　　　　)

(4) この命題の逆は正しいか，正しくないか。また正しくない場合は x, y がどのような値のとき成り立たないか。その例を挙げなさい。

52 下の図で，AB⊥CD, OA = OC, OB = OD ならば∠ABC = ∠ADC であることを証明しなさい。

【仮定】　　　　　　　　　　　　　　　　　　【結論】

【証明】

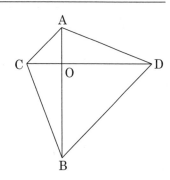

53 下の図で，AB = CD, AB//CD ならば O は AD の中点であることを証明しなさい。

【仮定】　　　　　　　　　　　　　　　　　　【結論】

【証明】

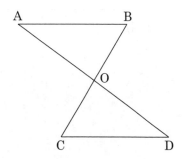

54 下の図で，AB = CD，AD = BC ならば AB // CD であることを証明しなさい。

【仮定】

【結論】

【証明】

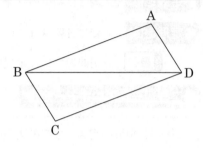

55 下図は直線 *l* 上の点 P を通り，*l* と垂直な線を作図したものである。この図について次の問いに答えなさい。

(1) ∠APQ = ∠BPQ となることを証明しなさい。

【仮定】　　　　　　　　　　　　　　　　　　　【結論】

【証明】

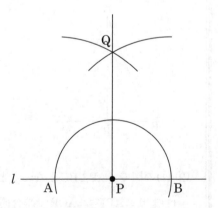

(2) 以下は(1)を利用して，*l* ⊥ PQ となる理由を述べたものである。文中の空欄に当てはまる数値を答えなさい。

A, P, B は同じ直線上の点であるので，∠APQ + ∠BPQ = (ア.　　　　　)° …①

また(1)より，∠APQ = ∠BPQ …②

①,②より，∠APQ = (イ.　　　　)°，∠BPQ = (ウ.　　　　)° となるので，*l* ⊥ PQ となる。

5章 ||| 二等辺三角形

●**定義とは** 定義とは物事の意味・内容を他と区別できるように，言葉で明確にすること。

●**定理とは** すでに証明されている，基本となる命題。

重要 証明問題では，定理を無条件で用いてよい

●**二等辺三角形の定義と定理**

二等辺三角形の定義　2つの辺の長さが等しい三角形

二等辺三角形の定理
- ① 二等辺三角形の底角は等しい
- ② 二等辺三角形の頂角の二等分線は底辺を垂直に二等分する

二等辺三角形
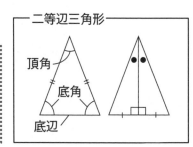
頂角／底角／底辺

●**二等辺三角形の定理の証明**

例題 1　AB＝AC である△ABC について，次の問いに答えなさい。

(1)　∠BAC の二等分線と辺 BC との交点を P として，∠ABC＝∠ACB, BP＝CP となることを証明しなさい。ただし二等辺三角形の定理は証明で用いないものとする。

【仮定】　AB＝AC，∠BAP＝∠CAP　　　【結論】　∠ABC＝∠ACB，BP＝CP

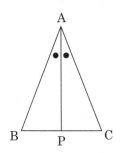

【証明】　△ABP と△ACP で，
仮定より，　AB＝AC　…①
　　　　　∠BAP＝∠CAP　…②
共通の辺なので，AP＝AP　…③
①，②，③より，2組の辺とその間の角がそれぞれ
等しいので，　　△ABP≡△ACP
合同な図形の対応する角の大きさと辺の長さは
等しいので，∠ABC＝∠ACB，BP＝CP

(2) (1)の図で，AP⊥BC となることを二等辺三角形の定理を使わずに説明しなさい。

(1)より△ABP≡△ACP で，合同な図形の対応する角の大きさは等しいので，

∠APB＝∠APC …①

また，B,P,C は同じ線分上にあるので，

∠APB＋∠APC＝180° …②

> 等しい角の和が180°なので，それぞれの角の大きさは90°であることは明らか

①,②より∠APB＝∠APC＝90°　よって，AP⊥BC

(3) (1),(2)より「△ABC で AB＝AC，∠BAP＝∠CAP ならば BP＝CP，AP⊥BC」であることがわかったが，これはどのような定理を言い変えたものか。

　　　　　二等辺三角形の頂角の二等分線は底辺を垂直に二等分する …(答)

56 AB＝AC である△ABC について次の問いに答えなさい。

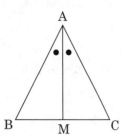

(1) このような三角形を何三角形というか。

(2) ∠ABC と∠ACB を何というか。　　(3) ∠BAC を何というか。

(4) ∠BAM＝∠CAM となる点 M を BC 上にとるとき，半直線 AM を∠BAC の何というか。

57 二等辺三角形の定義と定理を答えなさい。

定義：　　　　　　　　　　　　　　　　　　　　　　　　　　　　　　　　　

定理：　　　　　　　　　　　　　　　　　　　　　　　　　　　　　　　　　

58 AB＝AC である△ABC について，次の問いに答えなさい。

(1) BC の中点を M として，∠ABM＝∠ACM，∠BAM＝∠CAM となることを証明しなさい。ただし二等辺三角形の定理は証明で用いないものとする。

【仮定】　　　　　　　　　　　　　　　【結論】

【証明】

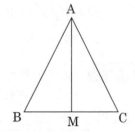

(2) (1)の図で，AM⊥BC となることを二等辺三角形の定理を使わずに説明しなさい。

(3) (1)より「△ABC で AB＝AC ならば∠ABM＝∠ACM」であることがわかったが，これはどのような定理を言い変えたものか。

5章

例題 2 次の図の∠x の大きさを求めなさい。

(1) AB＝AC

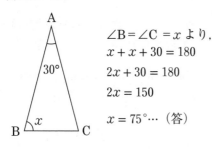

∠B＝∠C＝x より，
x＋x＋30＝180
2x＋30＝180
2x＝150
x＝75°…（答）

(2) AB＝AC

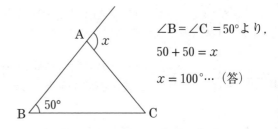

∠B＝∠C＝50°より，
50＋50＝x
x＝100°…（答）

(3) AB＝AC＝CD

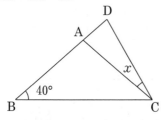

∠ABC＝∠ACB＝40°より，

∠DAC＝40＋40＝80°

∠CAD＝∠CDA＝80°

80＋80＋x＝180　　160＋x＝180

x＝20°…（答）

(4) AB＝BC＝CD

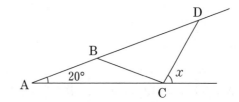

∠BAC＝∠BCA＝20°より，

∠DBC＝40°

∠DBC＝∠BDC＝40°より，

x＝∠DAC＋∠ADC

＝20＋40＝60°…（答）

例題 3 BC を底辺とする二等辺三角形 ABC で，∠DCB＝∠EBC となるように AB，AC
上にそれぞれ D，E をとるとき，DB＝EC であることを証明しなさい。

【仮定】　AB＝AC，∠DCB＝∠EBC　　　【結論】　　DB＝EC

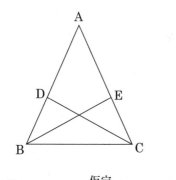

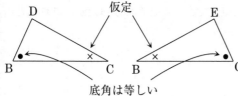

仮定

底角は等しい

【証明】　△DBC と△ECB で，

二等辺三角形の定理より，∠DBC＝∠ECB …①

仮定より，∠DCB＝∠ECB …②

共通の辺なので，BC＝BC …③

①,②,③より1組の辺とその両端の角がそれぞれ

等しいので△DBC≡△ECB

合同な図形の対応する辺の長さは等しいので，

DB＝EC

59 次の図の∠x の大きさを求めなさい。

(1) AB = AC

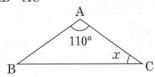

(2) AB = AC

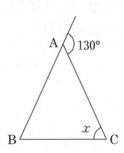

(3) AB = BC = CD

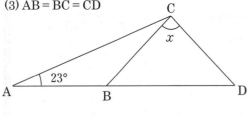

(4) AB = BC = CD

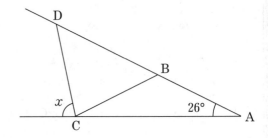

60 下図の△ABC は BC を底辺とする二等辺三角形で，∠BAD = ∠CAE ならば AD = AE である
ことを証明しなさい。

【仮定】

【結論】

【証明】

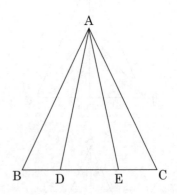

5
章

例題 4　BC を底辺とする二等辺三角形 ABC で，∠ABE＝∠ACD となるように AB，AC
上にそれぞれ D，E をとるとき，BE＝CD であることを証明しなさい。

【仮定】　AB＝AC，∠ABE＝∠ACD　　　【結論】　　BE＝CD

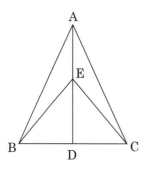

【証明】　△ABE と△ACD で，

　　　仮定より，AB＝AC …①

　　　　　　　∠ABE＝∠ACD …②

　　　共通の角なので，∠EAB＝∠DAC …③

　　①，②，③より１組の辺とその両端の角がそれぞ

　　れ等しいので，△ABE≡△ACD

　　合同な図形の対応する辺の長さは等しいので，

　　BE＝CD

例題 5　BC を底辺とする二等辺三角形 ABC で，∠A の二等分線と BC の交点を D とし，
線分 AD 上の点を E とするとき，△EBD≡△ECD であることを証明しなさい。

【仮定】　AB＝AC，∠BAD＝∠CAD　　　【結論】　　△EBD≡△ECD

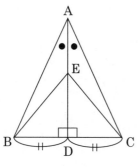

【証明】　△EBD と△ECD で，

　　　共通の辺なので，ED＝ED …①

　　　二等辺三角形の定理より，

　　　　　BD＝CD …②

　　　∠EDB＝∠EDC＝90° …③

　　①，②，③より２組の辺とその間の角がそれぞれ等しい

　　ので，△EBD＝△ECD

二等辺三角形の定理の「二等辺三角形の頂角の二等分線
は底辺を垂直に二等分する」ことを利用する。

61 二等辺三角形の定理を2つ書きなさい。

_____

_____

62 BC を底辺とする二等辺三角形 ABC で，AD＝AE となるように AB，AC 上にそれぞれ D，E をとるとき，BE＝CD であることを証明しなさい。

【仮定】　　　　　　　　　　　　　　　　【結論】

_____　　　_____

【証明】

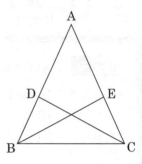

63 BC を底辺とする二等辺三角形 ABC で，∠A の二等分線と BC の交点を M とし，AM の延長線上に P をとるとき，△PBM≡△PCM であることを証明しなさい。

【仮定】　　　　　　　　　　　　　　　　【結論】

_____　　　_____

【証明】

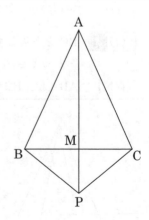

●二等辺三角形の定理の逆　一般に次の二等辺三角形の定理はその逆も成り立つ。

> 定理：二等辺三角形の底角（2つの角）は等しい
> 定理の逆：底角（2つの角）が等しい三角形は二等辺三角形である

重要　証明問題でこの定理の逆が成り立つことは無条件で用いてよい。

●二等辺三角形になる条件　二等辺三角形になる条件は以下の2つを暗記しておこう。

> ① 2つの辺の長さが等しい　　② 2つの角の大きさが等しい

例題 6　∠ABC＝∠ACB となっている△ABC について次の問いに答えなさい。

(1) ∠A の二等分線と BC との交点を M として，△ABM≡△ACM を証明することによって，AB＝AC となることを導きなさい。（二等辺三角形になる条件は使わないこと）

【仮定】　∠ABC＝∠ACB, ∠BAM＝∠CAM　　【結論】　△ABM≡△ACM, AB＝AC

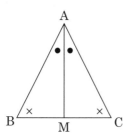

【証明】△ABM と△ACM で，
　　　　仮定より，∠ABC＝∠ACB …①
　　　　　　　　　∠BAM＝∠CAM …②
①，②より三角形の2つの角がそれぞれ等しいので，
残りの角も等しい。よって，∠AMB＝∠AMC …③
　　　　共通の辺なので，AM＝AM …④
②，③，④より1組の辺とその両端の角がそれぞれ等しいので，
　　　　△ABM≡△ACM
合同な図形の対応する辺の長さは等しいので AB＝AC

(2) (1)の結果より「二等辺三角形の底角は等しい」という定理の逆も成り立つことがわかる。その定理の逆を答えなさい。　　　　2つの角が等しい三角形は二等辺三角形 …(答)

例題 7　BC を底辺とする二等辺三角形 ABC で，BD＝CE となるように BC 上に D，E をとるとき，△ADE は二等辺三角形であることを証明しなさい。

【仮定】　AB＝AC, BD＝CE　　　　【結論】　△ADE は二等辺三角形

【証明】△ABD と△ACE で，
　　　　仮定より，AB＝AC …①
　　　　　　　　　BD＝CE …②
二等辺三角形の定理より，∠ABD＝∠ACE …③
①，②，③より，2組の辺とその間の角がそれぞれ
等しいので，△ABD≡△ACE
合同な図形の対応する辺の長さは等しいので，AD＝AE
2つの辺の長さが等しいので△ADE は二等辺三角形

64 二等辺三角形の定義と二等辺三角形になる条件を書きなさい。

(1) 定義：

(2) 二等辺三角形　①
　　になる条件：　②

65 ∠ABC＝∠ACB となっている△ABC について次の問いに答えなさい。

(1) A より BC に下ろした垂線と BC との交点を H として，△ABH≡△ACH を証明することによって，AB＝AC となることを導きなさい。（二等辺三角形になる条件は使わないこと）

【仮定】　　　　　　　　　　　　　　　【結論】

【証明】

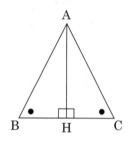

(2) (1)の結果より「二等辺三角形の底角は等しい」という定理の逆も成り立つことがわかる。その定理の逆を答えなさい。

66 BC を底辺とする二等辺三角形 ABC で，BD＝CE となるように AB，AC 上にそれぞれ D，E をとり，BE，CD の交点を F とするとき，△FBC は二等辺三角形であることを証明しなさい。

【仮定】　　　　　　　　　　　　　　　【結論】

【証明】

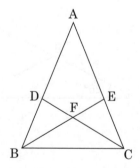

★ 章 末 問 題 ★

67 二等辺三角形の定義と定理を答えなさい。

定義：
_____

定理：
_____

_____

68 二等辺三角形になる条件を2つ書きなさい。

_____

_____

69 次の図の∠x の大きさを求めなさい。

(1) AB = AC, BC = BD

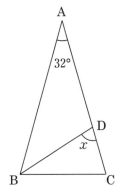

(2) AB = AC, CB = CD

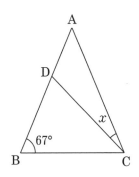

(3) BC は円 O の直径

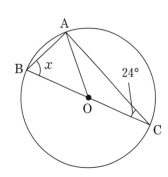

(4) AB = BC = CD = DE

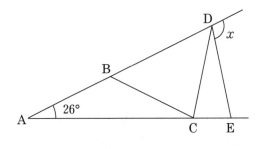

(5) AB = AC

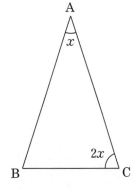

70 BC を底辺とする二等辺三角形 ABC で，∠BAD = ∠CAD となるように△ABC の内部に D を
とるとき，△DBC は二等辺三角形であることを証明しなさい。

【仮定】

【結論】

【証明】

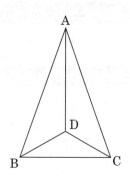

71 下図において AB = CD, AC = BD ならば△EBC は二等辺三角形であることを証明しなさい。

【仮定】

【結論】

【証明】

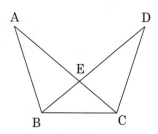

72 線分 AB の垂直二等分線を l とし，AB と l との交点を O, l 上の O 以外の点を P とするとき，
△PAB は二等辺三角形であることを証明しなさい。

【仮定】

【結論】

【証明】

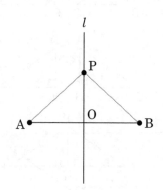

6章 ▎ 直角三角形・正三角形

●直角三角形の斜辺

直角三角形において，直角と向かい合う辺を斜辺という。

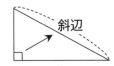

斜辺

●直角三角形の合同条件

(1)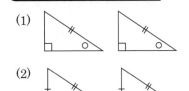

(2)

┌─ 直角三角形の合同条件 ─┐

(1) 斜辺と1つの鋭角がそれぞれ等しい

(2) 斜辺と他の一辺がそれぞれ等しい

※上記のいずれかのとき，2つの直角三角形は合同といえる。

●「斜辺と1つの鋭角がそれぞれ等しい」が合同条件になる理由

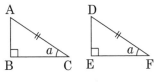

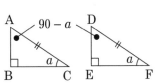

　　左の2つの直角三角形でAC＝DF，∠C＝∠Fとする。

ここで，∠C＝∠F＝$a°$とすると，

∠A＝$180-90-a＝90-a$

∠D＝$180-90-a＝90-a$

と表すことができるので∠A＝∠Dとなる。

よって1組の辺とその両端の角がそれぞれ等しくなるので

2つの三角形は合同といえる。

つまり，「斜辺と1つの鋭角がそれぞれ等しい」とき，

2つの直角三角形は必ず合同になる。

●「斜辺と他の一辺がそれぞれ等しい」が合同条件になる理由

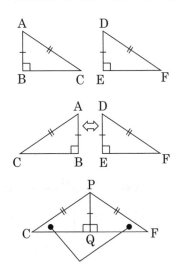

二等辺三角形の底角は等しい

　　左の2つの直角三角形でAB＝DE，AC＝DFとする。

△ABCをひっくり返し，AB，DEを左下図のように重ね合わせてみると，∠B＋∠E＝180°より，CQFは一直線となるので，PCQFは二等辺三角形となる。

よって二等辺三角形の定理より∠C＝∠Fとなる。

このことから△ABCと△DEFは「斜辺と1つの鋭角がそれぞれ等しい」ことになり，2つの三角形は合同といえる。

　　つまり，「斜辺と他の一辺がそれぞれ等しい」とき，

2つの直角三角形は必ず合同になる。

73 直角三角形の合同条件を2つ書きなさい。

----

74 次の問いに答えなさい。

(1) 下の直角三角形の斜辺を記号で答えなさい。　(2) 鋭角とはどのような角か答えなさい。

〔　　　　　　　〕　〔　　　　　　　　　　　　　　　　〕

75 次の三角形の中から互いに合同な三角形を「≡」を使って表し，そのとき使った直角三角形の
合同条件も答えなさい。

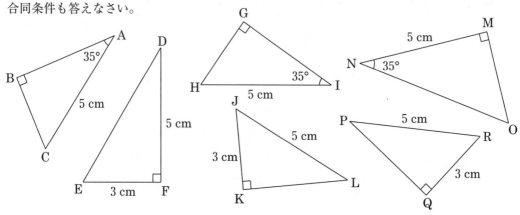

●直角三角形の合同条件の用い方

重要　直角三角形の合同条件を用いる場合,「**直角三角形の…**」と,三角形が直角三角形であることを言及する。

―用い方―

直角三角形の斜辺と他の一辺がそれぞれ等しいので,…

直角三角形の斜辺と他の1つの鋭角がそれぞれ等しいので,…

例題 1　∠XOY の二等分線 OZ 上の点 P から,二辺 OX, OY に垂線 PA, PB を下ろすと,PA = PB となることを証明しなさい。

【仮定】　∠XOZ = ∠YOZ, PA⊥XO, PB⊥YO　　　【結論】　PA = PB

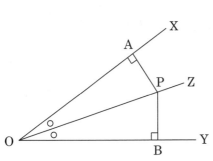

【証明】　△OAP と △OBP で,

　　　　　仮定より,　∠AOP = ∠BOP …①

　　　　　　　　　　　∠PAO = ∠PBO = 90° …②

　　　　　共通の辺なので,　OP = OP …③

　　　　　①,②,③より**直角三角形の斜辺と1つの鋭角が**

　　　　　それぞれ等しいので,　△OAP ≡ △OBP

　　　　　合同な図形の対応する辺の長さは等しいので,

　　　　　PA = PB

例題 2　下の図において,BE = CD,∠BEC = ∠CDB = 90°ならば,AB = AC であることを証明しなさい。

【仮定】　BE = CD, ∠BEC = ∠CDB = 90°　　　【結論】　AB = AC

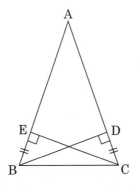

【証明】　△BEC と △CDB で,

　　　　　仮定より,　BE = CD …①

　　　　　　　　　　　∠BEC = ∠CDB = 90° …②

　　　　　共通の辺なので,　BC = CB …③

　　　　　①,②,③より**直角三角形の斜辺と他の一辺がそれぞれ**

　　　　　等しいので,　△BEC ≡ △CDB

　　　　　合同な図形の対応する角の大きさは等しいので,

　　　　　∠CBE = ∠BCD

　　　　　底角が等しいので△ABC は二等辺三角形で,

　　　　　AB = AC

76 ∠XOY内の点Pから OX, OY に下ろした垂線 PA，PB の長さが等しければ，∠AOP＝∠BOP
となることを証明しなさい。

【仮定】　　　　　　　　　　　　　　　　　　　　　【結論】

【証明】

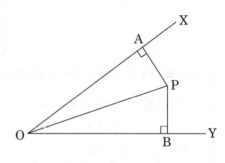

77 BC を底辺とする二等辺三角形 ABC の底辺の中点を M とする。M から AB，AC に垂線をひ
き，その交点をそれぞれ D, E とすれば，MD＝ME であることを証明しなさい。

【仮定】　　　　　　　　　　　　　　　　　　　　　【結論】

【証明】

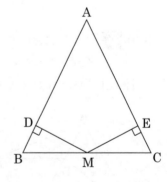

●正三角形の定義と定理

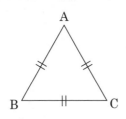

┌─正三角形の定義と定理─┐

【定義】三辺が等しい三角形（AB＝BC＝CA）

【定理】正三角形の3つの内角はすべて等しい

（∠A＝∠B＝∠C＝60°）

例題 3 正三角形 ABC の辺 AB, BC 上に，AP＝CQ となる点 P, Q をとる。このとき，BQ＝CP となることを証明しなさい。

【仮定】　　AB＝BC＝CA，AP＝CQ　　　　　　　【結論】　　BQ＝CP

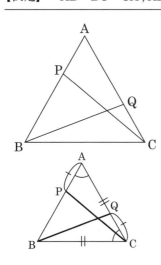

【証明】　△APC と△CQB で，

仮定より，AC＝BC …①

AP＝CQ …②

正三角形の定理より，

∠PAC＝∠QCB＝60° …③

①,②,③より2組の辺とその間の角がそれぞれ

等しいので，△APC≡△CQB

合同な図形の対応する辺の長さは等しいので，

BQ＝CP

例題 4 下の図において，△ABC と△DCE は正三角形であるとき，BD＝AE であることを証明しなさい。

【仮定】　　AB＝BC＝CA, CD＝DE＝EC　　　　　【結論】　　BD＝AE

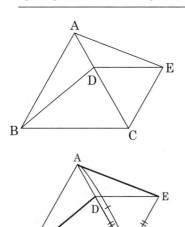

【証明】　△BCD と△ACE で，

仮定より，BC＝AC …①

CD＝CE …②

正三角形の内角はすべて等しく60°であるので，

∠BCD＝∠ACE＝60° …③

①,②,③より2組の辺とその間の角がそれぞれ

等しいので，△BCD≡△ACE

合同な図形の対応する辺の長さは等しいので，

BD＝AE

78 正三角形の定義と定理をそれぞれ答えなさい。

定義：

定理：
------

79 正三角形 ABC の AC の中点を M とし，AB, BC 上に∠AMP＝∠CMQ となるように P,Q をとるとき，PM＝QM となることを証明しなさい。

【仮定】　　　　　　　　　　　　　　　　　　　【結論】
_____　　_____

【証明】

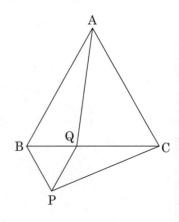

80 下の図において，△ABC と△BPQ は正三角形であるとき，∠BAQ＝∠BCP であることを証明しなさい。

【仮定】　　　　　　　　　　　　　　　　　　　【結論】
_____　　_____

【証明】

例題 5　下の図において，△ABC と△ECD は正三角形である。このとき，AD＝BE であ
ることを証明しなさい。

【仮定】　AB＝BC＝CA, CD＝DE＝EC 　　　【結論】　AD＝BE

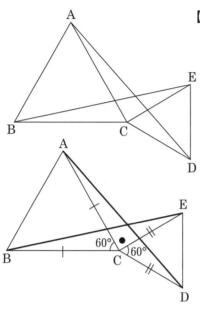

【証明】　△BCE と△ACD で，

仮定より，BC＝AC …①

CE＝CD …②

正三角形の内角はすべて 60°なので，

∠BCA＝∠DCE＝60°

∠BCE＝∠BCA＋∠ACE＝60°＋∠ACE

∠ACD＝∠DCE＋∠ACE＝60°＋∠ACE

よって，∠BCE＝∠ACD …③

①,②,③より，2組の辺とその間の角がそれぞ
れ等しいので，△BCE≡△ACD

合同な図形の対応する辺の長さは等しいので，

AD＝BE

例題 6　下の図において，△ABC と△ADE はともに正三角形である。このとき，BD＝
CE となることを証明しなさい。

【仮定】　AB＝BC＝CA, AD＝DE＝EA 　　　【結論】　BD＝CE

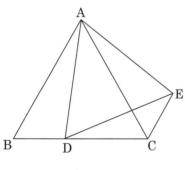

【証明】　△ABD と△ACE で，

仮定より，AB＝AC …①

AD＝AE …②

正三角形の内角はすべて 60°なので，

∠BAC＝∠EAD＝60°　また，

∠BAD＝∠BAC－∠DAC＝60°－∠DAC

∠CAE＝∠DAE－∠DAC＝60°－∠DAC

よって，∠BAD＝∠CAE …③

①,②,③より，2組の辺とその間の角がそれぞ
れ等しいので，△ABD≡△ACE

合同な図形の対応する辺の長さは等しいので，

BD＝CE

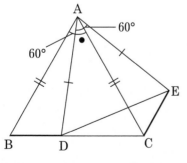

81 △ABC の二辺 AB, AC をそれぞれ一辺とする正三角形を図のように作り，その頂点を P, Q とする。このとき，CP＝QB であることを証明しなさい。

【仮定】　　　　　　　　　　　　　　　　　　　【結論】

【証明】

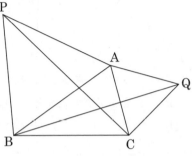

6章

82 下の図において，△PQR と△PST はともに正三角形であるとき，SQ＝TR となることを証明しなさい。

【仮定】　　　　　　　　　　　　　　　　　　　【結論】

【証明】

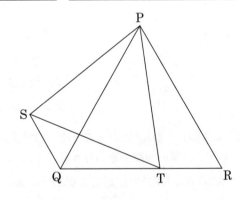

● ★章末問題★

83 下の2つの三角形は∠C＝∠F＝90°, ∠A＝∠D, AB＝DE が成り立っている。次の問いに答えなさい。

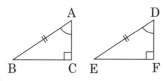

(1) この2つの直角三角形は合同となるが，その根拠となる直角三角形の合同条件を答えなさい。

(2) ∠A＝∠D＝x とするとき，次の空欄を埋めなさい。

∠B, ∠E を x の式で表すと，∠B＝①(　　　　　　　), ∠E＝②(　　　　　　　)となるので，

∠B＝∠③(　　　　　　)となることがわかる。

(3) △ABC≡△DEF となることを，(1)で答えた合同条件を使わずに，(2)の結果を利用して証明するとき，以下の空欄を埋めなさい。

　　△ABC と△DEF で，

　　仮定より，∠A＝∠①(　　　　　) , AB＝②(　　　　　　　), (2)より∠B＝∠③(　　　　　)

　　よって，④(　　　　　　　　　　　　　　　　　　　　)ので△ABC≡△DEF

　　つまり，(1)の答えが直角三角形の合同条件になることがわかる。

84 下の2つの三角形は∠B＝∠E＝90°, AC＝DF, AB＝DE が成り立っている。次の問いに答えなさい。

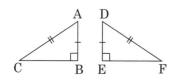

(1) この2つの直角三角形は合同となるが，その根拠となる直角三角形の合同条件を答えなさい。

(2) 次の空欄を埋めなさい。

【図1】

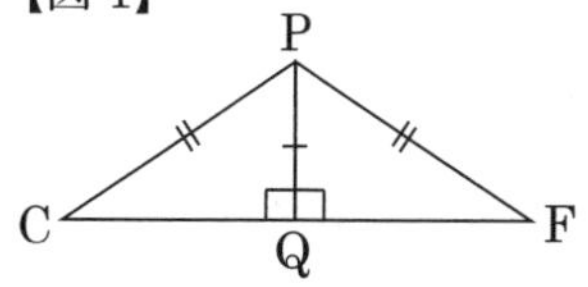

【図1】のように AB, DE を重ね合わせてみると，

　∠ABC＋∠DEF＝①(　　　　)°より，CQFは一直線となる。

また仮定より PC＝PF なので，△PCF は②(　　　　)三角形となる。よって，(②)三角形の定理より∠C＝∠③(　　　　)となる。

(3) △ABC≡△DEF となることを，(1)で答えた合同条件を使わずに，(2)の結果を利用して証明するとき，以下の空欄を埋めなさい。

　△ABC と△DEF で，仮定より∠B＝∠E＝①(　　　)°なので，これらは直角三角形である。

　また，仮定より AC＝②(　　　　　), (2)より∠C＝∠③(　　　　)である。よって，

　④(　　　　　　　　　　　　　　　　　　　　　)ので△ABC≡△DEF

　つまり，(1)の答えが直角三角形の合同条件になることがわかる。

85 正三角形の定義と定理をそれぞれ答えなさい。

定義：

定理：

----

86 図の∠*x*，∠*y* の大きさを求めなさい。

(1) AB＝BC＝CA, *l*／／*m*

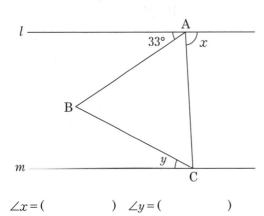

∠*x* =（　　　　　　）　∠*y* =（　　　　　　）

(2) ABCD は正方形，△PBC は正三角形

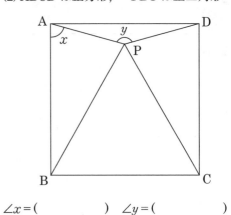

∠*x* =（　　　　　　）　∠*y* =（　　　　　　）

87 下の図において，AM＝CM，∠ABM＝∠CDM＝90°であるとき，AB＝CD であることを証明しなさい。

【仮定】＿＿＿＿＿＿＿＿＿＿＿＿＿＿＿＿＿＿　【結論】＿＿＿＿＿＿＿＿＿＿

【証明】

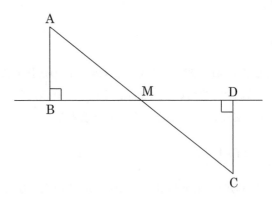

88 正三角形 PQR の辺 PQ, PR 上に，PS＝RT となる点 S, T をとる。このとき，RS＝QT となることを証明しなさい。

【仮定】＿＿＿＿＿＿＿＿＿＿＿＿＿＿＿＿＿＿　【結論】＿＿＿＿＿＿＿＿＿＿

【証明】

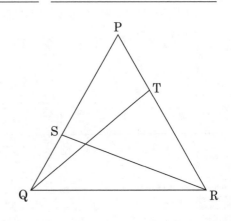

89 △ABC の∠A の二等分線と BC との交点を P とする。さらに P から AB,AC にそれぞれ垂線 PQ, PR を下ろすとき，PQ＝PR であることを証明しなさい。

【仮定】　　　　　　　　　　　　　　　　　　　　　　　【結論】

【証明】

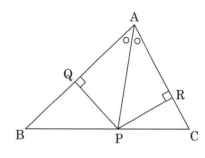

90 △ABC は正三角形で，CA, AB の延長上に AE＝BD となるように 2 点 E, D をとり，E と B，D と C をそれぞれ結ぶ。このとき次の問いに答えなさい。

(1) ∠BAE, ∠CBD の大きさを求めなさい。

∠BAE＝(　　　　　　　)°, ∠CBD＝(　　　　　　)°

(2) (1)の結果を利用して EB＝DC を証明しなさい。

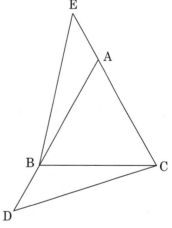

91 図の△ABC は∠A＝90°の直角二等辺三角形で，BP, CQ は頂点 A を通る直線に B, C からそれぞれ下ろした垂線である。この図について次の問いに答えなさい。

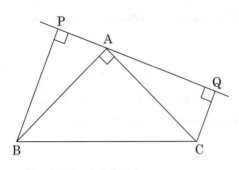

(1) ∠PAB＝a°とするとき，∠PBA, ∠CAQ ,∠ACQ の大きさを a の式で表しなさい。

∠PBA＝①(　　　　　　)°

∠CAQ＝②(　　　　　　)°

∠ACQ＝③(　　　　　　)°

(2) (1)の結果より∠PBA と等しい角を答えなさい。　　(　　　　　　　　　)

(3) (2)の結果を利用して，BP＝AQ となることを証明しなさい。

92 図のように線分 AB 上に点 C をとり，線分 AB の上側に正三角形 ACD，正三角形 CBE をつくる。A と E，B と D をそれぞれ結ぶとき，AE＝DB であることを証明しなさい。

【仮定】

【結論】

【証明】

7章 ‖‖ 平行四辺形

●平行四辺形の定義

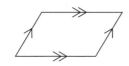

┌─ 平行四辺形の定義 ─┐
2組の向かい合う辺がそれぞれ平行である四角形

●平行四辺形の定理 (性質)

(1)　　　(2)　　　(3)

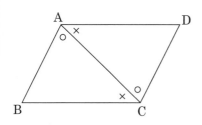

┌─ 平行四辺形の定理 ─┐
(1) 2組の向かい合う辺はそれぞれ等しい
(2) 2組の向かい合う角はそれぞれ等しい
(3) 対角線はそれぞれの中点で交わる

●平行四辺形の向かい合う辺，向かい合う角がそれぞれ等しい理由

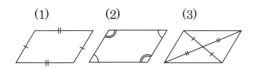

左図の平行四辺形 ABCD において，
△ABC と△CDA で，
共通の辺なので，AC = CA …①
平行線の錯角は等しいので，
∠BAC = ∠DCA …②　　∠BCA = ∠DAC …③
①,②,③より1組の辺とその両端の角がそれぞれ等しいので，
△ABC≡△CDA
合同な図形の対応する辺の長さ，角の大きさは等しいので，
AB = CD, BC = DA　→　向かい合う辺はそれぞれ等しい
　∠B = ∠D　→　向かい合う角が等しい
また②,③より∠BAC + ∠DAC = ∠BCA + ∠DCA
よって，∠A = ∠C　→　向かい合う角が等しい

●平行四辺形の対角線はそれぞれの中点で交わる理由

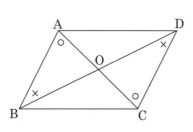

左図の平行四辺形 ABCD において，
△OAB と△OCD で，
平行四辺形の定理より，AB = CD …①
平行線の錯角は等しいので，
∠BAO = ∠DCO …②　　∠ABO = ∠CDO …③
①,②,③より1組の辺とその両端の角がそれぞれ等しいので，
△OAB≡△OCD
合同な図形の対応する辺の長さは等しいので，
OA = OC, OB = OD　→　対角線はそれぞれの中点で交わる

93 平行四辺形の定義と定理を書きなさい。

定義：

定理：

94 下図の四角形 ABCD は平行四辺形である。この図について次の問いに答えなさい。

(1) △ABD≡△CDB であることを証明しなさい。ただし平行四辺形の定理は利用しないものとする。

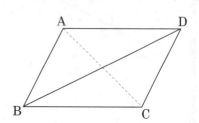

(2) 次の文中の空欄を埋めなさい。ただし[　　]内には平行四辺形の定理を答えること。

(1)より△ABD≡△CDB であるので，合同な図形の対応する辺の長さは等しいので，

AB＝（ア.　　　　），AD＝（イ.　　　　）となる。よって，平行四辺形の

[ウ.　　　　　　　　　　　　　　　　　　　　　　]ことになる。

また合同な図形の対応する角の大きさも等しいので，∠BAD＝(エ.　　　　)であり，

同様に △ABC≡△CDA も証明できるので，∠ABC＝(オ.　　　　)となる。

よって，平行四辺形の [カ.　　　　　　　　　　　　　　] ことになる。

(3) 次の文は「平行四辺形の対角線はそれぞれ中点で交わる」理由を述べたものである。この文中の空欄を埋めなさい。ただし[　　]内には平行四辺形の定理を答えること。

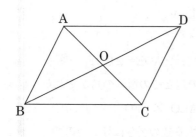

左図の△AOD と△COB で，(2)より，平行四辺形の

[ア.　　　　　　　　　　　　　　　　　]ので，

　AD＝(イ.　　　　) …①

平行線の錯角は等しいので，

　∠DAO＝(ウ.　　　　) …②

　∠ADO＝(エ.　　　　) …③

①,②,③より，(オ.　　　　　　　　　　　　　　)ので，

△AOD≡△COB

合同な図形の対応する(カ.　　　　　) は等しいので，OA＝OC，OD＝OB

よって，平行四辺形の対角線はそれぞれ中点で交わることになる。

例題 1 　平行四辺形 ABCD の対角線 BD 上に，BE＝DF となる点 E, F をとる。このとき，AE＝CF であることを証明しなさい。

【仮定】　AB//CD, AD//BC, BE＝DF　　　【結論】　AE＝CF

注意　ABCD が平行四辺形であるとき，仮定には定義(AB//CD, AD//BC)を書く

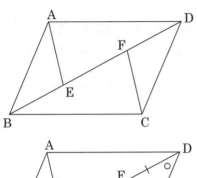
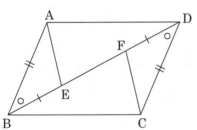

【証明】

△ABE と△CDF で，

仮定より，BE＝DF …①

平行四辺形の定理より，AB＝CD …②

平行線の錯角は等しいので，

∠ABE＝∠CDF …③

①,②,③より，2 組の辺とその間の角がそれぞれ

等しいので，△ABE≡△CDF

合同な図形の対応する辺の長さは等しいので，

AE＝CF

例題 2 　平行四辺形 ABCD の対角線の交点を O とし，O を通る直線が AD,BC と交わる点を E,F とする。このとき OE＝OF であることを証明しなさい。

【仮定】　AB//CD, AD//BC　　　【結論】　OE＝OF

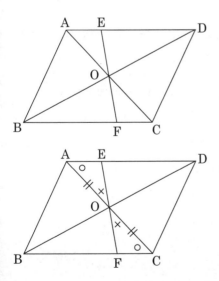

【証明】

△AEO と△CFO で，

平行四辺形の定理より，AO＝CO …①

平行線の錯角は等しいので，

∠EAO＝∠FCO …②

対頂角は等しいので，∠AOE＝∠COF …③

①,②,③より，1 組の辺とその両端の角がそれぞ

れ等しいので，△AEO≡△CFO

合同な図形の対応する辺の長さは等しいので，

OE＝OF

95 平行四辺形の定義と定理を書きなさい。

定義：

定理：

96 平行四辺形 ABCD の対角線 BD に A, C からそれぞれ垂線 AE,CF を下ろすと，AE＝CF となることを証明しなさい。

【仮定】　　　　　　　　　　　　　　　　　【結論】

【証明】

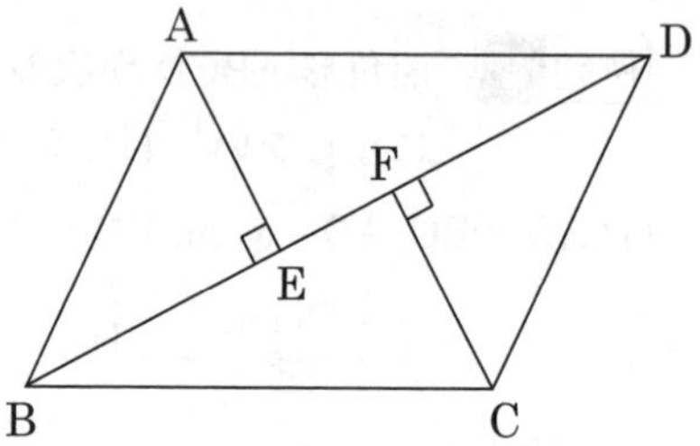

97 次の図の平行四辺形 ABCD で，O は対角線の交点である。点 O を通る直線と辺 AD，辺 BC との交点をそれぞれ E,F とする。このとき DE＝BF となることを証明しなさい。

【仮定】　　　　　　　　　　　　　　　　　【結論】

【証明】

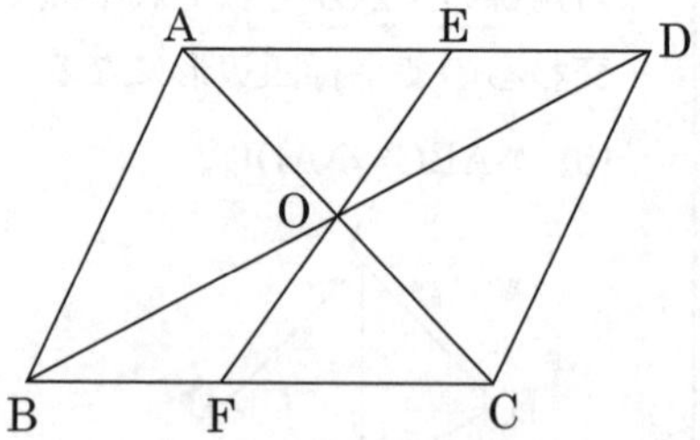

● 平行四辺形になる条件

次の①～⑤を平行四辺形になる条件といい，①～⑤のいずれかの条件に当てはまる四角形は必ず平行四辺形であるといえる。

---
① 2組の向かい合う辺がそれぞれ平行（定義と同じ）

② 2組の向かい合う辺がそれぞれ等しい　　③ 2組の向かい合う角がそれぞれ等しい

④ 対角線がそれぞれ中点で交わる　　⑤ 1組の向かい合う辺が平行で長さが等しい

!Point ①は平行四辺形の定義と同じで，②～④は平行四辺形の定理と同じであるので，⑤だけを暗記しておけばよい。

例題 3　四角形 ABCD が次の条件のとき，平行四辺形になるものには○を，平行四辺形にならない，もしくはなるとは限らないものには×を書きなさい。

(1) AD // BC, AD = 5 cm, BC = 5 cm

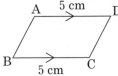

1組の向かい合う辺が平行で長さが等しいので平行四辺形になる。○ …(答)

(2) AB = 6 cm, BC = 6 cm, DC = 4cm, AD = 4 cm

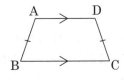

平行四辺形になる条件のどれにも当てはまらない。× …(答)

(3) 対角線の交点を O とするとき，
　　AO = CO，BO = DO

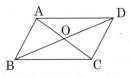

対角線の交点がそれぞれ中点で交わるので平行四辺形になる。○ …(答)

(4) AD // BC，AB = DC

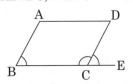

この条件だと，図のように平行四辺形でない四角形を書くことができる。よって平行四辺形であるとは限らない。× …(答)

(5) △ABC≡△ADC

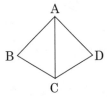

図のように2つの合同な三角形を組み合わせると，できた四角形は平行四辺形になるとは限らない。

× …(答)

(6) AD//BC, ∠ABC + ∠BCD = 180°

条件式より ∠ABC = 180° − ∠BCD
また図より ∠DCE = 180° − ∠BCD
つまり ∠ABC = ∠DCE で同位角が等しいのでAB//CDまた条件よりAD//BCであるから
2組の向かい合う辺がそれぞれ平行であるのでABCDは平行四辺形　○ …(答)

98 四角形が平行四辺形になるための条件を5つ挙げるとき，以下の空欄を埋めなさい。

① 2組の向かい合う

② 2組の向かい合う

③ 2組の向かい合う

④ 対角線が

⑤ 1組の向かい合う

99 四角形 ABCD が次の条件のとき，平行四辺形になるものには○を，平行四辺形にならない，もしくはなるとは限らないものには×を書きなさい。

(1) AB＝5 cm, BC＝7 cm, DC＝5 cn, AD＝7 cm　（　　　　）

(2) ∠A＝75°, ∠B＝105°, AB＝4 cm, CD＝4 cm　（　　　　）

(3) AD//BC, AD＝5 cm, BC＝5 cm　（　　　　）

(4) ∠A＝∠C, ∠B＝∠D　（　　　　）

(5) 対角線の交点を O とするとき，AO＝CO　（　　　　）

(6) ∠B＝100°, ∠C＝80°, AB＝CD　（　　　　）

(7) ∠ABD＝∠CDB, ∠ADB＝∠CBD　（　　　　）

(8) AB//DC, AD＝BC　（　　　　）

例題 4 2組の向かい合う辺がそれぞれ等しい四角形は平行四辺形であることを，下の図の四角形 ABCD で，AB＝CD, AD＝BC として証明しなさい。

【仮定】 AB＝CD, BC＝AD 　　　　　【結論】 ABCD は平行四辺形

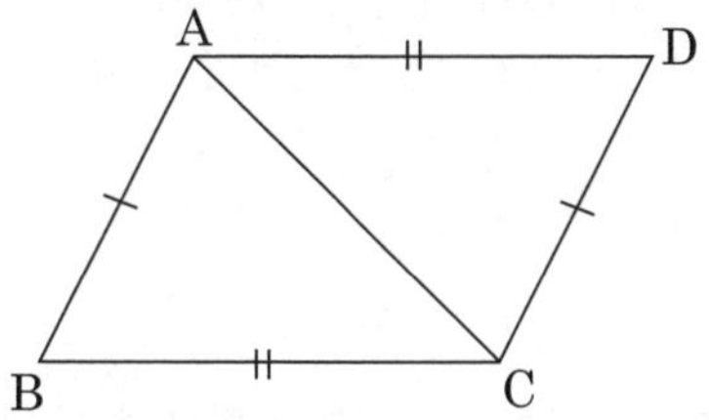

【証明】 △ABC と△CDAで

仮定より，AB＝CD …①

BC＝AD …②

共通の辺なので，AC＝CA …③

①,②,③より3組の辺がそれぞれ等しいので，

△ABC≡△CDA

合同な図形の対応する角の大きさは等しいので，

∠BAC＝∠DCA で錯角が等しいので，

AB//CD …④

同様に∠BCA＝∠DAC で錯角が等しいので，

AD//BC …⑤

④,⑤より，2組の向かい合う辺がそれぞれ平行なので，四角形ABCD は平行四辺形である。

例題 5 2組の向かい合う角がそれぞれ等しい四角形は平行四辺形であることを，下の図の四角形 ABCD で，∠A＝∠C＝a, ∠B＝∠D＝b として証明しなさい。

【仮定】 ∠A＝∠C＝a, ∠B＝∠D＝b 　　　　　【結論】 ABCD は平行四辺形

【証明】 ∠A＋∠B＋∠C＋∠D＝360°であるので，

$2a＋2b＝360°$ 　両辺を2で割ると，

$a＋b＝180°$ 　よって $b＝180°－a°$

つまり，∠ADC＝$b＝180°－a°$ …①

∠ABC＝$b＝180°－a°$ …②

一方，BCの延長線上の点をEとすると，

∠DCEは∠BCDの外角なので，

∠DCE＝$180°－a°$ …③

①,③より，∠ADC＝∠DCEとなり，

錯角が等しいので，AD//BC …④

②,③より，∠ABC＝∠DCEとなり，

同位角が等しいので，AB//DC …⑤

④,⑤より，2組の向かい合う辺がそれぞれ平行なので，四角形ABCD は平行四辺形である。

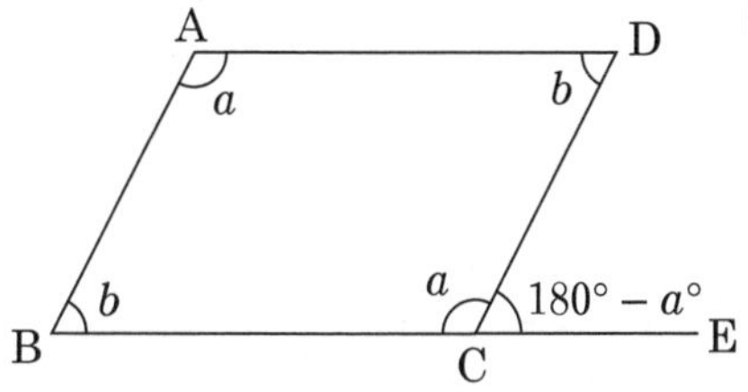

!注意 $a＋b＝180°$ となるので，平行四辺形の隣り合う角の和は180°になるという性質がある。

100 対角線がそれぞれ中点で交わる四角形は平行四辺形であることを，下の図の四角形 ABCD で，OA＝OC, OB＝OD として証明しなさい。

【仮定】　　　　　　　　　　　　　　【結論】

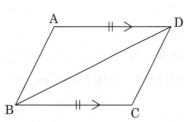

【証明】　△OAB と［ア.　　　　　　　］で，

仮定より，OA＝OC …①　　OB＝OD …②

対頂角は等しいので，∠AOB＝∠COD …③

①,②,③より［イ.

　　　　　　　　　　　　　　　　　　　　　］ので，

△OAB≡［ウ.　　　　　　］

合同な図形の対応する角の大きさは等しいので，

∠ABO＝［エ.　　　　　　］

錯角が等しいので，AB//CD …④

同様に，△OAD≡△OCB であるので，

∠DAO＝［オ.　　　　　　］

よって錯角が等しいので，AD//BC …⑤

④,⑤より，［カ.

　　　　　　　　　　　　　　　　　　　］

なので，四角形ABCD は平行四辺形である。

101 1 組の向かい合う辺が平行で長さが等しい四角形が平行四辺形であることを，下の図の四角形 ABCD で，AD＝BC, AD//BC として証明しなさい。

【仮定】　　　　　　　　　　　　　　【結論】

【証明】△ABD と△CDB で，

仮定より，AD＝［ア.　　　　］…①

共通の辺なので，BD＝DB …②

平行線の錯角は等しいので，∠ADB＝［イ.　　　　］…③

①,②,③より，［ウ.

　　　　　　　　　　　　　　　　　　　　　］ので，

△ABD≡△CDB

合同な図形の対応する角の大きさは等しいので，

∠ABD＝［エ.　　　　　　］

よって錯角が等しいので，AB［オ.　　　］CD …④

仮定より，AD［カ.　　　］BC …⑤

④,⑤より，［キ.

　　　　　　　　　　　　　　　　　　　］

なので，四角形ABCD は平行四辺形である。

例題 6 平行四辺形 ABCD の辺 AB, DC の中点をそれぞれ M, N とするとき，四角形 AMCN は平行四辺形であることを証明しなさい。

【仮定】 AB//CD, AD//BC, AM = BM, CN = DN　　【結論】四角形 AMCN は平行四辺形

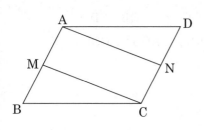

【証明】

平行四辺形の定理より，AB = DC …①

仮定より，AM = $\frac{1}{2}$ AB …②

CN = $\frac{1}{2}$ DC …③

①,②,③より AM = CN …④

仮定より，AM//NC …⑤

④,⑤より，1組の向かい合う辺が平行で長さが

等しいので，四角形AMCNは平行四辺形である。

7章

例題 7 平行四辺形 ABCD の対角線 BD 上に BE = DF となるように点 E, F をとると，四角形 AECF は平行四辺形であることを証明しなさい。

【仮定】 AB//CD, AD//BC, BE = DF　　【結論】　四角形 AECF は平行四辺形

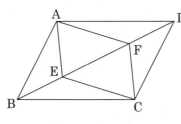

⬇ 補助線を引く

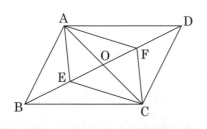

【証明】

AC, BD の交点を O とすると，

平行四辺形の定理より，BO = DO …①

仮定より，BE = DF …②

①,②より，

BO − BE = DO − DF

よって，OE = OF …③

平行四辺形の定理より，AO = CO …④

③,④より，

対角線がそれぞれ中点で交わるので，

四角形 AECF は平行四辺形である。

102 四角形が平行四辺形になるための条件を5つ答えなさい。

① _____

② _____

③ _____

④ _____

⑤ _____

103 平行四辺形 ABCD の辺 AD, BC の中点をそれぞれ P, Q とするとき, 四角形 AQCP は平行四辺形であることを証明しなさい。

【仮定】_____

【結論】_____

【証明】

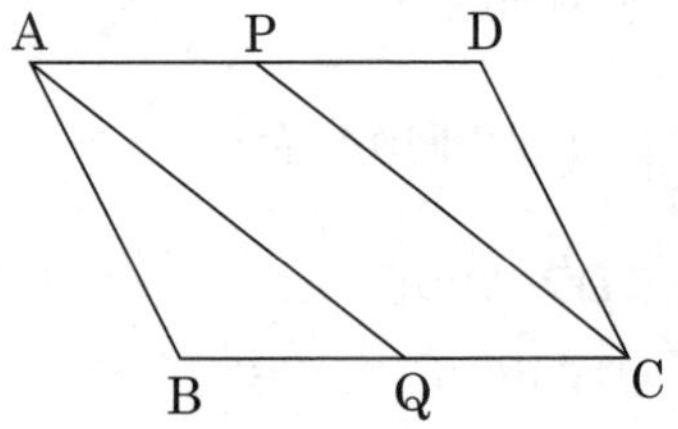

104 平行四辺形 ABCD の対角線 CA の延長上に点 P を, AC の延長上に Q を, AP＝CQ となるようにとるとき, 四角形 PBQD は平行四辺形であることを証明しなさい。

【仮定】_____

【結論】_____

【証明】

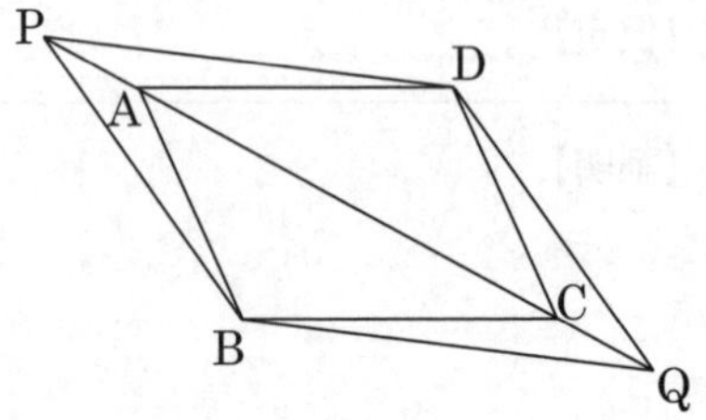

★章末問題★

105 平行四辺形の定義と定理を書きなさい。

定義：

定理：

106 四角形が平行四辺形になるための条件を5つ挙げるとき，以下の空欄を埋めなさい。

① 2組の向かい合う

② 2組の向かい合う

③ 2組の向かい合う

④ 対角線が

⑤ 1組の向かい合う

107 次の図の∠x, ∠y の大きさを求めなさい。

(1) AB//DC, AD//BC

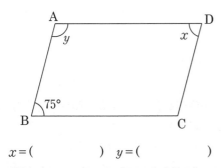

(2) DE//GF, DG//EF

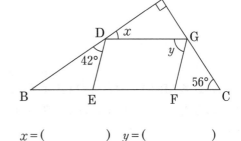

x = (　　　　　)　y = (　　　　　)　　　　x = (　　　　　)　y = (　　　　　)

108 平行四辺形 ABCD の対角線の交点を O とする。頂点 A, C から，O を通る直線 XY に垂線 AE, CF を下ろすとき，AE = CF となることを証明しなさい。

【仮定】　　　　　　　　　　　　　　　　　　　【結論】

【証明】

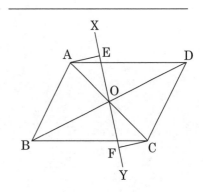

109 平行四辺形 ABCD の辺 AD, BC の中点をそれぞれ M, N とするとき，以下の空欄を埋めて，△ABM≡△CDN であることを証明しなさい。

【仮定】

【結論】

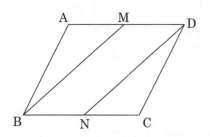

【証明】　△ABM と△CDN で

平行四辺形の定理より，AD＝［ア. 　　　　］…①

仮定より，AM＝$\frac{1}{2}$［イ. 　　　　］…②

CN＝$\frac{1}{2}$［ウ. 　　　　］…③

①,②,③より，AM＝［エ. 　　　　］…④

平行四辺形の定理より，

AB＝［オ. 　　　　］…⑤

∠BAM＝［カ. 　　　　］…⑥

④,⑤,⑥より，［キ.　　　　　　　　　　　　　

　　　　　　　　　　　　　　　　　　　　　　］

ので，△ABM≡△CDN

110 四角形 ABCD が次の条件のとき，平行四辺形になるものには○を，平行四辺形にならない，もしくはなるとは限らないものには×を書きなさい。

(1) AB＝10 cm, BC＝8 cm, CD＝10 cm, AD＝8 cm　（　　　　）

(2) ∠A＝120, ∠B＝60°, ∠D＝120°　（　　　　）

(3) AB//DC, AB＝9 cm, DC＝9 cm　（　　　　）

(4) ∠ABD＝∠CDB, ADB＝∠CBD　（　　　　）

111 次の条件を満たす四角形 ABCD は平行四辺形であることを，空欄を埋めることによって証明しなさい。

条件：AB//DC, ∠BAD = ∠DCB

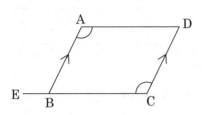

CB の延長線上の点を E とすると，

平行線の同位角は等しいので，

∠ABE = [ア.　　　　　] …①

仮定より，∠BAD = [イ.　　　　　] …②

①,②より，∠ABE = [ウ.　　　　　] で

錯角が等しいので，AD [エ.　　　] EB …③

仮定より，AB [オ.　　　] DC …④

③,④より，[カ.＿＿＿＿＿＿＿＿＿＿＿＿

＿＿＿＿＿＿＿＿＿＿＿＿＿＿＿＿＿]

なので，四角形 ABCD は平行四辺形である。

112 次の条件を満たす四角形 ABCD は平行四辺形であることを証明しなさい。ただし O は四角形 ABCD の対角線の交点とする。

条件：AB//DC, OB = OD

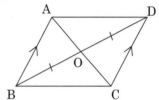

113 次の条件を満たす四角形 ABCD は平行四辺形であるとは限らない。その平行四辺形にならない場合のおおよその図形を書きなさい。ただしひし形，長方形，正方形は除く。

条件：AB = DC, AD//BC

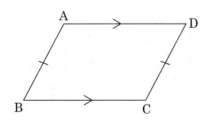

※A,B,C,D の記号を必ず書き入れること

114 下図において，四角形 ABCD，BEFC がともに平行四辺形であるとき，四角形 AEFD も平行四辺形であることを，下の空欄を埋めることによって証明しなさい。

【仮定】

【結論】

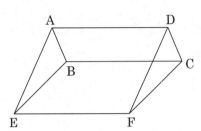

【証明】平行四辺形の定理より，AD ＝ [ア.　　　] …①

EF ＝ [イ.　　　] …②

①，②より，AD ＝ [ウ.　　　] …③

仮定より，AD // [エ.　　　] …④

EF // [オ.　　　] …⑤

④，⑤より，AD // [カ.　　　] …⑥

③，⑥より，[キ.　　　　　　　　　　

　　　　　　　　　　　　　　　]

ので四角形 AEFD は平行四辺形である。

115 平行四辺形 ABCD の対角線 BD 上に BE ＝ DF となるように点 E, F をとるとき，以下の空欄を埋めて，四角形 AECF が平行四辺形であることを証明しなさい。

【仮定】

【結論】

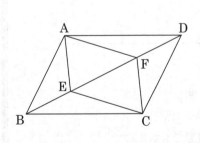

【証明】

△ABE と △CDF で，

仮定より，BE ＝ [ア.　　　] …①

平行四辺形の定理より，AB ＝ [イ.　　　] …②

平行線の錯角は等しいので，∠ABE ＝ [ウ.　　　] …③

①，②，③より [エ.　　　　　　　　　

　　　　　　　　　　　　　　　]

ので，△ABE ≡ △CDF

合同な図形の対応する辺の長さは等しいので，

AE ＝ [オ.　　　] …④

同様に △AFD ≡ [カ.　　　　　] であるので，

AF ＝ [キ.　　　] …⑤

④，⑤より [ク.　　　　　　　　　　

　　　　　　　　　　　　　　　　　　]

ので ABCD は平行四辺形である。

7章

8章 ‖ 特別な平行四辺形と等積変形

●特別な平行四辺形

・長方形

　定義：4つの角がすべて等しい四角形

　定理：2つの対角線は等しい

・ひし形

　定義：4つの辺がすべて等しい四角形

　定理：2つの対角線は垂直に交わる

・正方形

　定義：4つの角がすべて等しく，4つの辺もすべて等しい四角形

　定理：2つの対角線が等しく，垂直に交わる。

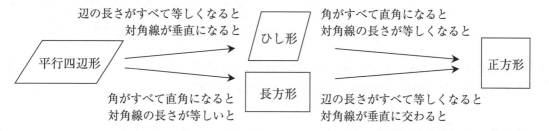

	長方形	ひし形	正方形
定義			
定理		等しい	等しい

辺の長さがすべて等しくなると　対角線が垂直になると → ひし形

角がすべて直角になると　対角線の長さが等しくなると → 正方形

平行四辺形

角がすべて直角になると　対角線の長さが等しいと → 長方形

辺の長さがすべて等しくなると　対角線が垂直に交わると → 正方形

例題 1 ひし形 ABCD の対角線の交点を H とするとき，対角線 AC, BD は垂直に交わることを証明しなさい。

【仮定】　AB＝BC＝CD＝DA　　　　【結論】　AC⊥BD

【証明】　△ABH と △ADH で

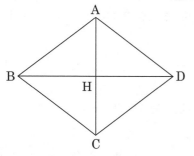

　　　　　　　AH＝AH（共通）…①

　　　　　　　AB＝AD（仮定）…②

ひし形は平行四辺形でもあるので，

　　　　　　　BH＝DH（平行四辺形の定理）…③

①,②,③より，3組の辺がそれぞれ等しいので，

　　　△ABH≡△ADH

合同な図形の対応する角の大きさは等しいので，

　　　∠AHB＝∠AHD

また，∠AHB＋∠AHD＝180°

よって，∠AHB＝∠AHD＝90°

つまり，AC⊥BD

116 長方形，ひし形，正方形の定義と定理を書きなさい。

長方形　定義：..

　　　　定理：..

ひし形　定義：..

　　　　定理：..

正方形　定義：..

　　　　定理：..

117 平行四辺形，ひし形，長方形，正方形について，下の表の項目が正しい場合は○，正しいとは限らない，もしくは正しくない場合は×を書きなさい。

	平行四辺形	ひし形	長方形	正方形
①4 つの辺の長さがすべて等しい				
②隣り合う辺の長さが等しい				
③向かい合う辺の長さが等しい				
④対角線の長さが等しい				
⑤対角線が垂直に交わる				
⑥4 つの角の大きさがすべて等しい				
⑦向かい合う角の大きさが等しい				
⑧隣り合う角の大きさが等しい				

118 下図のひし形 ABCD の頂点 C から AB, AD にひいた垂線を，それぞれ CP, CQ とするとき，CP＝CQ であることを証明しなさい。

【仮定】..　　【結論】..

【証明】

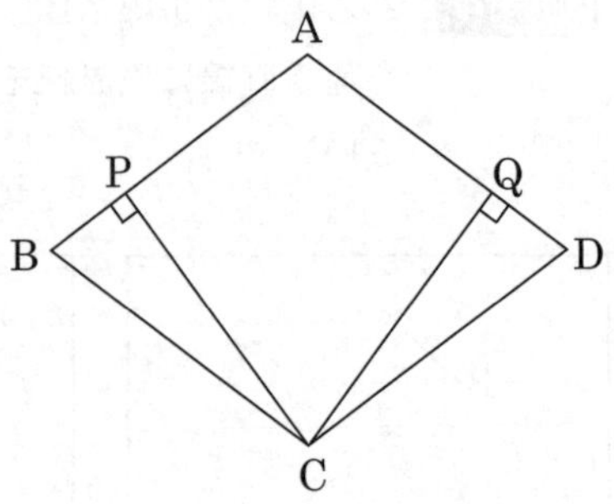

●面積の等しい三角形

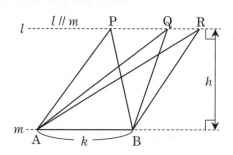

左図において $l /\!/ m$ ならば，

△PAB，△QAB，△RAB の面積はすべて，

$\frac{1}{2} \times (底辺) \times (高さ) = \frac{1}{2} kh$

と表すことができる。

つまり3つの三角形の面積はすべて等しい。

重要　P,Q,R が AB と平行な直線上にあるとき，△PAB ＝ △QAB ＝ △RAB

例題 2　下の図は AD//BC の台形である。この図について次の問いに答えなさい。

(1) △ABC と面積の等しい三角形を答えなさい。

△DBC …(答)

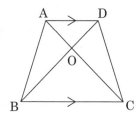

(2) △AOB と面積の等しい三角形を答えなさい。

(1)より，△ABC ＝ △DBC で

△OAB ＝ △ABC － △OBC

△ODC ＝ △DBC － △OBC　よって △OAB ＝ △ODC …(答)

例題 3　下の図の五角形 ABCDE の CD の延長上に P がある。五角形 ABCDE と四角形 ABCP の面積が等しくなるとき，P の位置を作図によって求めなさい。

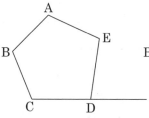 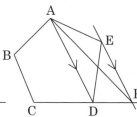

△EAD ＝ △PAD となる点 P を
見つければ，
五角形 ABCDE ＝ 四角形 ABCP
となる。そのためには AD//EP
となるように P をとればよい。

例題 4　ある土地が折線 ABC を境に2つに分けられている。2つの面積を変えないで A を通る直線に境界線を変えるには，どのような境界線にすればよいか，作図しなさい。

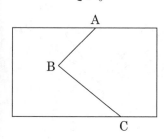 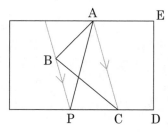

右側の土地の五角形 ABCDE
の面積を変えないようにすれ
ばよいので，DC の延長上に
AC//BP となる点 P をとった
とき，線分 AP が求める境界
線になる。

119 下の図は AD//BC の台形である。この図について次の問いに答えなさい。

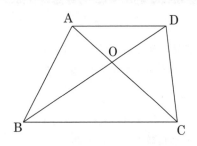

(1) △ACD と面積の等しい三角形を答えなさい。

(2) △DOC と面積の等しい三角形を答えなさい。

120 下の図のように平行四辺形 ABCD の対角線 AC に平行な直線が AD,CD と交わる点をそれぞれ E,F，AC と BF の交点を P とするとき，次の問いに答えなさい。

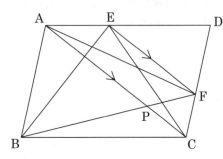

(1) △ABE と面積が等しい三角形を３つ答えなさい。

(2) △APF と面積が等しい三角形を１つ答えなさい。

121 下の五角形 ABCDE について，次の作図を行いなさい。

(1) DC の延長上に P がある。五角形 ABCDE と四角形 APDE の面積が等しくなるとき，P の位置を作図によって求めなさい。

(2) CD の延長上に Q がある。五角形 ABCDE と三角形 APQ の面積が等しくなるとき，Q の位置を作図によって求めなさい。ただし P は(1)で作図した点にあるものとする。

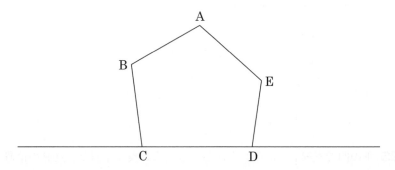

122 ある土地が折線 ABC を境に２つに分けられている。２つの面積を変えないで直線の境界線に変える場合，次の境界線を作図しなさい。

(1) A を通る境界線

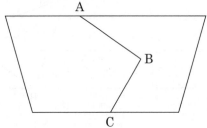

(2) C を通る境界線

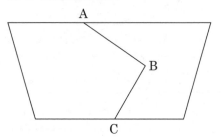

★章末問題★

123 次の四角形の名前を書きなさい。

(1) 長方形で対角線が直角に交わる四角形

(2) 平行四辺形で隣り合う辺の長さが等しく，となり合う角の大きさは等しくない四角形

(3) 平行四辺形で対角線の長さが等しく，隣り合う辺の長さは等しくない四角形

(4) 平行四辺形で隣り合う角の大きさが等しく，隣り合う辺の長さは等しくない四角形

(5) ひし形で対角線の長さが等しい四角形

(6) 平行四辺形で対角線が直角に交わり，対角線の長さは等しくない四角形

(7) ひし形で隣り合う角の大きさが等しい四角形

124 平行四辺形，長方形，ひし形，正方形の定義と定理を書きなさい。

平行四辺形	定義：
	定理：
長方形	定義：
	定理：
ひし形	定義：
	定理：
正方形	定義：
	定理：

125 下の図で直線 *l* 上に点Pがあるとき，次の条件を満たす点Pの位置を作図しなさい。

(1) 点PはBより右側にあり，
△ABC＝△ABP となる。

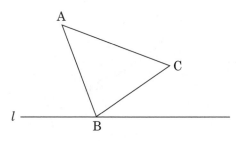

(2) 点PはBより左側にあり，
△ABC＝△PBC となる。

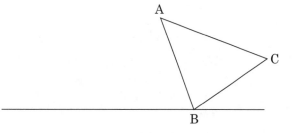

126 下の図のように平行四辺形 ABCD の対角線 BD に平行な直線が BC,CD と交わる点をそれぞれ P,Q とし，さらに BQ と DP との交点を R とするとき，次の問いに答えなさい。

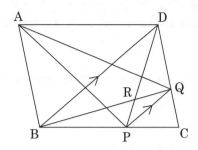

(1)△ABP と面積が等しい三角形を3つ答えなさい。

[   ]

(2)△BPR と面積が等しい三角形を1つ答えなさい。

[   ]

127 長方形 ABCD の対角線 AC,BD の長さが等しいことを，△ABC≡△DCB を証明することによって導きなさい。ただし長方形の定理は用いないものとする。

【仮定】　　　　　　　　　　　　　　　【結論】

【証明】

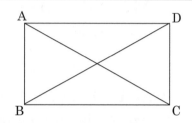

128 下図は線分 AB の垂直二等分線 *l* をコンパスによって作図したものである。AB と *l* の交点を M，コンパスで描いた弧の2つの交点を C,D とする。この図について，AB⊥*l*，AM＝BM であることを証明するために，以下の空欄を埋めなさい。

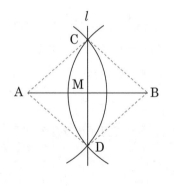

コンパスの幅は等しいので，

①(　　　　＝　　　　＝　　　　＝　　　　)

よって4つの辺の長さはすべて等しいので，

四角形 ACBD は②(　　　　　　　　)である。

(②)の定理により，

③(　　　　　　　　　　　　　　　　　　　　)

ので AB⊥*l* となる。

また(②)は④(　　　　　　　　　　　)でもあるので，

(④)の定理により，

⑤(　　　　　　　　　　　　　　　　　　　　)

ので AM＝BM となる。

129 *xy* 座標平面上に3点 O(0 , 0), A(1 , 3), B(3 , −1) がある。また点 P は *y* 軸の正の部分を動く点とする。このとき，△AOB＝△POB となる点 P の座標を求めなさい。

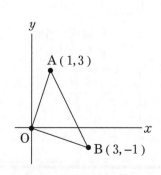

9章 ‖ 確率とデータの活用

●並べ方の場合の数

例題 1　A,B,C,D の4人を一列に並べるときの並べ方は全部で何通りあるか。

★A を先頭にしたとき　　　　★B を先頭にしたとき

1番目　2番目　3番目　4番目　　　1番目　2番目　3番目　4番目

```
        B < C — D                    A < C — D
            D — C                        D — C
A <     C < B — D          B <     C < A — D   · · ·
            D — B                        D — A
        D < B — C                    D < A — C
            C — B                        C — A
```

（6通り）　　　　　　　　　　（6通り）

C,D が先頭のときも，それぞれ6通りあるので，6×4=24（通り）…(答)

上記のような枝分かれの図を**樹形図**という。

例題 2　1枚のコインを3回続けて投げるとき，表と裏の出方は全部で何通りあるか。

1回目　2回目　3回目　　　1回目　2回目　3回目　　　※表 → お　裏 → う

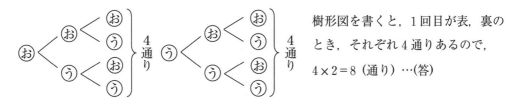

樹形図を書くと，1回目が表，裏の
とき，それぞれ4通りあるので，
4×2=8（通り）…(答)

例題 3　下図のような旗を赤，黄，緑の3色で塗り分けるとき，全部で何通りの塗り分け
方があるか。

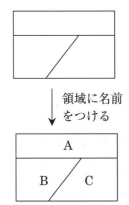

↓　領域に名前
　　をつける

```
    A      B      C
          黄 — 緑   }
赤 <                 } 2通り
          緑 — 黄   }

          赤 — 緑   }
黄 <                 } 2通り
          緑 — 赤   }

          赤 — 黄   }
緑 <                 } 2通り
          黄 — 赤   }
```

上の樹形図より，全部で 2×3=6通り …(答)

130 次の問いに答えなさい。

(1) A,B,C の3人を一列に並べるときの並べ方は全部で何通りあるか。

(2) P,Q,R,S の4人を一列に並べるときの並べ方は全部で何通りあるか。

131 次の問いに答えなさい。

(1) 1枚のコインを3回続けて投げるとき，2回目に表が出る出方は全部で何通りあるか。

(2) 1枚のコインを3回続けて投げるとき，2回だけ表が出る出方は全部で何通りあるか。

132 下図のような旗を青，白，赤，緑の4色から2色を選んで塗り分けるとき，全部で何通りの塗り分け方があるか。

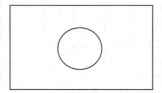

例題 4　大小2つのサイコロを同時に投げるとき，目の出方は全部で何通りあるか。

!Point　サイコロを大小区別しているところに注意しよう。

(大,小)＝(5,2)(2,5)　…この2つの目の出方はそれぞれ1通りと数える！

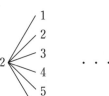

大の目が1～6のそれぞれに対して小は1～6の6通りの目の出方がある。

左の樹形図により

$6 \times 6 = 36$（通り）…(答)

例題 5　① ② ③ ④ ⑤ ⑥の6枚のカードから，2枚を選ぶ選び方は全部で何通りあるか。

!注意　(⑤,②)(②,⑤)…これらをそれぞれ1通りと数えてはいけない！

重複（ちょうふく）しないように，以下のような樹形図を書こう。

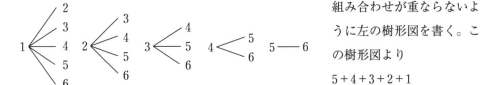

組み合わせが重ならないように左の樹形図を書く。この樹形図より

$5 + 4 + 3 + 2 + 1$

$= 15$（通り）…(答)

上の例題を，以下のような表を用いて考えてもよい。

●サイコロの大小を区別して数える場合

大＼小	1	2	3	4	5	6
1	○	○	○	○	○	○
2	○	○	○	○	○	○
3	○	○	○	○	○	○
4	○	○	○	○	○	○
5	○	○	○	○	○	○
6	○	○	○	○	○	○

マス目の数は $6 \times 6 = 36$ 通り。

これが大小の目の出方になる。

●カードの組み合わせを数える場合

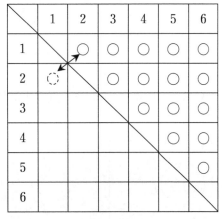

例えば(2,1)と(1,2)は同じ組み合わせ。

同じものはすべて外して考える。

133 大小 2 つのサイコロを同時に投げるとき，ともに奇数の目が出るのは全部で何通りあるか。

134 ①②③④⑤⑥ の6枚のカードを 2 枚選ぶとき，偶数と奇数の組み合わせは全部で何通りあるか。

135 右のような4枚のカードがある。この中から2枚を取り出し2けたの　　①②③④
整数を作るとき，整数は全部で何通りできるか。

136 右のような 4 枚のカードがある。この中から 2 枚のカードを選ぶ　　①②③④
とき，カードの組み合わせは全部で何通りあるか。

137 A,B,C,D,E の 5 人から，班長と副班長を選ぶ選び方は全部で何通りあるか。

138 A,B,C,D,E の 5 人から，代表 2 人選ぶ選び方は全部で何通りあるか。

139 サッカーの試合で，A,B,C,D の4チームがリーグ戦の試合をするとき，全部で何通りの試合ができるか。

140 P地からR地へ行くのに，P地からQ地まではa,bの2本の道があり，Q地からR地まではc,d,eの3本の道がある。これらの道を通ってP地からR地へ行くには，何通りの行き方があるか。

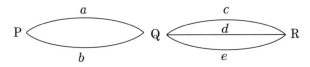

141 4人の中から2人の掃除当番を選ぶとき，選び方は全部で何通りあるか。

142 4人の中から代表と副代表を1人ずつ選ぶとき，選び方は全部で何通りあるか。

143 $\boxed{1}\boxed{3}\boxed{5}\boxed{0}$ の4枚のカードの中から2枚を選び，2けたの整数を作るとき，全部で何通りの整数ができるかを求めなさい。

144 A,B,C,D の4人で400 m リレーを走るとき，次の問いに答えなさい。

(1) A がアンカー（第4走者）になるとき，走る順番は何通りあるか。

(2) 第1走者を B か C が走るとすると，走る順番は何通りあるか。

145 右のような4枚のカードがある。このカードのうち，3枚を
　　並べて3けたの整数をつくるとき，次の問いに答えなさい。　　1 2 3 6

(1) 整数は何個できるか。

(2) 2の倍数は何個できるか。

(3) 300以上の整数は何個できるか。

●**確率とは**　あることがらの起こる期待の程度を表した数を「**確率**（かくりつ）」という。

●**確率の求め方**　すべての起こる場合が n 通りで，そのうち A が起こる場合が a 通りのとき，

A が起こる確率 $= \dfrac{a}{n}$　　　　A が起こらない確率 $= 1 - \dfrac{a}{n}$

例題 6　1つのサイコロを投げるとき，次の確率を求めなさい。

(1) 偶数の目が出る確率　　　(2) 5以上の目が出る確率　　　(3) 5以上の目がでない確率

(1) 1つのサイコロは全部で6通りの目の出方がある。

　偶数の目は，2,4,6 の3通り。よって求める確率は $\dfrac{3}{6} = \dfrac{1}{2}$ …(答)

(2) 5以上の目は，5,6 の2通り。よって求める確率は $\dfrac{2}{6} = \dfrac{1}{3}$ …(答)

(3) (2)より，$1 - \dfrac{1}{3} = \dfrac{2}{3}$ …(答)　　**別解**　1〜4の目が出る確率と同じなので，$\dfrac{4}{6} = \dfrac{2}{3}$ …(答)

例題 7　1枚のコインを続けて3回投げるとき，次の確率を求めなさい。

(1) 裏が1回だけ出る確率

　裏が1回ということは，表が2回出ることになる。

　表裏のすべての出方は右の樹形図より，8通りとなる。

　そのうち裏が1回，表が2回出る出方は，☆印をつけ

　た3通り。よって，求める確率は $\dfrac{3}{8}$ …(答)

(表→○　裏→×)

1回目　2回目　3回目

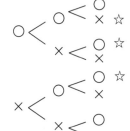

(2) 裏が少なくとも1回出る確率

裏が少なくとも1回出る→「すべて表」以外が出る

「すべて表」以外の確率を求めればいいので，$1 - \dfrac{1}{8} = \dfrac{7}{8}$ …(答)

例題 8　3人がじゃんけんをするとき，3人ともあいこになる確率を求めなさい。

重要　3人を A,B,C と名前をつけて，それぞれを区別して場合を考える。

グー(石)→グ，パー(紙)→パ
チョキ(はさみ)→チョ

```
A     B     C
           グ    ☆
      グ <  チョ
           パ
           グ
グ ─  チョ < チョ
           パ    ☆
           グ    ☆
      パ <  チョ
           パ
```

A がグー(石)を出したとき，左の樹形図より9通りの出
方がある。さらに A がチョキ，(はさみ)，パー(紙)のと
きもそれぞれ9通りあるので，全部で27通りある。
一方，3人があいこになるのは，A がグーのとき3通り
あり，A がチョキ，(はさみ)，パー(紙)のときもそれぞ
れ3通りあるので，合計で9通りある。

よって，求める確率は $\dfrac{9}{27} = \dfrac{1}{3}$ …(答)

9章

146 1つのサイコロを投げるとき，次の確率を求めなさい。

(1) 奇数が出る確率 　　　　　(2) 4以下の目が出る確率 　　　　(3) 2の目が出ない確率

147 ジョーカーを除く52枚のトランプをよく切って1枚を取り出すとき，次の確率を求めなさい。なおトランプは♠♣♦♥のマークと1〜13の数字が組み合わされた52枚のカードであり，11〜13の数字が書かれたカードは絵札になっている。

(1) ♣の札が出る確率 　　　　(2) 絵札が出る確率 　　　　　(3) 5の倍数が出る確率

(4) ◆が出ない確率 　　　　　(5) 絵札が出ない確率 　　　　(6) ♠の絵札が出ない確率

148 1枚のコインを続けて3回投げるとき，次の確率を求めなさい。

(1) 表が2回以上出る確率

(2) 表が1回も出ない確率

(3) 表が少なくとも1回出る確率

149 3枚のコインを同時に投げるとき，次の確率を求めなさい。

(1) すべて表となる確率

(2) 表が1枚だけ出る確率

9章

例題 9　2つのサイコロを同時に投げるとき，次の確率を求めなさい。

(1)目の和が9以上になる確率を求めなさい。

重要　2つのサイコロをA,Bと区別して場合を考える。

A／B	1	2	3	4	5	6
1						
2						
3						○
4					○	○
5				○	○	○
6			○	○	○	○

2つのサイコロの目の出方は左図より，全部で36通り。

このうち目の和が9以上になるのは，
(A,B) = (3,6), (4,5), (5,4), (6,3), (6,4), (5,5)
(4,6), (6,5), (5,6), (6,6)

の10通りある。

よって，$\dfrac{10}{36} = \dfrac{5}{18}$ …(答)

!注意　すべての目の出方は，目の組み合わせで数えてはいけない。

(2) 少なくとも1つは3の目が出る確率を求めなさい。

A／B	1	2	3	4	5	6
1			○			
2			○			
3	○	○	○	○	○	○
4			○			
5			○			
6			○			

少なくとも1つは3の目が出る
→3の目は1つ以上出る（2つ出てもよい）

3の目が1つ以上出るのは，
(A,B) = (3,1), (3,2), (3,3), (3,4), (3,5), (3,6),
(1,3), (2,3), (4,3), (5,3), (6,3) の11通り。

よって，$\dfrac{11}{36}$ …(答)

!注意　2つのサイコロの目の出方（36通り）はよく出るので暗記してしまおう。

例題10　赤玉が2個，白玉が3個入った袋から同時に2個の玉を取り出すとき，2つとも白玉である確率を求めなさい。

重要　同じ色の玉を1つ1つ区別して場合を数えなければいけない。
そのため，玉を赤$_1$，赤$_2$，白$_1$，白$_2$，白$_3$と**名前をつける！**
赤$_1$，赤$_2$，白$_1$，白$_2$，白$_3$から2つを選ぶ組み合わせを考える。

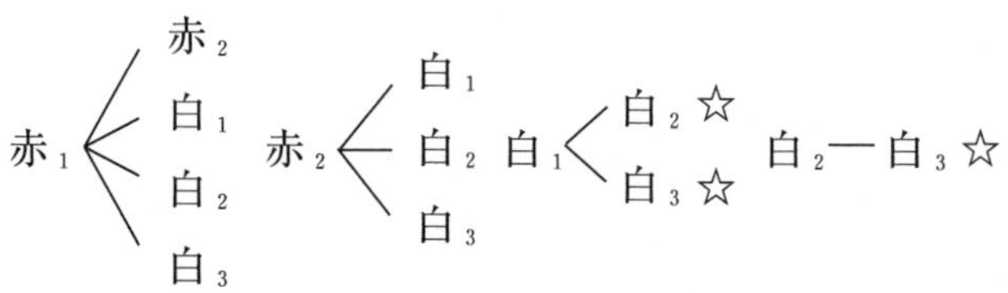

赤$_1$
赤$_2$
白$_1$
白$_2$
白$_3$

赤$_2$
白$_1$
白$_2$
白$_3$

白$_1$
白$_2$ ☆
白$_3$ ☆

白$_2$ー白$_3$ ☆

左の樹形図より，組み合わせは全部で10通り。そのうち2つとも白玉なのは3通り。

よって，$\dfrac{3}{10}$ …(答)

150 2つのサイコロを同時に投げるとき，次の確率を求めなさい。

(1) 2つの目の和が5となる確率

(2) 2つの目の和が6以下になる確率

(3) 2つの目の積が偶数となる確率

(4) 2つの目の積が25以上となる確率

(5) 2つの目の積が25未満となる確率

151 当たり2本，はずれ4本でできている6本のくじがある。このくじを同時に2本引くとき，次の確率を求めなさい。

(1) 2本とも当たりである確率

(2) 2本ともはずれである確率

(3) 少なくとも1本が当たる確率を求めなさい。

●四分位数

　データを**値の小さい方**から順に並べて 4 等分したとき，3 つの区切りの値を**四分位数**（しぶんいすう）といい，それぞれ値が小さい方から，**第 1 四分位数**，**第 2 四分位数**，**第 3 四分位数**という。第 2 四分位数はデータの**中央値（メジアン）**である。また，データの最大値と最小値の差を**範囲（レンジ）**といい，第 3 四分位数と第 1 四分位数の差を**四分位範囲**とう。

●データの個数が 15 個の例（小さい順に並んでいる場合）

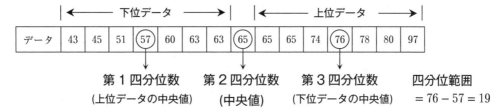

第 1 四分位数　第 2 四分位数　第 3 四分位数　　四分位範囲
（上位データの中央値）　（中央値）　（下位データの中央値）　= 76 − 57 = 19

$15 = 7 + 1 + 7$ →8 番目のデータが中央値であると分かる

$7 = 3 + 1 + 3$ →第 1 四分位数は左から 4 番目のデータ

　　　　　　　→第 3 四分位数は右から 4 番目のデータ

●データの個数が 16 個の例（大きい順に並んでいる場合）

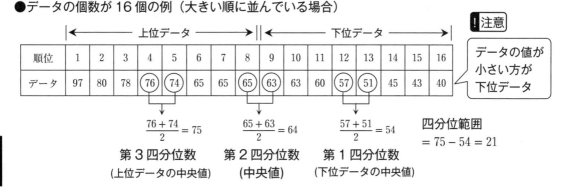

!注意

データの値が小さい方が下位データ

$\dfrac{76 + 74}{2} = 75$　　$\dfrac{65 + 63}{2} = 64$　　$\dfrac{57 + 51}{2} = 54$　　四分位範囲

第 3 四分位数　　第 2 四分位数　　第 1 四分位数　　= 75 − 54 = 21
（上位データの中央値）　（中央値）　（下位データの中央値）

$16 = 8 + 8$ →8 位，9 位の平均データが中央値であると分かる

$8 = 4 + 4$ →第 1 四分位数は右から 4 番目と 5 番目（12 位と 13 位）の平均データ

　　　　　→第 3 四分位数は左から 4 番目と 5 番目（4 位と 5 位）の平均データ

●箱ひげ図

　最小値，第 1 四分位数，中央値(第 2 四分位数)，第 3 四分位数，最大値を，箱と線を用いて 1 つの図で表したものを**箱ひげ図**という。最小値，第 1～第 3 四分位数，最大値のデータで区切ったときの 4 つの区間には，データがそれぞれ全体のおよそ 25% 存在するため，その区間が広いほどデータの散らばりは大きく，区間が狭い（せま）ほどデータが密集しているといえる。なお，平均値を記入する場合は「＋」で示す。

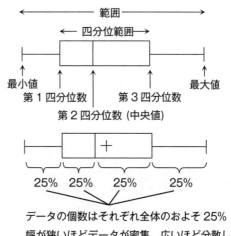

データの個数はそれぞれ全体のおよそ 25%
幅が狭いほどデータが密集，広いほど分散している

例題11 次のデータの箱ひげ図を書きなさい。また，四分位範囲と範囲を求めなさい。

データ	5	2	4	6	8	6	8	3	5	3	5	1	7

小さい順に並べる

データ　1　2　③　③　4　5　⑤　5　6　⑥　⑦　8　8

この平均が第1四分位数　　第2四分位数　　この平均が第3四分位数

データの個数：$13 = 6 + 1 + 6$ なので，7番目のデータが第2四分位数（5）

$6 = 3 + 3$ なので，

左から3番目と4番目の平均が第1四分位数（3）

右から3番目と4番目の平均が第1四分位数（6.5）

四分位範囲：$6.5 - 3 = 3.5$　　範囲：$8 - 1 = 7$

152 次のデータの四分位数，四分位範囲，範囲を求め，箱ひげ図を完成させなさい。また文中に当てはまる（　）内の語を選択しなさい。

(1)

データ	2	5	8	6	7	10	4	3	8	9	3

第1四分位数：（　　）第2四分位数：（　　）第3四分位数：（　　）四分位範囲：（　　）範囲：（　　）

(2)

データ	5	7	6	7	8	6	6	7	5	7	8	4

第1四分位数：（　　）第2四分位数：（　　）第3四分位数：（　　）四分位範囲：（　　）範囲：（　　）

(3)

データ	2	8	3	3	9	9	8	7	4	2	3	2	7	9

第1四分位数：（　　）第2四分位数：（　　）第3四分位数：（　　）四分位範囲：（　　）範囲：（　　）

(4)

順位	1	2	3	4	5	6	7	8	9	10	11	12	13	14
テスト	95	80	76	72	70	65	65	64	64	63	62	57	50	45

第1四分位数：（　　）第2四分位数：（　　）第3四分位数：（　　）四分位範囲：（　　）範囲：（　　）

　箱ひげ図において，最小値と第1四分位数間，第1四分位数と第2四分位数間，第2四分位数と第3四分位数間，第3四分位数と最大値間にはそれぞれおよそ①（　20，　25，　30，　50　）％のデータが存在し，それぞれの間隔が狭いほどその中のデータは②（　分散，密集　）していると言える。

9章

●ヒストグラムと箱ひげ図の関係

あるクラスの男子の身長の記録

151	170	165	153	158
163	155	168	154	162
164	169	156	161	157
160	161	155	159	163

【復習】資料をいくつかの階級に分け，階級ごとにその度数を示した表を**度数分布表**という。度数分布表をグラフに表したものを**ヒストグラム(柱状グラフ)**という。

度数分布表

身長(cm) 以上　　未満	度数(人)	相対度数
150 ～ 155	3	0.15
155 ～ 160	6	0.30
160 ～ 165	7	0.35
165 ～ 170	3	0.15
170 ～ 175	1	0.05
計	20	1.00

(人)　ヒストグラム（柱状グラフ）

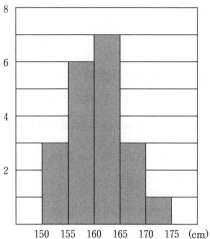

最小値，第1～第3四分位数，最大値のデータで区切ったときの4つの区間の間隔の狭さがデータの密集度を表すことから，ヒストグラムからおおよその箱ひげ図の形状を予測できるようにしよう。

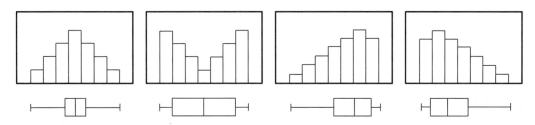

例題12　右の表はあるクラス32人の小テストの結果を表している。この表についての文として正しい場合は○，必ずしも正しいとは言えない場合は×を書きなさい。

(1) 英単語のテストの四分位範囲は3点である。

　　○…(答)　→**四分位範囲＝箱の長さ**＝7－4＝3点

(2) 計算テストの平均点は4点である。　×…(答)

　　→箱ひげ図で平均値を読み取ることはできない

(3) 計算テストで5点以上の生徒は8人未満である。

　　×…(答)　→第3四分位数(6点)から最高点(9点)までの範囲で**全体のおよそ25%**である32÷4＝8人はいるので誤り

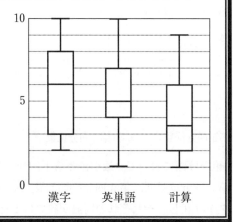

153 次のヒストグラムに対応する箱ひげ図をア～ウの中から選択しなさい。

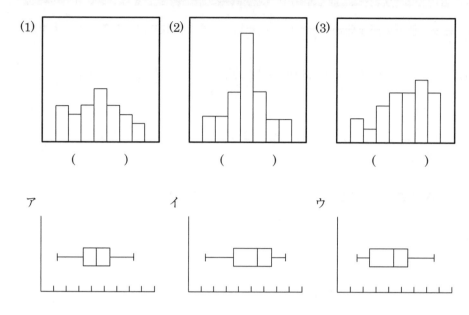

(1)　（　　　）

(2)　（　　　）

(3)　（　　　）

ア　　　　　イ　　　　　ウ

154 右の図はある学年 200 人の小テストの結果を表している。この図について次の問いに答えなさい。ただし順位は点数が高い生徒から順につけ，同点の場合は同順位とせず，無作為に順位をつけるものとする。

(1) 英単語テストの第1四分位数は何点か。

(2) 計算テストの第3四分位数は何点か。

(3) 漢字テストの四分位範囲は何点か。

(4) 英単語テストの中央値は何点か。

(5) この学年 200 人の中央値はどのように求めるか。次から選択しなさい。

　　ア. 100 位の点数　　イ. 101 位の点数　　ウ. 100 位と 101 位の平均点数

(6) 英単語テストで順位が 100 位の人は次のうちどのような点を取っていると考えられるか。

　　ア. 必ず7点である　　　イ. 7点以上である　　　ウ. 7点以下である

(7) 次の文が正しければ○，必ずしも正しいとは言えない場合は×を書きなさい。

　　① 英単語テストでは全体の半数以上が7点以上をとっている。

　　② 計算テストでは全体の半数以上が3点以下である。

　　③ 漢字テストで4点以下の生徒は 50 人未満である。

　　④ 範囲が最も小さいテストは漢字テストである。

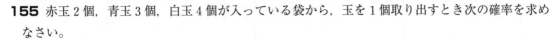

155 赤玉2個，青玉3個，白玉4個が入っている袋から，玉を1個取り出すとき次の確率を求めなさい。

(1) 青玉が出る確率　　　(2) 赤玉または白玉が出る確率　　　(3) 赤玉が出ない確率

156 1枚のコインを続けて3回投げるとき，少なくとも1枚は表が出る確率を求めなさい。

157 2枚のコインを同時に投げるとき，表が1枚だけ出る確率を求めなさい。

158 A,B,Cの3人がじゃんけんをするとき，Aだけが勝つ確率を求めなさい。

159 1つのサイコロを続けて2回投げるとき，次の問いに答えなさい。

(1) 目の出方は全部で何通りあるか。

(2) 続けて同じ目が出ない確率を求めなさい。

(3) 1回目の目よりも2回目の目が大きくなる確率を求めなさい。

9章

160 青玉3個，白玉2個が入っている袋から，玉を2個同時に取り出すとき，2つの玉の色が異なる確率を求めなさい。

161 男子3人，女子2人の5人から2人の代表を選ぶとき，代表が2人とも男子になる確率を求めなさい。

162 右の4枚のカードから2枚のカードを選ぶとき，カードの数の和が4以上となる確率を求めなさい。　　⓪ ① ② ③

163 右の4枚のカードから2枚のカードを選んで2桁の整数をつくるとき，その整数が3の倍数である確率を求めなさい。　　⓪ ① ② ③

164 下の表はあるグループ 17 人の国語のテストの結果を表している。各四分位数，四分位範囲，範囲をそれぞれ求め，この資料の箱ひげ図を完成させなさい。

順位	1	2	3	4	5	6	7	8	9	10	11	12	13	14	15	16	17
テスト	90	82	80	76	70	68	65	65	65	65	63	60	55	53	52	50	45

第1四分位数：(　　　　)　四分位範囲：(　　　　　)

第2四分位数：(　　　　)　範囲：(　　　　)

第3四分位数：(　　　　)

165 次のヒストグラムは x, y, z の都市における 365 日の各日の最高気温のデータをまとめたものである。それぞれのヒストグラムに対応する箱ひげ図をア〜ウの中から選択しなさい。

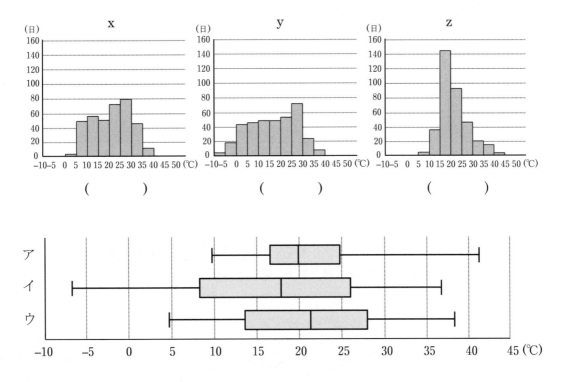

166 右の図はある学年の生徒 360 人の試験結果を表している。この図について次の問いに答えなさい。ただし順位は点数が高い生徒から順につけ, 同点の場合は同順位とせず, 無作為に順位をつけるものとする。

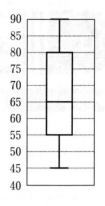

次の文が正しければ○, 必ずしも正しいとは言えない場合は×を書きなさい。

① 第 1 四分位数は 80 点である。

② 90 点の生徒は 1 人だけいる。

③ 45 点未満の生徒は 1 人もいない。

④ 少なくとも 50%の生徒は 55 点以上 80 点以下の点数をとっている。

⑤ 順位が 180 位の人の点数は 65 点である。

10章 式の乗法・除法

●分配法則による計算

$$a(b + c) = ab + ac \qquad (a + b)c = ac + bc \qquad a(b + c + d) = ab + ac + ad$$

$$(a + b) \div c = (a + b) \times \frac{1}{c}$$

$$= a \times \frac{1}{c} + b \times \frac{1}{c}$$

$$= \frac{a}{c} + \frac{b}{c}$$

$$(a + b) \div \frac{d}{c} = (a + b) \times \frac{c}{d}$$

$$= a \times \frac{c}{d} + b \times \frac{c}{d}$$

$$= \frac{ac}{d} + \frac{bc}{d}$$

※割算は以下のように
積の形に直して計算

$$\div x \longrightarrow \times \frac{1}{x}$$

$$\div \frac{y}{x} \longrightarrow \times \frac{x}{y}$$

例題 1 次の計算をしなさい。

(1) $a(2a + 5)$

$$= a \times 2a + a \times 5$$

$$= 2a^2 + 5a$$

(2) $(3x - y) \times (-2x)$

$$= 3x \times (-2x) - y \times (-2x)$$

$$= -6x^2 + 2xy$$

！注意

$$\div \left(-\frac{2}{5}x\right)$$

$$\div \left(-\frac{2x}{5}\right)$$

$$\times \left(-\frac{5}{2x}\right)$$

(3) $(15x^2 + 5x) \div 5x$

$$= (15x^2 + 5x) \times \frac{1}{5x}$$

$$= 15x^2 \times \frac{1}{5x} + 5x \times \frac{1}{5x}$$

$$= 3x + 1$$

(4) $(8x^2 - 6xy) \div \left(-\frac{2}{5}x\right)$

$$= (8x^2 - 6xy) \times \left(-\frac{5}{2x}\right)$$

$$= 8x^2 \times \left(-\frac{5}{2x}\right) - 6xy \times \left(-\frac{5}{2x}\right)$$

$$= -20x + 15y$$

●同類項の計算

3□＋2□＝5□　→□に入る文字式が同じでないと計算できない。

例 $5a^2 - 3a^2 = 2a^2$　　　$5ab + 3ab = 8ab$　　　$5a^2 + 3ab \rightarrow$これ以上計算できない

例題 2 次の計算をしなさい。

(1) $5x(x - 4) - 2x(2x + 5)$

$$= 5x^2 - 20x - 4x^2 - 10x$$

$$= 5x^2 - 4x^2 - 20x - 10x$$

$$= x^2 - 30x$$

(2) $-3a(2a - 3b) - 6(a^2 - 2ab)$

$$= -6a^2 + 9ab - 6a^2 + 12ab$$

$$= -6a^2 - 6a^2 + 9ab + 12ab$$

$$= -12a^2 + 21ab$$

167 次の計算をしなさい。

(1) $x(y + z)$

(2) $(x - y)z$

(3) $p(q + r + s)$

(4) $(-b + c - d)x$

(5) $(x + y) \div z$

(6) $(x - y) \div \dfrac{t}{s}$

168 次の計算をしなさい。

(1) $-6x(x - 2y)$

(2) $(3a - b - 1) \times 4a$

(3) $(2x^2 + 4xy) \div \dfrac{2}{3}x$

(4) $(8a^2 - 2a) \div 2a$

169 次の計算をしなさい。

(1) $5a(2a - b) - (3ab - b^2)$

(2) $4x(2x - 5xy) - 3x^2(3 - 7y)$

(3) $3x^2(x - 2) - 6x(x^2 - x + 1)$

(4) $-5a(-a + 4b) + 3b(4a - 2b)$

●多項式の乗法①

$$(2+1)(3+4) = 3 \times 7 = 21 \qquad \cdots$$この計算を面積で考えてみる。

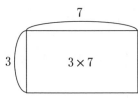

左の長方形の面積は
$3 \times 7 = 21$ となる。

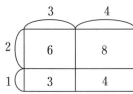

この計算を左図のように，面積を区分けして
考えると，以下のように計算することができる。
$$(2+1)(3+4)$$
$$= 6+8+3+4 = 21$$

同様にして $(a+b)(c+d)$ の計算を考えてみる。

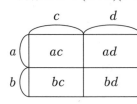

左の図より次のような計算が成り立つ。
$$(a+b)(c+d) = ac+ad+bc+bd$$

【覚え方】 $(a+b)(c+d) = ac+ad+bc+bd$

!注意　分配法則を利用すると，次のようにも計算できる。
$$(a+b)(c+d) = a(c+d)+b(c+d) = ac+ad+bc+bd$$

例1　$(a+b)(c+d+e) = ac+ad+ae+bc+bd+be$

※項数が多いときは表を
書いて計算してもよい

	x	y	z
a	ax	ay	az
b	bx	by	bz
c	cx	cy	cz

例2　$(a+b+c)(x+y+z)$
$$= ax+ay+az+bx+by+bz+cx+cy+cz$$

例題3　次の計算をしなさい。

(1)　$(x+2y)(x-7y)$

$$= x^2 - 7xy + 2xy - 14y^2$$
$$= x^2 - 5xy - 14y^2$$

(2)　$(x+1)(x^2-3x+2)$

$$= x^3 - 3x^2 + 2x + x^2 - 3x + 2$$
$$= x^3 - 2x^2 - x + 2$$

※表を利用すると…

	x^2	$-3x$	2
x	x^3	$-3x^2$	$2x$
1	x^2	$-3x$	$+2$

⇓ 同類項を
計算して

$$= x^3 - 2x^2 - x + 2$$

170 次の計算をしなさい。

(1) $(a+b)(x+y)$

(2) $(a+b)(x+y+z)$

(3) $(a+b+c)(x+y)$

(4) $(p+q+r)(x+y+z)$

171 次の計算をしなさい。

(1) $(a+2)(b-3)$

(2) $(x+2a)(x-3a)$

(3) $(y+2b)(y-2b)$

(4) $(a+2b)(2a-b+3)$

(5) $(x^2+3x+2)(x-3)$

(6) $(a+b+3)(a+2b-3)$

172 次の計算をしなさい。

(1) $3a(a-5)$

(2) $(3-x) \times (-2x)$

(3) $(x+1)(x+2)$

(4) $(ax-bx) \div x$

(5) $\dfrac{3}{4}x(12x-8xy+4y)$

(6) $(-a^2b+3ab^2) \div \left(-\dfrac{ab}{2}\right)$

(7) $(6xy-2xy^2) \div \dfrac{2}{3}x$

(8) $-2x(3x-4)-4x(x+2)$

(9) $(x-7y)(x+4y)$

10章

(10) $(a+3)(a-9)-a(a+2)$

(11) $(3x-2y)(2x+3y-4)$

173 次の計算をしなさい。

(1) $(6a^3 - 12a^2) \div \left(-\dfrac{6}{5}a^2\right)$

(2) $(4a^2 - 6ab) \times \dfrac{1}{2}b$

(3) $(a+3)(b+1)$

(4) $(x-9y)(x+2y)$

(5) $(2a-b+3)(a+2b)$

(6) $(x+1)(x+3y-2)$

(7) $(6x^2y - 12xy) \div 3y - 2x(x-2)$

(8) $(4a^3 - 12a^2b) \div 4a^2 + 3b$

(9) $(5x+1)(5x-1)$

(10) $(2x^2 - x + 2)(-x^2 + x + 3)$

●多項式の乗法②

例題 4　次の計算をしなさい。

(1) $(x+y)^2$

$= (x+y)(x+y)$

$= x^2 + xy + xy + y^2$

$= x^2 + 2xy + y^2$

(2) $(x+5)^2$

$= (x+5)(x+5)$

$= x^2 + 5x + 5x + 25$

$= x^2 + 10x + 25$

(3) $(3x-4y)^2$

$= (3x-4y)(3x-4y)$

$= (3x)^2 - 12xy - 12xy + (-4y)^2$

$= 9x^2 - 24x + 16y^2$

例題 5　次の計算をしなさい。

(1) $(x+y)(x-y)$

$= x^2 - xy + xy - y^2$

$= x^2 - y^2$

(2) $(x+5)(x-5)$

$= x^2 - 5x + 5x - 25$

$= x^2 - 25$

(3) $(7a-2)(7a+2)$

$= 49a^2 + 14a - 14a - 4$

$= 49a^2 - 4$

例題 6　次の計算をしなさい。

(1) $(x+1)(x-4) = x^2 - 4x + x - 4$

　　$= x^2 - 3x - 4$

(2) $(x-7y)(x-6y) = x^2 - 6xy - 7xy + 42y^2$

　　$= x^2 - 13xy + 42y^2$

(3) $(a+3)(a+2) = a^2 + 2a + 3a + 6$

　　$= a^2 + 5a + 6$

(4) $(a-3b)(a+5b) = a^2 + 5ab - 3ab - 15b^2$

　　$= a^2 + 2ab - 15b^2$

---

174 次の計算をしなさい。

(1) $(a+b)^2$

(2) $(a-b)^2$

(3) $(2a+1)^2$

(4) $(x-5)^2$

(5) $(x+6y)^2$

(6) $(-2x+5y)^2$

10章

175 次の計算をしなさい。

(1) $(a+b)(a-b)$

(2) $(x-1)(x+1)$

(3) $(x-2y)(x+2y)$

(4) $(y-5)(y+5)$

(5) $(9x+1)(9x-1)$

(6) $(2a+3b)(2a-3b)$

176 次の計算をしなさい。

(1) $(x+1)(x+2)$

(2) $(a-4)(a+3)$

(3) $(x+y)(x+2y)$

(4) $(y-5)(y-7)$

(5) $(a+2b)(a-5b)$

(6) $(x-3y)(x-9y)$

10
章

●展開の公式の利用

> 【公式1】 $(x+y)^2 = x^2 + 2xy + y^2$　　$(x-y)^2 = x^2 - 2xy + y^2$

$$(\ x\ +\ 3\ )^2$$

$x^2 \underset{2\times x\times 3}{\vee} 3^2$

前の項 $= x$, 後の項 $= 3$

(前の項)$^2 + 2 \times$ (前の項) $\times$ (後の項) $+$ (後の項)^2

$= x^2 + 6x + 9$

$$(\ 2a\ -\ 3b\ )^2$$

$(2a)^2 \underset{2\times 2a \times (-3b)}{\vee} (3b)^2$

前の項 $= 2a$, 後の項 $= 3b$

(前の項)$^2 - 2 \times$ (前の項) $\times$ (後の項) $+$ (後の項)^2

$4a^2 - 12ab + 9b^2$

重要　$(-x-3)^2 = (x+3)^2$, $(-2a+3b)^2 = (2a-3b)^2$ となることを理解しよう。

一般に $A^2 = (-A)^2$ で，$-x-3 = -(x+3), -2a+3b = -(2a-3b)$ より，上の式が成り立つ。

【計算例】 $(-x-3)^2 = (x+3)^2 = x^2 + 6x + 9$　　$(-2a+3b)^2 = (2a-3b)^2 = 4a^2 - 12ab + 9b^2$

> 【公式2】 $(x-y)(x+y) = x^2 - y^2$

$$(3a-4b)(3a+4b)$$

$(3a)^2 \downarrow\ \ \ \downarrow (4b)^2$

前の項 $= 3a$, 後の項 $= 4b$

(前の項)$^2 -$ (後の項)^2

$= 9a^2 - 16b^2$

> 【公式3】　$(x+a)(x+b) = x^2 + (a+b)x + ab$
>
> $(x+ay)(x+by) = x^2 + (a+b)xy + aby^2$

このパターンは**外側の積**と**内側の積**が必ず同類項になる。
よって，次のように考えて計算すればよい。

> (前×前) + (外側の積＋内側の積) + (後×後)

$$\overset{x}{\overgroup{(x+1)(x-4)}}\underset{-4x}{\undergroup{}}$$

$$\overset{-7xy}{\overgroup{(x-7y)(x-6y)}}\underset{-6xy}{\undergroup{}}$$

$= x^2 - 3x - 4$　　　　　　　$= x^2 - 13xy + 42y^2$

177 次の等式のうち正しいものを選択しなさい。

(1) ア．$(-a+2b)^2=(a+2b)^2$

　イ．$(-a+2b)^2=(a-2b)^2$

　ウ．$(-a+2b)^2=(2a-b)^2$

(2) ア．$(-3x-y)^2=(3x+y)^2$

　イ．$(-3x-y)^2=(3x-y)^2$

　ウ．$(-3x-y)^2=(x+3y)^2$

178 公式を使って次の計算をしなさい。(途中式は書かないで計算結果のみを書くこと)

(1) $(a-1)^2$

(2) $(a+b)^2$

(3) $(x+7)^2$

(4) $(y-3)^2$

(5) $(a+2b)^2$

(6) $(-3x+2y)^2$

179 公式を使って次の計算をしなさい。(途中式は書かないで計算結果のみを書くこと)

(1) $(b+c)(b-c)$

(2) $(z-1)(z+1)$

(3) $(x-4y)(x+4y)$

(4) $(1-5a)(1+5a)$

(5) $(6x+1)(6x-1)$

(6) $(10a+7b)(10a-7b)$

180 公式を使って次の計算をしなさい。(途中式は書かないで計算結果のみを書くこと)

(1) $(y+3)(y+4)$

(2) $(x-y)(x-2y)$

(3) $(x+5)(x-6)$

(4) $(y-5z)(y+8z)$

(5) $(a-7b)(a+3b)$

(6) $(x-1)(x-11)$

10章

● 多項式の乗法③

例題 7　次の計算をしなさい。

(1) $\left(y + \dfrac{3}{4}\right)\left(y - \dfrac{1}{2}\right)$

$= y^2 - \dfrac{1}{2}y + \dfrac{3}{4}y - \dfrac{3}{8}$

$= y^2 - \dfrac{2}{4}y + \dfrac{3}{4}y - \dfrac{3}{8}$

$= y^2 + \dfrac{1}{4}y - \dfrac{3}{8}$

(2) $\left(\dfrac{1}{2}x + \dfrac{1}{3}y\right)^2$　→【公式1】を利用

$= \left(\dfrac{1}{2}x\right)^2 + 2 \times \dfrac{1}{2}x \times \dfrac{1}{3}y + \left(\dfrac{1}{3}y\right)^2$

$= \dfrac{1}{4}x^2 + \dfrac{1}{3}xy + \dfrac{1}{9}y^2$

(3) $\left(6x + \dfrac{1}{5}\right)\left(6x - \dfrac{1}{5}\right)$　→【公式2】を利用

$= (6x)^2 - \left(\dfrac{1}{5}\right)^2$

$= 36x^2 - \dfrac{1}{25}$

(4) $2(x+6)(x+2)$　→【公式3】を利用

$= 2(x^2 + 8x + 12)$　$(\cdots)(\cdots)$を先に計算

$= 2x^2 + 16x + 24$

(5) $\underbrace{(x-3y)(x+3y)}_{\text{【公式2】}} - \underbrace{2(x-y)^2}_{\text{【公式1】}}$　$= x^2 - 9y^2 - 2(x^2 - 2xy + y^2)$

$= x^2 - 9y^2 - 2x^2 + 4xy - 2y^2$

$= -x^2 + 4xy - 11y^2$

(6) $\dfrac{6a^2 - 12a}{6a} = \dfrac{6a^2}{6a} - \dfrac{12a}{6a}$

$= a - 2$

別解　$\dfrac{\cancel{6a^2} - \cancel{12a}}{\cancel{6a}} = \dfrac{a - 2}{1} = a - 2$

〔$6a$ で約分〕

※3つ同時に約分できるときは約分してよい

※分子が和や差の形のとき，
　次の約分は間違い！

【間違い】　$\dfrac{\cancel{6}a + b}{\cancel{3}} = \dfrac{2a + b}{1} = 2a + b$

※以下の式変形なら正しい

$\dfrac{6a + b}{3} = \dfrac{\cancel{6}a}{\cancel{3}} + \dfrac{b}{3} = 2a + \dfrac{b}{3}$

例題 8　乗法公式を利用して次の計算をしなさい。

(1) 103^2

$= (100 + 3)^2$

$= 100^2 + 2 \times 100 \times 3 + 3^2$

$= 10000 + 600 + 9$

$= 10609$

(2) 98^2

$= (100 - 2)^2$

$= 100^2 - 2 \times 100 \times 2 + (-2)^2$

$= 10000 - 400 + 4$

$= 9604$

(3) 101×99

$= (100 + 1)(100 - 1)$

$= 100^2 - 1^2$

$= 10000 - 1$

$= 9999$

181 次の計算をしなさい。

(1) $\left(x - \dfrac{2}{3}\right)\left(x + \dfrac{1}{2}\right)$

(2) $\left(x + \dfrac{1}{2}\right)^2$

(3) $\left(3a - \dfrac{1}{4}\right)\left(3a + \dfrac{1}{4}\right)$

(4) $-3(x - 3)(x - 1)$

(5) $(x + 2)(x - 2) - (x + 3)^2$

(6) $(x + 5)(x - 5) + 2(x + 1)^2$

(7) $\dfrac{5x^2 + 15x}{10x}$

(8) $\dfrac{28x^2y + 12xy}{4y}$

182 乗法公式を利用して次の計算をしなさい。（途中式も書くこと）

(1) 99^2

(2) 102^2

(3) 98×102

● ★ 章 末 問 題 ★

183 次の計算をしなさい。

(1) $(x+3)(x+4)$

(2) $2(x-y)(x+y)$

(3) $(-7x+y)^2$

(4) $\left(x+\dfrac{1}{3}\right)^2$

(5) $-(2x+1)(2x-3)$

(6) $\dfrac{6x^2y-9xy^2}{-3xy}$

(7) $\left(\dfrac{1}{3}x-\dfrac{1}{4}y\right)^2$

(8) $(3-x)^2-(x-4)(x+4)$

(9) $(x+5)(x-6)-2(x-1)(x+3)$

184 乗法公式を利用して次の計算をしなさい。（途中式も書くこと）

(1) 103×97

(2) 201^2

185 次の計算をしなさい。

(1) $\left(x-\dfrac{1}{4}\right)\left(x+\dfrac{1}{4}\right)$

(2) $\left(5x-\dfrac{3}{2}\right)^2$

(3) $(0.5x-0.2)(0.5x+0.2)$

(4) $-(x-5y)(x-7y)+(2x-3y)^2$

(5) $(6a^2b-9ab^2)\div(-3ab)$

(6) $\dfrac{3x^3+6x^2-9x}{3x}$

(7) $\left(x+\dfrac{y}{2}\right)^2-\dfrac{3}{2}y(x+y)$

(8) $(x+y-3)^2$

10
章

11章 ||| 因数分解

●因数とは

多項式がいくつかの積で表されるとき，その１つ１つの式をもとの式の**因数**という。

例1　$5a(3a - 5b)$ →因数：$5a$ ，$(3a - 5b)$　　**例2**　$2(x - y)^2$ →因数：2 ，$x - y$

●因数分解とは

多項式をいくつかの因数の積の形に表すことを，もとの式を**因数分解**するという。

例1　$a^2 + ab \underset{展開}{\overset{因数分解}{\rightleftarrows}} a(a + b)$　　　**例2**　$x^2 + 3x + 2 \underset{展開}{\overset{因数分解}{\rightleftarrows}} (x + 1)(x + 2)$

●因数分解のパターン①

パターン1　$ab + ac = a(b + c)$　…共通因数をくくりだす

パターン2　$a^2 - b^2 = (a - b)(a + b)$　…$\bigcirc^2 - \triangle^2 = (\bigcirc - \triangle)(\bigcirc + \triangle)$

例題1　次の式を因数分解しなさい。

(1) $a^2 + ab + a$　→共通因数：a
　$= a(a + b + 1)$
　NG：$a^2 + ab + a = a(a + b) + a$
　　　→積の形になっていない

(2) $4xy^2 - 8xy$　→共通因数：$4xy$
　$= 4xy(y - 2)$
　NG：$4xy^2 - 8xy = 4(xy^2 - 2xy)$ →不十分
　NG：$4xy^2 - 8xy = xy(4y - 8)$ →不十分

重要　式を展開して答えが合っているか必ず確かめること

(1) $a(a + b + 1) = a^2 + ab + a$　　　(2) $4xy(y - 2) = 4xy^2 - 8xy$

例題2　次の式を因数分解しなさい。

(1) $x^2 - 1$
　$= x^2 - 1^2$
　$= (x - 1)(x + 1)$

(2) $4a^2 - 9$
　$= (2a)^2 - 3^2$
　$= (2a - 3)(2a + 3)$

(3) $25x^2 - 49y^2$
　$= (5x)^2 - (7y)^2$
　$= (5x - 7y)(5x + 7y)$

※答えを展開した式がもとの式に戻るか確認しよう。

【パターンを見分けるコツ】

最初に必ず共通因数を探す。共通因数があればパターン１で解く。

共通因数がなければ $\bigcirc^2 - \triangle^2$ の形にならないかを考える。

パターン２でも解けない場合は別のパターン（あとで解説）を考える。

186 次の空欄に当てはまる言葉を答えなさい。

・多項式がいくつかの積で表されるとき，その 1 つ 1 つの式をもとの式の（　①　）という。

・多項式をいくつかの因数の積の形に表すことを，もとの式を（　②　）するという。

　　　　　　　　　　　　　　　①(　　　　　　　　　　)　②(　　　　　　　　　　)

187 次の式を因数分解しなさい。

(1) $ax + ay$

(2) $3x - 12y$

(3) $x^2 - x$

(4) $5ab^2 + 10ab$

(5) $mx - my + mz$

(6) $m^2n + mn^2 - mn$

188 次の式を因数分解しなさい。

(1) $x^2 - y^2$

(2) $x^2 - 49$

(3) $a^2 - 1$

(4) $64x^2 - y^2$

(5) $9a^2 - 4b^2$

(6) $81 - 100d^2$

(7) $y^2 - 36$

(8) $36y^2 - 1$

(9) $16a^2 - 25b^2$

11
章

●因数分解のパターン②

パターン 3　　$x^2 + (a+b)x + ab = (x+a)(x+b)$

パターン 4　　$a^2 \pm 2ab + b^2 = (a \pm b)^2$

例題 3　次の式を因数分解しなさい。

(1) $x^2 - 3x - 10 = (x+2)(x-5)$

和が x の係数(-3)になるものを選ぶ

1 , -10
2 , -5
5 , -2
10 , -1　定数項を積の形に直す

$\longrightarrow$ $(x-5)(x+2)$ と逆に書いてもよい

パターン3

$x^2 + (a+b)x + ab = (x+a)(x+b)$

　　　　　　　$a \times b$

定数項を積の形に直し，その中から和が x の係数と一致するものを見つける！

(2) $x^2 - 2x + 1 = (x-1)(x-1) = (x-1)^2$

1 , 1
-1 , -1

因数が同じ場合は**累乗**の形にする
※パターン4で解いてもよい

(3) $x^2 - xy - 6y^2 = (x+2y)(x-3y)$　$\longrightarrow$　$(x-3y)(x+2y)$ と逆に書いてもよい

係数 -1

1 , -6
2 , -3
3 , -2
6 , -1

それぞれ y をつける

展開してもとに戻るか検算してみよう！

(4) $4x^2 + 20x + 25$

$= (2x)^2 + 20x + 5^2 = (2x+5)^2$

$2x \times 5 \times 2$

パターン4

$a^2 \pm 2ab + b^2 = (a \pm b)^2$

　　　$a \times b \times 2$

2乗を省いた(前の項)と(後の項)をかけて2倍すると(中央の項)になるとき，$(\bigcirc \pm \triangle)^2$ の形にすることができる。

(5) $9x^2 - 12xy + 4y^2$

$= (3x)^2 - 12xy + (2y)^2 = (3x-2y)^2$

$3x \times 2y \times 2$

-になることに注意

!注意　次のような場合は**因数分解しやすいように項の順序に変えて**行うこと。

$-3 + 2x + x^2 = x^2 + 2x - 3 = (x+3)(x-1)$

$x^2 + 9y^2 - 6xy = x^2 - 6xy + 9y^2 = (x-3y)^2$

11章

189 次の式を因数分解しなさい。

(1) $x^2 + 2x - 3$

(2) $x^2 - 2x - 3$

(3) $x^2 + x - 6$

(4) $a^2 - 4a - 5$

(5) $y^2 + 2y + 1$

(6) $x^2 - 12x + 36$

(7) $x^2 - 3xy - 18y^2$

(8) $a^2 + 4ab - 12b^2$

(9) $x^2 + 10y^2 + 11xy$

190 次の式を因数分解しなさい。

(1) $a^2 - 2a + 1$

(2) $9x^2 + 6x + 1$

(3) $9x^2 + 6xy + y^2$

(4) $4x^2 - 12xy + 9y^2$

(5) $a^2 - 4a + 4$

(6) $4a^2 - 4a + 1$

(7) $y^2 + 18y + 81$

(8) $9x^2 + 25y^2 - 30xy$

(9) $-20x + 100 + x^2$

11
章

191 次の式を因数分解しなさい。

(1) $y^2 - 1$

(2) $a^2x - aby$

(3) $a^2 - 6a + 9$

(4) $4x^2 - 20xy + 25y^2$

(5) $x^2 + 3x$

(6) $x^2 - 9x + 18$

(7) $x^2 - 5x - 14$

(8) $9x^2 - y^2$

(9) $11x - 33y + 22$

(10) $1 - a^2$

(11) $25x^2 + 10x + 1$

(12) $a^2 - 11ab - 12b^2$

(13) $3x^2 + 6y^2 - 3$

(14) $x^2 + 6xy + 5y^2$

(15) $x^2 - 6x - 16$

(16) $x^2 - 8 + 2x$

(17) $100a^2 - 140ab + 49b^2$

(18) $3ab^2 - 27ab$

192 次の式を因数分解しなさい。

(1) $x^2 + 4x - 45$

(2) $49b^2 - 1$

(3) $12a^2y^2 - 3ay$

(4) $9x^2 - 12xy + 4y^2$

(5) $9x^2 - 12xy$

(6) $9x^2 - 4y^2$

(7) $t^2 - t - 56$

(8) $t^2 - t$

(9) $36t^2 - 12t + 1$

(10) $x^2 - 8xy + 16y^2$

(11) $x^2 + 6xy - 16y^2$

(12) $x^2 - 16y^2$

(13) $a^2 - 17ab + 16b^2$

(14) $81r^2 - 49s^2$

(15) $16m^2 + 8mn + n^2$

(16) $k^2 - 5k - 24$

(17) $16x^2 + 49y^2 - 56xy$

(18) $1 - 64m^2$

11
章

● **複雑な因数分解**　複雑な因数分解は以下の4パターンが組み合わされてできている。

パターン **1**	$ab + ac = a(b + c)$	パターン **3**	$x^2 + (a + b)x + ab = (x + a)(x + b)$
パターン **2**	$a^2 - b^2 = (a - b)(a + b)$	パターン **4**	$a^2 \pm 2ab + b^2 = (a \pm b)^2$

!Point　最初に**パターン1**ができないかを検討。ダメならば**パターン2**　それでもだめ
ならば**パターン3**・・・のように考えるようにしよう。

例題 4　次の式を因数分解しなさい。

(1) $x^2 - 5x + \dfrac{25}{4}$　→ パターン **4**

$= x^2 - 5x + \left(\dfrac{5}{2}\right)^2 = \left(x - \dfrac{5}{2}\right)^2$ ・・・(答)

(2) $x^2 - \dfrac{y^2}{16}$　→ パターン **2**

$= x^2 - \left(\dfrac{y}{4}\right)^2 = \left(x - \dfrac{y}{4}\right)\left(x + \dfrac{y}{4}\right)$ ・・・(答)

(3) $x^2 + 0.2x + 0.01$　→ パターン **4**

$= x^2 + 0.2x + (0.1)^2$

$= (x + 0.1)^2$ ・・・(答)

(4) $0.25x^2 - 0.49y^2$　→ パターン **2**

$= (0.5x)^2 - (0.7y)^2$

$= (0.5x - 0.7y)(0.5x + 0.7y)$ ・・・(答)

(5) $-3ax^2 - 6ax + 9a$　→ パターン **1**

$= -3a(x^2 + 2x - 3)$　→ パターン **3**

$= -3a(x + 3)(x - 1)$ ・・・(答)

(6) $x^3 - 2x^2y + xy^2$　→ パターン **1**

$= x(x^2 - 2xy + y^2)$　→ パターン **4**

$= x(x - y)^2$ ・・・(答)

(7) $4x^4 - x^2y^2$　→ パターン **1**

$= x^2(4x^2 - y^2)$　→ パターン **2**

$= x^2\{(2x)^2 - y^2\}$

$= x^2(2x - y)(2x + y)$ ・・・(答)

(8) $x^2y^2 - 1$　→ パターン **2**

$= (xy)^2 - 1^2$

$= (xy - 1)(xy + 1)$ ・・・(答)

例題 5　次の式を因数分解しなさい。

(1) $a(x + y) - b(x + y)$

$A = x + y$ とおくと,

$aA - bA = A(a - b)$

$= (x + y)(a - b)$ ・・・(答)

(2) $(x - 3)^2 - 2(x - 3) - 8$

$A = x - 3$ とおくと,

$A^2 - 2A - 8 = (A - 4)(A + 2)$

$= \{(x - 3) - 4\}\{(x - 3) + 2\}$

$= (x - 7)(x - 1)$ ・・・(答)

(3) $2a(1 - 5b) - 1 + 5b$

$= 2a(1 - 5b) - (1 - 5b)$

$A = 1 - 5b$ とおくと,

$2aA - A = A(2a - 1)$

$= (1 - 5b)(2a - 1)$ ・・・(答)

(4) $x^2 - (y - z)^2$

$A = y - z$ とおくと,

$x^2 - A^2 = (x - A)(x + A)$

$= \{x - (y - z)\}\{x + (y - z)\}$

$= (x - y + z)(x + y - z)$ ・・・(答)

193 次の式を因数分解しなさい。

(1) $x^2 + \dfrac{2}{3}x + \dfrac{1}{9}$

(2) $\dfrac{a^2}{25} - \dfrac{b^2}{49}$

(3) $x^2 + x + \dfrac{1}{4}$

(4) $x^2 - 0.2x + 0.01$

(5) $0.16a^2 - 1$

(6) $0.04 - 0.25y^2$

(7) $-3x^2 + 15x - 12$

(8) $5x^2 + 15x - 270$

(9) $-2x^2 + 12xy - 18y^2$

(10) $2ax^2 - 8ay^2$

(11) $1 - a^2b^2$

(12) $x^3y - 100xy$

194 次の式を因数分解しなさい。

(1) $a(x-y) - 6(x-y)$

(2) $(a+2)^2 + 3(a+2) - 28$

(3) $(x-y)^2 - x + y$

(4) $a^2 - (b+2c)^2$

(5) $4(m+n)^2 - 4(m+n) + 1$

★ 章 末 問 題 ★

195 次の式を因数分解しなさい。

(1) $x^2y + xy - 12y$

(2) $x^2 - \dfrac{4}{9}$

(3) $0.25x^2 - 0.49y^2$

(4) $3ab^2 - 27ac^2$

(5) $2x^2y + 4xy - 30y$

(6) $\dfrac{x^2}{4} - y^2$

(7) $2x^2 - 22x + 48$

(8) $-9x + 14 + x^2$

(9) $-x^2 + 2x - 1$

(10) $-3a^2x - 12ax - 12x$

(11) $x^3 - 2x^2y + xy^2$

(12) $ax^2 - 6ax - 27a$

(13) $2c(1 - 3b) - 3b + 1$

(14) $4(y + z)^2 - 16$

196 次の式を因数分解しなさい。

(1) $4x^2 + 8x - 12$

(2) $4x^2 + 12x + 9$

(3) $4x^2 - 16x$

(4) $4x^2 - 16$

(5) $36m^2 - 9n^2$

(6) $2a^2 + 4ab + 2b^2$

(7) $11xy + x^2 + 30y^2$

(8) $64m^2 - 16mn + n^2$

(9) $x^2 - \dfrac{1}{5}xy + \dfrac{1}{100}y^2$

(10) $(z - 24)^2 - 2(z - 24) + 1$

(11) $5(x + 41)^2 - 25(x + 41) + 20$

(12) $y(x - 4)(x + 2) + 2xy + 7y$

(13) $(2x + y)(2x - y) - (2x - 3y)^2$

12章 ┃┃┃ 式の計算の利用

● 式の値

重要　式の値を求めるときは，できるだけ式を簡単にしてから文字に値を代入する。

例題 **1**　次の問いに答えなさい。

(1) $x = -5, y = -3$ のとき，$x^2 + y^2$ を求めなさい。

$x^2 + y^2 = (-5)^2 + (-3)^2$
$= (-5)^2 + (-3)^2 = 34$ …(答)

(2) $a = 5, b = -6$ のとき，$(6a^2b + 9ab^2) \div 3ab$ を求めなさい。

$(6a^2b + 9ab^2) \div 3ab = (6a^2b + 9ab^2) \times \dfrac{1}{3ab}$
$= 6a^2b \times \dfrac{1}{3ab} + 9ab^2 \times \dfrac{1}{3ab}$
$= 2a + 3b = 2 \times 5 + 3 \times (-6)$
$= 10 - 18 = -8$ …(答)

(3) $x = 82, y = 72$ のとき，$x^2 - 2xy + y^2$ を求めなさい。

$x^2 - 2xy + y^2 = (x - y)^2$
$= (82 - 72)^2$
$= 10^2 = 100$ …(答)

(4) $x = 5.5, y = 4.5$ のとき，$x^2 - y^2$ を求めなさい。

$x^2 - y^2 = (x - y)(x + y)$
$= (5.5 - 4.5)(5.5 + 4.5)$
$= 1 \times 10 = 10$ …(答)

(5) $n = 203$ のとき，$n^2 - 6n + 9$ の値を求めなさい。

$n^2 - 6n + 9 = (n - 3)^2$
$= (203 - 3)^2$
$= 200^2$
$= 40000$ …(答)

(6) $x + y = 15, x - y = 10$ のとき，$x^2 - y^2$ の値を求めなさい。

$x^2 - y^2 = (x - y)(x + y)$
$= 10 \times 15$
$= 150$ …(答)

(7) $a = \dfrac{2}{3}, b = \dfrac{1}{4}$ のとき，$(2a - b)(a + b) - (2a + b)(a - b)$ の値を求めなさい。

$(2a - b)(a + b) - (2a + b)(a - b)$
$= 2a^2 + 2ab - ab - b^2 - (2a^2 - 2ab + ab - b^2)$
$= 2a^2 + 2ab - ab - b^2 - 2a^2 + 2ab - ab + b^2$
$= 2ab = 2 \times \dfrac{2}{3} \times \dfrac{1}{4} = \dfrac{1}{3}$ …(答)

12章

197 次の問いに答えなさい。

(1) $a = -1, b = -2$ のとき，$a^4 - b^3$ の値を求めなさい。

(2) $x = 3, y = -2$ のとき，
$(15x^3y^2 - 5x^2y^3) \div 5x^2y^2$ の値を求めなさい。

(3) $x = 67, y = 33$ のとき，
$x^2 + 2xy + y^2$ の値を求めなさい。

(4) $a = 6.85, b = 3.15$ のとき，$a^2 - b^2$ の値を求めなさい。

(5) $a = 19$ のとき，$a^2 - 8a - 9$ の値を求めなさい。

(6) $m + n = 5, m - n = -3$ のとき，
$m^2 - n^2$ の値を求めなさい。

(7) $x = \dfrac{1}{4}, y = -\dfrac{1}{3}$ のとき，
$(x - 5y)^2 - (x + 5y)^2$ の値を求めなさい。

12章

例題 2 因数分解や展開の公式を利用して次の計算をしなさい。

(1) $65^2 - 35^2$

→ $x^2 - y^2 = (x-y)(x+y)$ を利用

$65^2 - 35^2 = (65-35) \times (65+35)$
$= 100 \times 30$
$= 3000$ …(答)

(2) $21 \times 57 + 21 \times 43$

→ $ab + ac = a(b+c)$ を利用

$21 \times 57 + 21 \times 43$
$= 21 \times (57+43)$
$= 21 \times 100$
$= 2100$ …(答)

(3) 10.3^2

→ $(x+y)^2 = x^2 + 2xy + y^2$ を利用

$10.3^2 = (10+0.3)^2$
$= 10^2 + 2 \times 10 \times 0.3 + 0.3^2$
$= 100 + 6 + 0.09$
$= 106.09$ …(答)

(4) 3.02×2.98

→ $(x-y)(x+y) = x^2 - y^2$ を利用

$3.02 \times 2.98 = (3+0.02)(3-0.02)$
$= 3^2 - 0.02^2$
$= 9 - 0.0004$
$= 8.9996$ …(答)

例題 3 次の問いに答えなさい。

(1) $x^2 + ax - 12$ を因数分解した結果が，$(x+2)(x+b)$ であるとき a, b の値を求めなさい。

$x^2 + ax - 12 = (x+2)(x+b)$

$2b = -12$
$b = -6$

$(x+2)(x-6) = x^2 - 4x - 12$
$x^2 + ax - 12$ と係数を比較して $a = -4$

$a = -4, \ b = -6$ …(答)

(2) $x^2 + kx - 16$ の式が因数分解できるとき，整数 k のとり得る値をすべて求めなさい。

公式 $x^2 + (a+b)x + ab = (x+a)(x+b)$

$a \times b$

例 $x^2 - 6x - 16 = (x+2)(x-8)$

$2 \times (-8) \to 2 - 8 = -6$

この場合 $k = -6$ となる

$x^2 + kx - 16$

$-$ $1 \times (-16) \to 1 - 16 = -15$
$-$ $2 \times (-8) \to 2 - 8 = -6$
$-$ $4 \times (-4) \to 4 - 4 = 0$
$-$ $8 \times (-2) \to 8 - 2 = 6$
$-$ $16 \times (-1) \to 16 - 1 = 15$

上記より $k = -15, -6, 0, 6, 15$ …(答)

198 因数分解や展開の公式を利用して次の計算をしなさい。（途中式を必ず書くこと）

(1) $501^2 - 499^2$

(2) $501 \times 39 + 499 \times 39$

(3) 20.1^2

(4) 49.8×50.2

199 次の問いに答えなさい。

(1) $x^2 + ax - 24$ を因数分解した結果が，$(x+3)(x+b)$ であるとき，a, b の値を求めなさい。

(2) $x^2 + kx + 12$ が因数分解できるとき，整数 k のとり得る値をすべて求めなさい。

12
章

●式を使った証明　n を整数とすると，次のように様々な整数を式で表すことができる。

連続する2つの整数…$n, n+1$	3の倍数 …$3n$
連続する3つの整数	4の倍数 …$4n$
…$n-1, n, n+1$　($n, n+1, n+2$)	3で割って1余る数 …$3n+1$
偶数(2の倍数) …$2n$	3で割って2余る数 …$3n+2$
奇数(2で割って1余る数)… $2n+1$ ($2n-1$)	4で割って1余る数 …$4n+1$
連続する2つの偶数…$2n, 2n+2$	4で割って2余る数 …$4n+2$
連続する2つの奇数…$2n+1, 2n+3$ ($2n-1, 2n+1$)	4で割って3余る数 …$4n+3$

例題 4　連続する2つの整数がある。大きい数の2乗から小さい数の2乗を引くと，もとの2つの数の和になることを証明しなさい。

解答
連続する2つの整数を $n, n+1$ とする。(n は整数)
$(n+1)^2 - n^2 = 2n+1 = n+(n+1)$
よって，もとの2つの整数の和になる。

和→足した数
積→掛けた数
差→引いた数
商→割った数
平方→2乗した数
立方→3乗した数

例題 5　奇数を2乗すると奇数になることを証明しなさい。

解答
奇数を $2m-1$ とする。(m は整数)
$(2m-1)^2 = 4m^2 - 4m + 1 = 2(2m^2 - 2m) + 1$
2×整数+1となるので，これは奇数である。

例題 6　次の問いに答えなさい。

(1) 差が5である2つの整数がある。大きい数の平方から小さい数の平方を引いた差は5の倍数になることを証明しなさい。

解答
差が5である2つの整数を $n, n+5$ とする。(n は整数)
$(n+5)^2 - n^2 = 10n + 25 = 5(2n+5)$
5×整数となるので，これは5の倍数である。

(2) (1)の2つの整数の平方の差が35のとき，2つの整数を求めなさい。

(1)より，$5(2n+5)$ が35になるので，

$5(2n+5) = 35$　この方程式を解くと，$n=1$ となり，

$(n, n+5) = (1, 6)$ となる。よってこの2つの整数は1と6 …(答)

※ $6^2 - 1^2 = 36 - 1 = 35$ となることを確かめよう。

12章

200 m を整数とするとき，次の整数を m の式で表しなさい。

(1) 偶数(2の倍数)：(　　　　　　　　) 　　(2) 奇数：(　　　　　　　　)

(3) 連続する2つの整数： $m,$ (　　　　　　　)

(4) 連続する3つの整数： $m-1,$ (　　　　　　) ,(　　　　　　)

(5) 3の倍数：(　　　　　　　) 　　(6) 3で割って1余る数：(　　　　　　　)

(7) 連続する2つの奇数： $2m-1,$ (　　　　　　)

(8) 連続する2つの偶数： $2m,$ (　　　　　　)

201 連続する3つの整数で，最も大きい数の2乗から最も小さい数の2乗を引いた差はまん中の数の4倍に等しいことを証明しなさい。

202 連続する2つの整数がある。それぞれの平方の和は奇数になることを証明しなさい。

203 次の問いに答えなさい。

(1) 差が7である2つの整数がある。大きい数の平方から小さい数の平方を引いた差は7の倍数になることを証明しなさい。

(2) (1)の2つの整数の平方の差が21のとき，2つの整数を求めなさい。

例題 7 　2つの異なる奇数がある。この 2 つの奇数の平方の差は 4 の倍数になることを証明しなさい。

注意 1 　異なる 2 つの奇数を $2m+1, 2n+1$ と別の文字を使う。

注意 2 　同じ文字を使って $2m+1, 2m+3$ してしまうと，連続する 2 つの奇数に限定されてしまい，すべての異なる奇数を表すことはできない。

注意 3 　a の平方 → a^2　　a の立方 → a^3

解答

2つの異なる奇数を $2m+1, 2n+1$ とする。(m, n は整数)

$(2m+1)^2 - (2n+1)^2 = (4m^2 + 4m + 1) - (4n^2 + 4n + 1)$

$= 4m^2 + 4m + 1 - 4n^2 - 4n - 1$

$= 4m^2 + 4m - 4n^2 - 4n$

$= 4(m^2 + m - n^2 - n)$

$4 \times$ 整数 となるので，これは 4 の倍数である。

例題 8 　2つの連続する奇数の積に 1 を足した数は 4 の倍数になることを証明しなさい。

解答

2つの連続する奇数を $2n+1, 2n+3$ とおく。(n は整数)

$(2n+1)(2n+3) + 1 = 4n^2 + 8n + 4 = 4(n^2 + 2n + 1)$

$4 \times$ 整数 となるので，これは 4 の倍数である。

例題 9 　連続する 3 つの整数がある。真ん中の数の 2 乗から 1 を引くと，一番大きい数と一番小さい数の積に等しくなることを証明しなさい。

解答

連続する 3 つの整数を $n-1, n, n+1$ とおく。(n は整数)

$n^2 - 1 = (n-1)(n+1)$

よって一番大きい数と一番小さい数の積に等しくなる。

204 2つの連続した奇数がある。大きい方の数の2乗から小さい方の数の2乗を引いた差は8の倍数であることを証明しなさい。

205 2つの異なる奇数がある。この2つの奇数の平方の和に2を加えると4の倍数になることを証明しなさい。

206 次の問いに答えなさい。

(1) ある整数の立方からもとの整数を引くと，連続するある3つの整数の積になることを証明しなさい。

(2) (1)で，ある整数が24であるとき，連続するある3つの整数はいくらか。

例題10　半径が r の円形の土地の周りに，図のような幅 a の道がついている。この道の面積を S，道の真ん中を通る線の長さを l とすると，$S = al$ となることを証明しなさい。

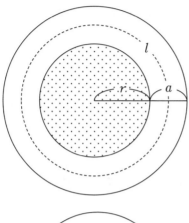

道の面積 S は
$$S = \pi(r + a)^2 - \pi r^2$$
$$= \pi(r^2 + 2ra + a^2) - \pi r^2$$
$$= \pi r^2 + 2\pi ra + \pi a^2 - \pi r^2$$
$$= 2\pi ra + \pi a^2 \quad \cdots ①$$

道の真ん中を通る円の半径は $r + \dfrac{a}{2}$ だから

その周の長さ l は，
$$l = 2\pi\left(r + \frac{a}{2}\right) = 2\pi r + \pi a \quad \text{両辺を}a\text{倍すると}$$
$$al = a(2\pi r + \pi a) = 2\pi ra + \pi a^2 \quad \cdots ②$$

①,②より $S = al$

例題11　1辺の長さが p の正方形の花だんの周りに，図のように幅 a の道がついている。道の真ん中を通る線の長さを l とすると，この道の面積 S は al に等しいことを証明しなさい。

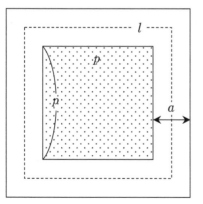

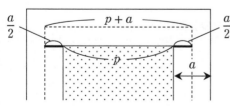

道の面積 S は
$$S = (p + 2a)^2 - p^2$$
$$= p^2 + 4pa + 4a^2 - p^2$$
$$= 4pa + 4a^2$$
$$= 4a(p + a) \cdots ①$$

また道の真ん中を通る正方形の1辺の長さは
$p + \dfrac{a}{2} \times 2 = p + a$ だから

$$l = 4(p + a) \quad \text{両辺を } a \text{ 倍すると}$$
$$al = 4a(p + a) \cdots ②$$

①,②より $S = al$ となり，

道の面積 S は al に等しい。

207 半径が x の円形の土地の周りに，図のような幅2の道がついている。この道の面積を S，道の真ん中を通る線の長さを l とするとき，次の問いに答えなさい。

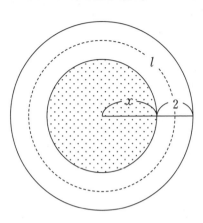

(1) 道の面積 S を x の式で表しなさい。ただし答えは因数分解をすること。

(2) 道の真ん中を通る線の長さ l を x の式で表しなさい。ただし答えは因数分解をすること。

(3) (1)(2)の結果より，S は l の何倍になっていることがわかるか。

208 縦の長さが x，横の長さが y の長方形の花だんの周りに，図のように幅3の道がついている。この道の面積を S，道の真ん中を通る線の長さを l とするとき，次の問いに答えなさい。

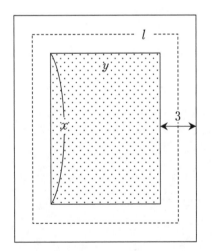

(1) 道の面積 S を x と y で表しなさい。ただし答えは因数分解をすること。

(2) 道の真ん中を通る線の長さ l を x と y で表しなさい。ただし答えは因数分解をすること。

(3) (1)(2)の結果より，S は l の何倍になっていることがわかるか。

● ★ 章 末 問 題 ★ ●

209 次の問いに答えなさい。

(1) $a = 999$ のとき，$a^2 + a$ の値を求めなさい。

(2) $x = 3.75, y = 2.25$ のとき，$7x^2 - 7y^2$ の値を求めなさい。

(3) $x = \dfrac{11}{3}$ のとき，$36x^2 - 24x + 4$ の値を求めなさい。

(4) $a + b = 9, a - b = -6$ のとき，$-a^2 + b^2$ の値を求めなさい。

(5) $a - b = -5$ のとき，$-a^2 + 2ab - b^2$ の値を求めなさい。

12章

(6) $z = -30$ のとき，$(z+4)(z-9) - (z-6)(z+6)$ の値を求めなさい。

210 因数分解や展開の公式を利用して次の計算をしなさい。(途中式を必ず書くこと)

(1) 99.9×100.1 　　　　　　　　　　(2) $99.9 \times 99.1 - 99.9 \times 99$

211 m を整数とするとき，次の空欄に入る適切な数値や言葉を選択，もしくは埋めなさい。

・$2m-1, 2m+1, 2m+3$ は連続する３つの①(偶数 ・ 奇数 ・ 整数)を表しており，

　$m=8$ のとき，この３つの連続する(①)は②(　　　　), ③(　　　　), ④(　　　　)となる。

・$3m+1$ は⑤(　　　　)で割ると⑥(　　　　)あまる整数を表す。

・$3m+5$ は，$3m+5 = 3m+3+2 = 3(m+1)+2$ と式変形できるので，⑦(　　　　)で割ると

　⑧(　　　　)あまる整数を表す。

・$2m+10$ は，$2m+10 = 2(m+5)$ と式変形できるので，必ず⑨(偶数 ・ 奇数 ・ 自然数)

　になる。

212 ２つの連続する整数の平方の差は，２つの整数の和に等しいことを証明するために，次の空欄に適切な式を入れなさい。

　　　２つの連続する整数の小さいほうの整数を n とすると，大きいほうの整数は

　　　①(　　　　)となる。

　　　(平方の差)=②＿＿＿＿＿＿ $-n^2$ 　=③＿＿＿＿＿＿

　　　(整数の和)=$n+$④＿＿＿＿＿ 　=⑤＿＿＿＿＿＿

　　　よって ２つの連続した整数の平方の差は，　２つの整数の和に等しい。

213 半径が r の円形の土地の周りに，図のような幅 k の道がついている。この道の面積を S，道の真ん中を通る線の長さを l とする。このとき，次の空欄に適切な式を入れなさい。

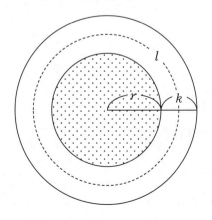

　　　S と l をそれぞれ r と k の式で表すと，

　　　$S = \pi k$ (　①　), $l = \pi$ (　②　)となる。

　　　このことから S は l の(　③　)倍であるといえる。

　　　①:[　　　　　] ②:[　　　　　] ③:[　　　　　]

13章 ||| 平方根Ⅰ

● **平方根**　2乗すると a になる数を，a の**平方根**という。

$$(\quad)^2 = a \quad \rightarrow (\quad)に入る数が a の平方根であるといえる。$$

例題 1　次の数の平方根を求めなさい。

(1) 64　$(\quad)^2 = 64$　$(\quad)$に入る数は
　　+8と-8の2つ。
　　→まとめて±8と書いてよい
　　よって64の平方根は±8 …(答)

(2) 121　$(\quad)^2 = 121$ $(\quad)$に入る数は
　　-11と-11の2つ。
　　→まとめて±11と書いてよい
　　よって121の平方根は±11 …(答)

● **以下は暗記しておこう**

$11^2 = 121,\ 12^2 = 144,\ 13^2 = 169,\ 14^2 = 196,\ 15^2 = 225,\ 16^2 = 256$

●平方根を整数で表せない場合

5の平方根を求めてみる。　$(\quad)^2 = 5$ の$(\quad)$に入る数を探していくと，

$2.2^2 = 4.84$　$2.23^2 = 4.9729$　$2.236^2 = 4.999696$　$2.23606^2 = 4.9999643236$

→このように計算していっても5に近い値しか求められない。

実際の5の平方根を小数で表そうとすると，以下のように**無限小数**になってしまう。

5の平方根：2.2360679774997896964091736687312762354406183596…

【数学のルール】

平方根を無限小数でしか表せない場合は $\sqrt{}$（根号）を用いて表現する。

5の平方根：$\pm\sqrt{5}$　→ $(\quad)^2 = 5$ に入る数は $\sqrt{5}$ と $-\sqrt{5}$
　　　　つまり $\left(\sqrt{5}\right)^2 = 5$　$\left(-\sqrt{5}\right)^2 = 5$

> a の平方根は $\pm\sqrt{a}$　　$\left(\sqrt{a}\right)^2 = a,\ \left(-\sqrt{a}\right)^2 = a$　（ただし $a>0$）

●根号の外し方

4の平方根を求めてみる。

$(\quad)^2 = 4$ …$(\quad)$に入る数は ±2
また数学のルールでは，4の平方根は $\pm\sqrt{4}$ $\Big\}$ $\sqrt{4} = 2$ となることがわかる
　　　　　　つまり，$\sqrt{2^2} = 2$

重要　$\sqrt{a^2}$ の形になるものは $\sqrt{}$ を外すことができる。つまり $\sqrt{a^2} = a$

例　$\sqrt{4} = \sqrt{2^2} = 2$　$\sqrt{9} = \sqrt{3^2} = 3$　$\sqrt{16} = \sqrt{4^2} = 4$　$\sqrt{25} = \sqrt{5^2} = 5$

!注意　$\sqrt{4} = \pm2$ …これは間違い！　→ $\sqrt{4} = 2$　$-\sqrt{4} = -2$　なら正しい！

214 次の問いに答えなさい。

(1) 2 乗すると 36 になる数をすべて答えなさい。　　　　　　（　　　　　　　　　　　）

(2) 2 乗すると 7 になる整数はいくつ存在するか。　　　　　　（　　　　　　　　　　　）

(3) 2 乗すると 7 になる数はいくつ存在するか。　　　　　　　（　　　　　　　　　　　）

(4) (　　)$^2 = a$ →この(　)に入る数を，a の何というか。　　（　　　　　　　　　　　）

215 (　　)に入る数をすべて答えなさい。

(1) (　　)$^2 = 1$　　[　　　　　]　　(2) (　　)$^2 = 4$　　[　　　　　]

(3) (　　)$^2 = 9$　　[　　　　　]　　(4) (　　)$^2 = 49$　　[　　　　　]

(5) (　　)$^2 = 81$　　[　　　　　]　　(6) (　　)$^2 = 144$　　[　　　　　]

(7) (　　)$^2 = 169$　　[　　　　　]　　(8) (　　)$^2 = 0$　　[　　　　　]

216 次の平方根を求めなさい。

(1) 16 [　　　　　]　　(2) 9 [　　　　　]　　(3) 4 [　　　　　]

(4) 25 [　　　　　]　　(5) 1 [　　　　　]　　(6) 0 [　　　　　]

217 (　　)に入る数や言葉を，選択もしくは埋めなさい。※④,⑦は根号を使わないこと

・3 の平方根を小数で表すと，①(　　　　　　　)小数になってしまう。

　よって 3 の平方根は②(　　　　　　)のように表す。

・$x > 0$ のとき，x の平方根は③(　　　　　)だから，$(\sqrt{x})^2 = (-\sqrt{x})^2 = $④(　　　　)となる。

　25 の平方根を $\sqrt{\ }$ を用いて表すと ±⑤(　　　　)，$\sqrt{\ }$ を用いないで表すと ±⑥(　　　　)

　となる。これらは等しいことから，一般に $\sqrt{x^2} = $⑦(　　　　　)となることがわかる。

・$a > 0$ のとき，$\sqrt{a}$ は⑧(　正・負・正と負　)の数である。よって，

　　　$\sqrt{16} = 4$　とするのは⑨(　正しい・正しくない　)。

　　　$\sqrt{16} = -4$ とするのは⑩(　正しい・正しくない　)。

　　　$\sqrt{16} = \pm4$ とするのは⑪(　正しい・正しくない　)。

218 次の数を，根号を使わないで表しなさい。

(1) $\sqrt{9}$ (　　　　)　　(2) $\sqrt{16}$ (　　　　)　　(3) $\left(\sqrt{13}\right)^2$ (　　　　)　　(4) $\sqrt{13^2}$ (　　　　)

(5) $-\sqrt{25}$ (　　　　)　(6) $\sqrt{7^2}$ (　　　　)　　(7) $\left(-\sqrt{2}\right)^2$ (　　　　)　　(8) $\left(\sqrt{5}\right)^2$ (　　　　)

219 「-9 の平方根は存在しない」理由を説明しなさい。

[

]

13
章

例題 2　次の数で, 根号($\sqrt{\ }$)を使わずに表せるものがあれば使わずに表しなさい。なければ×をつけなさい。

(1) $\sqrt{9} = \sqrt{3^2} = 3$ …(答)　　　(2) $-\sqrt{90} \rightarrow \times$ …(答)　　(3) $-\sqrt{900} = -\sqrt{30^2} = -30$ …(答)

(4) $-\sqrt{25} = -\sqrt{5^2} = -5$ …(答)　　(5) $\sqrt{2.5} \rightarrow \times$ …(答)　　(6) $\sqrt{0.25} = \sqrt{0.5^2} = 0.5$ …(答)

(7) $\sqrt{\dfrac{9}{25}} = \sqrt{\left(\dfrac{3}{5}\right)^2} = \dfrac{3}{5}$ …(答)　　(8) $\sqrt{\dfrac{3}{5}} \rightarrow \times$ …(答)　　(9) $\sqrt{(-6)^2} = \sqrt{36} = \sqrt{6^2} = 6$ …(答)

(10) $(\sqrt{30})^2 = 30$ …(答)　　　　(11) $\sqrt{1} = \sqrt{1^2} = 1$ …(答)　　(12) $\sqrt{\dfrac{37}{36}} \rightarrow \times$ …(答)

例題 3　次の数の平方根を求めなさい。

!注意　$\pm\sqrt{\ }$ をつければ平方根になるが, $\sqrt{a^2} = a$ と根号を外せるものは必ず外す。

(1) 4　　　　　　(2) 0.6　　　　　(3) 0.36　　　　(4) $\dfrac{5}{2}$　　　　(5) $\dfrac{9}{16}$

$\pm\sqrt{4}$　　　　$\rightarrow \pm\sqrt{0.6}$ …(答)　$\pm\sqrt{0.36}$　　　　　　　　　　　　$\pm\sqrt{\dfrac{9}{16}} = \pm\sqrt{\left(\dfrac{3}{4}\right)^2}$

$= \pm\sqrt{2^2}$　　　　　　　　　　$= \pm\sqrt{(0.6)^2}$　　$\rightarrow \pm\sqrt{\dfrac{5}{2}}$ …(答)

$\rightarrow \pm 2$ …(答)　　　　　　　　$\rightarrow \pm 0.6$ …(答)　　　　　　　　　　　$\rightarrow \pm\dfrac{3}{4}$ …(答)

【電卓の使い方】　$\sqrt{5}$ を求めるには「5」→「$\sqrt{\ }$」の順に押す

●暗記しよう（≒は近い値であることを表す）

$\sqrt{2} \fallingdotseq 1.41421356$（一夜一夜に人見頃）　　$\sqrt{3} \fallingdotseq 1.7320508$　（人並におごれや）
$\sqrt{5} \fallingdotseq 2.2360679$（富士山麓オーム鳴く）

上記から, $\sqrt{3} > \sqrt{2}$ であることがわかる。
また$-\sqrt{2} \fallingdotseq -1.41\cdots$　$-\sqrt{3} \fallingdotseq -1.73\cdots$であることから $-\sqrt{3} < -\sqrt{2}$ であることがわかる。

重要　一般に $a > b > 0$ のとき, 次のようなことがいえる。

$$\sqrt{a} > \sqrt{b} \qquad -\sqrt{a} < -\sqrt{b}$$

13章

●試してみよう
$\sqrt{3} \fallingdotseq 1.7320508$であるが, $(1.7320508)^2$ を電卓で計算するとどうなるか。

220 次の数で，根号($\sqrt{}$)を使わずに表せるものがあれば使わずに表しなさい。なければ×をつけなさい。

(1) $\sqrt{4}$

(2) $\sqrt{0.4}$

(3) $\sqrt{0.04}$

(4) $\sqrt{10}$

(5) $-\sqrt{100}$

(6) $-\sqrt{1000}$

(7) $-\sqrt{\dfrac{81}{49}}$

(8) $\sqrt{64^2}$

(9) $-\sqrt{64}$

(10) $-\sqrt{(-0.1)^2}$

(11) $\left(-\sqrt{9}\right)^2$

(12) $\sqrt{\dfrac{15}{4}}$

221 次の数の平方根を求めなさい。平方根が存在しない場合は×をつけなさい。

(1) 81

(2) 4.9

(3) 0.49

(4) $\dfrac{1}{16}$

(5) $\dfrac{1}{3}$

(6) -16

(7) 400

(8) $\dfrac{9}{100}$

(9) -0.64

(10) $\dfrac{25}{4}$

222 電卓を利用して次の空欄を埋めなさい。ただし，②,④には整数を入れること。

・$(1.4142)^2 = $ ①[　　　　　　　　　　　　　　] であるので，

$\sqrt{② [\quad\quad]} \fallingdotseq 1.4142$ であることがわかる。

・$(2.6457)^2 = $ ③[　　　　　　　　　　　　　　] であるので，

$\sqrt{④ [\quad\quad]} \fallingdotseq 2.6457$ であることがわかる。

・$\sqrt{15}, \sqrt{16}, \sqrt{17}$ を小数第2位まで求めると，

$\sqrt{15} = $ ⑤[　　　　　　]　$\sqrt{16} = $ ⑥[　　　　　　]　$\sqrt{17} = $ ⑦[　　　　　　]

よってこれらの数の大小関係を不等号で表すと，

$\sqrt{15}$ ⑧[　　　] $\sqrt{16}$ ⑨[　　　] $\sqrt{17}$

$-\sqrt{15}$ ⑩[　　　] $-\sqrt{16}$ ⑪[　　　] $-\sqrt{17}$ となる。

例題 4　次の数を根号($\sqrt{}$)を用いて表しなさい。

(1) 2

$= \sqrt{2^2}$

$= \sqrt{4}$ …(答)

(2) -3

$= -\sqrt{3^2}$

$= -\sqrt{9}$ …(答)

(3) 0.6

$= \sqrt{0.6^2}$

$= \sqrt{0.36}$ …(答)

(4) $\dfrac{5}{4}$

$= \sqrt{\left(\dfrac{5}{4}\right)^2} = \sqrt{\dfrac{25}{16}}$ …(答)

例題 5　次の数の大小を，不等号を用いて表しなさい。

!Point　根号を含むものと含まないものは比較しにくいので，すべて根号を用いて表し，比較する。

(1) $\sqrt{11}$, $\sqrt{10}$

↓

$\sqrt{11} > \sqrt{10}$ …(答)

(2) $\sqrt{3}$, 3

↓

$\sqrt{3}$, $\sqrt{9}$

$\sqrt{3} < 3$ …(答)

(3) -5, $-\sqrt{23}$

↓

$-\sqrt{25}$, $-\sqrt{23}$

$-5 < -\sqrt{23}$ …(答)

(4) 8, $\sqrt{65}$, $\sqrt{63}$

↓

$\sqrt{64}$, $\sqrt{65}$, $\sqrt{63}$

$\sqrt{63} < 8 < \sqrt{65}$ …(答)

例題 6　次の不等式を満たす整数 n を求めなさい。

(1) $2 \leqq \sqrt{n} \leqq 3$

↓　　　↓

$\sqrt{4} \leqq \sqrt{n} \leqq \sqrt{9}$

n が 4 と 9 の間にあればよい。

※等号があるので $n = 4, n = 9$

でも成り立つ

$n = 4,5,6,7,8,9$ …(答)

(2) $\sqrt{14} < n < \sqrt{63}$

↓

$\sqrt{14} < \sqrt{n^2} < \sqrt{63}$

n^2 が 14 と 63 の間にあればよい。

$n = 4,5,6,7$ …(答) ◀

$3^2 = 9$

$4^2 = 16$

$5^2 = 25$

$6^2 = 36$

$7^2 = 49$

$8^2 = 64$

例題 7　$\sqrt{5}$ の整数部分と小数部分を求めなさい。

富士山麓オーム鳴く

$\sqrt{5} = 2 . 2360679\cdots$

　　　　↓　　↓

整数部分　小数部分 $= \sqrt{5} - 2$

※ $\sqrt{5} = 2.2360679\cdots$ は暗記しておこう

整数部分 → 2

小数部分 → $0.2360679\cdots$

(答) $\begin{cases} 整数部分：2 \\ 小数部分：\sqrt{5} - 2 \end{cases}$

例題 8　$\sqrt{17}$ の整数部分と小数部分を求めなさい。

$2 = \sqrt{4}$, $3 = \sqrt{9}$, $4 = \sqrt{16}$, $5 = \sqrt{25}\cdots$ と考えていくと，

$\sqrt{16} < \sqrt{17} < \sqrt{25}$　つまり $4 < \sqrt{17} < 5$ となるので，

整数部分は 4 とわかる。整数部分を引けば小数部分

になるので，小数部分は $\sqrt{17} - 4$

(答) $\begin{cases} 整数部分：4 \\ 小数部分：\sqrt{17} - 4 \end{cases}$

13章

223 次の数で，根号を用いて表しなさい。

(1) -5　　　　　(2) 7　　　　　(3) 0.1　　　　　(4) $-\dfrac{3}{2}$　　　　　(5) 10

224 次の数の大小を，不等号を用いて表しなさい。※(4),(8)は左から小さい順に並べ替えること。

(1) $\sqrt{7}, \ \sqrt{6}$　　　　　(2) $2, \ \sqrt{2}$　　　　　(3) $-4, \ -\sqrt{14}$　　　　　(4) $\sqrt{34}, \ \sqrt{37}, \ 6$

(5) $\sqrt{\dfrac{4}{5}}, \ \sqrt{\dfrac{6}{5}}$　　　(6) $-\sqrt{0.9}, \ -1$　　　(7) $\sqrt{\dfrac{3}{5}}, \ \sqrt{\dfrac{1}{2}}$　　　(8) $-2, \ -\sqrt{3}, \ -\sqrt{5}$

225 次の不等式を満たす自然数 a を求めなさい。

(1) $1 \leqq \sqrt{a} \leqq 2$　　　　　　　　　　(2) $\sqrt{10} \leqq a \leqq \sqrt{26}$

(3) $3 < \sqrt{a} < 4$　　　　　　　　　　(4) $\sqrt{5} < a < \sqrt{83}$

226 次の問いに答えなさい。

(1) $\sqrt{3}$ の整数部分と小数部分を求めなさい。　整数部分（　　　　）　小数部分（　　　　　　）

(2) $\sqrt{11}$ の整数部分と小数部分を求めなさい。　整数部分（　　　　）　小数部分（　　　　　　）

(3) $\sqrt{38}$ の整数部分と小数部分を求めなさい。　整数部分（　　　　）　小数部分（　　　　　　）

★ 章 末 問 題 ★

227 次の[　　]に当てはまる言葉や数を入れなさい。

$$(?)^2 = 3 \cdots ① \qquad (?)^2 = 5 \cdots ② \qquad (?)^2 = 4 \cdots ③$$

・①式の(　)に入る正の小数を求めると，1.7320508…と A.[　　　　　　]小数になる。

　この小数は用いるのに不便なため，この 1.7320508…を B.[　　　　　　]と表すことができる。

・②式の(　)に入る数を根号を用いて表すと C.[　　　　　]であり，

　この数を 5 の D.[　　　　　　]と呼ぶ。

・③式の(　)に入る数を，根号を用いずに表すと E.[　　　　]であり，根号を使って表すと

　F.[　　　　]となる。これらの数も同様に 4 の[　D　]と呼ぶ。

228 (　　　)に入る数をすべて答えなさい。ただし根号を外せるものは外すこと。

(1) (　　)$^2 = 36$　…[　　　　　　　]　　　(2) (　　)$^2 = 2$　…[　　　　　　　]

(3) (　　)$^2 = 1.3$　…[　　　　　　　]　　(4) (　　)$^2 = 0.16$　…[　　　　　　]

(5) (　　)$^2 = \dfrac{81}{4}$　…[　　　　　　]　(6) (　　)$^2 = \dfrac{1}{10}$　…[　　　　　　]

229 次の[　　]に当てはまる言葉や数を選択または埋めなさい。※<u>C, E は根号を用いないこと</u>

・2 乗すると 6 になる数を，6 の A.[　　　　　　　]といい，この数を根号を使って表すと

　B.[　　　　　]となる。

・$\sqrt{6}$ は 6 の平方根の 1 つなので $\left(\sqrt{6}\right)^2 = $ C.[　　　　　]となる。

・9 の正の平方根を根号を使って表すと $\sqrt{9}$，根号を使わずに表すと D.[　　　　　]となる

　ので，$\sqrt{9} = [\ D\ ]$，つまり $\sqrt{3^2} = [\ D\ ]$ が成り立つ。

　以上のことからもわかるように，$x > 0$ のとき，

$$一般に \left(\sqrt{x}\right)^2 = \sqrt{x^2} = E.[\qquad\quad] が成り立つ。$$

・$\sqrt{100}$ を根号を用いずに表すと，F.[　10，　−10，　±10　]である。

230 次の数や式を，根号を使わずに表しなさい。

(1) $\sqrt{25}$　　　　　　(2) $\sqrt{11^2}$　　　　　　(3) $\left(\sqrt{11}\right)^2$　　　　　　(4) $\sqrt{17} \times \sqrt{17}$

(5) $\sqrt{\dfrac{16}{25}}$　　　　　　(6) $\sqrt{0.64}$　　　　　　(7) $\left(-\sqrt{0.2}\right)^2$　　　　　　(8) $-\sqrt{\dfrac{1}{9}}$

231 次の数を根号を使って表しなさい。

(1) 8　　　　　　(2) −10　　　　　　(3) 0.6　　　　　　(4) $-\dfrac{9}{7}$

232 次の数を左から小さい順に並べ，不等号を使って表しなさい。

$$\sqrt{5},\ \sqrt{2},\ 0,\ -\sqrt{6},\ \sqrt{\dfrac{3}{2}},\ -\sqrt{3},\ 2$$

233 次の不等式を満たす自然数 k を求めなさい。

(1) $3 \leqq \sqrt{k} \leqq \sqrt{11}$　　　　　　　　(2) $\sqrt{6} < k < 6$

234 $\sqrt{151}$ の整数部分と小数部分を求めなさい。

整数部分（　　　　　）　小数部分（　　　　　　）

13
章

14章 ‖‖‖ 平方根Ⅱ

●根号のついた数の乗法

次の例からもわかるように，等式の両辺をそれぞれ2乗しても等式は保たれる。

$$0.5 = \frac{1}{2} \quad \Rightarrow \quad (0.5)^2 = \left(\frac{1}{2}\right)^2 \quad \Rightarrow \quad 0.25 = \frac{1}{4}$$

この性質を利用して，$\sqrt{2} \times \sqrt{3} = \sqrt{6}$ となることを証明してみよう。

$$
\begin{aligned}
(左辺)^2 &= \left(\sqrt{2} \times \sqrt{3}\right)^2 = \left(\sqrt{2} \times \sqrt{3}\right) \times \left(\sqrt{2} \times \sqrt{3}\right) \\
&= \sqrt{2} \times \sqrt{2} \times \sqrt{3} \times \sqrt{3} = \left(\sqrt{2}\right)^2 \times \left(\sqrt{3}\right)^2 = 2 \times 3 = 6 \quad \cdots ①
\end{aligned}
$$

$$(右辺)^2 = \left(\sqrt{6}\right)^2 = 6 \quad \cdots ②$$

①，②より2乗したそれぞれの数が等しいので，左辺＝右辺となる。

よって，$\sqrt{2} \times \sqrt{3} = \sqrt{6}$ となる。

> 一般に $\sqrt{a} \times \sqrt{b} = \sqrt{a \times b}$ が成り立つ　（ただし $a > 0$, $b > 0$ とする）

例題 1 　次の計算をしなさい。

(1) $\sqrt{7} \times \sqrt{7}$
　　$= \sqrt{49} = 7$
　　※$\left(\sqrt{7}\right)^2 = 7$ としてもよい

(2) $\sqrt{0.3} \times \sqrt{0.5}$
　　$= \sqrt{0.15}$

(3) $\sqrt{\dfrac{3}{2}} \times \sqrt{\dfrac{4}{5}}$
　　$= \sqrt{\dfrac{3}{\cancel{2}} \times \dfrac{\cancel{4}^{\,2}}{5}} = \sqrt{\dfrac{6}{5}}$

---

235 $x > 0$, $y > 0$ のとき，次の問いに答えなさい。

(1) 次の式を計算しなさい。

① $\left(\sqrt{x} \times \sqrt{y}\right)^2$
　　　　　　　　　　　　　　　② $\left(\sqrt{xy}\right)^2$

(2) 下の空欄に入る適切な式を答えなさい。

(1)の結果から $\left(\sqrt{x} \times \sqrt{y}\right)^2 = \left(\sqrt{xy}\right)^2$ となるので，$\sqrt{x} \times \sqrt{y} = []$ が成り立つ。

236 次の計算をしなさい。（根号が外れる場合は外すこと）

(1) $\sqrt{5} \times \sqrt{2}$
(2) $\sqrt{1.5} \times \sqrt{2}$
(3) $\sqrt{\dfrac{14}{5}} \times \sqrt{\dfrac{10}{7}}$

●根号のついた数の除法

等式は両辺をそれぞれ2乗しても保たれることを利用して，

$$\frac{\sqrt{2}}{\sqrt{3}} = \sqrt{\frac{2}{3}} \text{ となることを証明してみよう。}$$

$$(左辺)^2 = \left(\frac{\sqrt{2}}{\sqrt{3}}\right)^2 = \frac{\sqrt{2}}{\sqrt{3}} \times \frac{\sqrt{2}}{\sqrt{3}} = \frac{\sqrt{2} \times \sqrt{2}}{\sqrt{3} \times \sqrt{3}} = \frac{(\sqrt{2})^2}{(\sqrt{3})^2} = \frac{2}{3} \cdots ①$$

$$(右辺)^2 = \left(\sqrt{\frac{2}{3}}\right)^2 = \frac{2}{3} \cdots ②$$

①，②より2乗した数が等しいので，左辺＝右辺となる。

> 一般に $\dfrac{\sqrt{a}}{\sqrt{b}} = \sqrt{\dfrac{a}{b}}$ が成り立つ（ただし $a > 0, b > 0$ とする）

例題 2　次の計算をしなさい。

(1) $\sqrt{10} \div \sqrt{5}$

$$= \frac{\sqrt{10}}{\sqrt{5}} = \sqrt{\frac{10}{5}} = \sqrt{2}$$

!注意 $\dfrac{\sqrt{10}^2}{\sqrt{5}} = \sqrt{2}$ としてよい

(2) $\sqrt{7} \div \sqrt{14}$

$$= \frac{\sqrt{7}}{\sqrt{14}} = \sqrt{\frac{7}{14}} = \sqrt{\frac{1}{2}}$$

!注意 $\dfrac{\sqrt{7}}{\sqrt{14}_2} = \dfrac{1}{\sqrt{2}}$ でもよい

(3) $\sqrt{3} \div \sqrt{\frac{5}{2}}$

$$= \sqrt{\frac{3}{1}} \times \sqrt{\frac{2}{5}} = \sqrt{\frac{6}{5}}$$

!注意 $\div \sqrt{\dfrac{5}{2}} \to \times \sqrt{\dfrac{2}{5}}$

---

237 $x > 0$, $y > 0$ のとき，次の問いに答えなさい。

(1) 次の式を計算しなさい。

① $\left(\dfrac{\sqrt{y}}{\sqrt{x}}\right)^2$

② $\left(\sqrt{\dfrac{y}{x}}\right)^2$

(2) 下の空欄に入る適切な式を答えなさい。

(1)の結果から $\left(\dfrac{\sqrt{y}}{\sqrt{x}}\right)^2 = \left(\sqrt{\dfrac{y}{x}}\right)^2$ となるので，$\dfrac{\sqrt{y}}{\sqrt{x}} = [\qquad\qquad]$ が成り立つ。

238 次の計算をしなさい。

(1) $\sqrt{6} \div \sqrt{2}$

(2) $\sqrt{2} \div \sqrt{\dfrac{10}{3}}$

(3) $\sqrt{\dfrac{3}{5}} \div \dfrac{\sqrt{7}}{\sqrt{10}}$

14
章

● $a\sqrt{b}$ に変形

　根号を含んだ計算結果は，できるだけ根号の中の数を小さくして答えるのが一般的。例えば，答え
が $\sqrt{12}$ のときは以下のように $2\sqrt{3}$ と変形して答える。

$$\sqrt{12} = \sqrt{2^2 \times 3} = \sqrt{2^2} \times \sqrt{3} = 2\sqrt{3} \qquad \longrightarrow \qquad \boxed{\text{重要}} \quad \sqrt{a^2 b} = a\sqrt{b}$$

　　素因数分解

【例題 3】　根号の中の数ができるだけ小さくなるように $a\sqrt{b}$ の形に直しなさい。

(1) $\sqrt{20} = \sqrt{2^2 \times 5}$
　　　 $= 2\sqrt{5}$ …(答)

$$\begin{array}{r|r} 2 & 20 \\ \hline 2 & 10 \\ \hline & 5 \end{array}$$

(2) $\sqrt{8} = \sqrt{2^3}$
　　　 $= \sqrt{2^2 \times 2}$
　　　 $= 2\sqrt{2}$ …(答)

$$\begin{array}{r|r} 2 & 8 \\ \hline 2 & 4 \\ \hline & 2 \end{array}$$

(3) $\sqrt{54} = \sqrt{2 \times 3^3}$
　　　 $= \sqrt{2 \times 3^2 \times 3}$
　　　 $= 3\sqrt{6}$ …(答)

$$\begin{array}{r|r} 2 & 54 \\ \hline 3 & 27 \\ \hline 3 & 9 \\ \hline & 3 \end{array}$$

※以下のようにすると素早く計算できる

　 $= \sqrt{3^2 \times 6}$
　 $= 3\sqrt{6}$

$$\begin{array}{r|r} 2 & 54 \\ \hline ③ & 27 \\ \hline ③ & 9 \\ \hline & 3 \end{array}$$

(4) $\sqrt{72} = \sqrt{2^3 \times 3^2}$
　　　 $= \sqrt{2^2 \times 3^2 \times 2}$
　　　 $= 2 \times 3\sqrt{2}$
　　　 $= 6\sqrt{2}$ …(答)

$$\begin{array}{r|r} 2 & 72 \\ \hline 2 & 36 \\ \hline 2 & 18 \\ \hline 3 & 9 \\ \hline & 3 \end{array}$$

※以下のようにすると素早く計算できる

　 $= \sqrt{6^2 \times 2}$
　 $= 6\sqrt{2}$

$$\begin{array}{r|r} 2 & 72 \\ \hline ② & 36 \\ \hline ② & 18 \\ \hline ③ & 9 \\ \hline & 3 \end{array}$$

(5) $\sqrt{1200} = \sqrt{12 \times 10^2}$
　　　　 $= 10\sqrt{12}$
　　　　 $= 10\sqrt{2^2 \times 3}$
　　　　 $= 10 \times 2\sqrt{3}$
　　　　 $= 20\sqrt{3}$ …(答)

100 の倍数になっている数は，
左のように，先に 100 を根号の
外に出してしまうと素早く計算
できる。

【例題 4】　次の計算をしなさい。

(1) $2 \times \sqrt{3} = 2\sqrt{3}$ …(答)

(2) $\sqrt{6} \div 9 = \dfrac{\sqrt{6}}{9}$ …(答)

$\boxed{!注意}$ $2 \times \sqrt{3} = \sqrt{6}$ → 誤り

$\boxed{!注意}$ $\dfrac{\sqrt{6}}{9} = \dfrac{\sqrt{2}}{3}$ → 誤り

(3) $2\sqrt{7} \times 4 = 8\sqrt{7}$ …(答)

(4) $3\sqrt{2} \times 4\sqrt{3} = 12\sqrt{6}$ …(答)

(5) $2\sqrt{2} \div 8 = \dfrac{\cancel{2}\sqrt{2}}{\cancel{8}} = \dfrac{\sqrt{2}}{4}$ …(答)

(6) $3\sqrt{6} \div (-12\sqrt{3}) = \dfrac{\cancel{3}\sqrt{\cancel{6}}}{-\cancel{12}\sqrt{\cancel{3}}} = -\dfrac{\sqrt{2}}{4}$ …(答)

239 根号の中の数ができるだけ小さくなるように $a\sqrt{b}$ の形に直しなさい。

(1) $\sqrt{18}$

(2) $\sqrt{27}$

(3) $\sqrt{24}$

(4) $\sqrt{48}$

(5) $\sqrt{63}$

(6) $\sqrt{32}$

(7) $\sqrt{75}$

(8) $\sqrt{240}$

(9) $\sqrt{700}$

(10) $\sqrt{180}$

(11) $\sqrt{135}$

(12) $\sqrt{5000}$

240 次の計算をしなさい。

(1) $\sqrt{6} \times (-2)$

(2) $2\sqrt{7} \times \left(-\sqrt{5}\right)$

(3) $-3\sqrt{2} \times (-5)$

(4) $4\sqrt{3} \div 6$

(5) $-5\sqrt{10} \div \sqrt{5}$

(6) $\sqrt{15} \div \dfrac{5}{\sqrt{7}} \div \sqrt{\dfrac{5}{2}}$

14
章

例題 **5**　次の計算をしなさい。

(1) $2\sqrt{3} \times \sqrt{6}$

$= 2\sqrt{18}$

$= 2\sqrt{2 \times 3^2}$

$= 2 \times 3\sqrt{2}$

$= 6\sqrt{2}$　…(答)

$$2)\underline{18}$$
$$3)\underline{9}$$
$$3$$

※以下のようにすると早く計算できる。

$2\sqrt{3} \times \sqrt{6}$

$= 2\sqrt{3} \times \sqrt{2 \times 3}$

$= 2\sqrt{2 \times 3^2}$

$= 2 \times 3\sqrt{2}$

因数分解してから
掛けたほうが早い

(2) $2\sqrt{2} \times (-3\sqrt{10})$

$= -6\sqrt{20}$

$= -6\sqrt{2^2 \times 5}$

$= -6 \times 2\sqrt{5}$

$= -12\sqrt{5}$　…(答)

$$2)\underline{20}$$
$$2)\underline{10}$$
$$5$$

$2\sqrt{2} \times (-3\sqrt{10})$

$= 2\sqrt{2} \times (-3\sqrt{2 \times 5})$

$= -6\sqrt{2^2 \times 5}$

$= -6 \times 2\sqrt{5}$

$= -12\sqrt{5}$

(3) $\dfrac{\sqrt{21}}{14} \times \sqrt{7} = \dfrac{\sqrt{147}}{14}$

$= \dfrac{\sqrt{3 \times 7^2}}{14}$

$= \dfrac{\overset{1}{7}\sqrt{3}}{\underset{2}{14}} = \dfrac{\sqrt{3}}{2}$　…(答)

$$3)\underline{147}$$
$$7)\underline{49}$$
$$7$$

$\dfrac{\sqrt{21}}{14} \times \sqrt{7} = \dfrac{\sqrt{7 \times 3}}{14} \times \sqrt{7}$

$= \dfrac{\sqrt{7^2 \times 3}}{14}$

$= \dfrac{\overset{1}{7}\sqrt{3}}{\underset{2}{14}} = \dfrac{\sqrt{3}}{2}$

例題 6　次の計算をしなさい。

(1) $\sqrt{24} \times \sqrt{6}$

$= \sqrt{2^2 \times 6} \times \sqrt{6}$

$= 2\sqrt{6} \times \sqrt{6}$

$= 2 \times 6 = 12$　…(答)

→ $a\sqrt{b}$ の形に
直してから掛けた
ほうが早い

(2) $\sqrt{12} \times \sqrt{45}$

$= \sqrt{2^2 \times 3} \times \sqrt{3^2 \times 5}$

$= 2\sqrt{3} \times 3\sqrt{5}$

$= 6\sqrt{15}$　…(答)

(3) $\sqrt{42} \times \sqrt{70}$

$= \sqrt{7 \times 6} \times \sqrt{7 \times 10}$

$= \sqrt{7^2 \times 60}$

$= 7\sqrt{2^2 \times 3 \times 5}$

$= 7 \times 2\sqrt{15}$

$= 14\sqrt{15}$　…(答)

→どちらも 7 の倍数
であることに注目

(4) $\sqrt{33} \times \sqrt{55}$

$= \sqrt{3 \times 11} \times \sqrt{5 \times 11}$

$= \sqrt{11^2 \times 15}$

$= 11\sqrt{15}$　…(答)

→どちらも 11 の倍数
であることに注目

241 次の計算をしなさい。

(1) $\sqrt{15} \times \sqrt{6}$

(2) $2\sqrt{5} \times (-\sqrt{10})$

(3) $\dfrac{\sqrt{2}}{2} \times \sqrt{6}$

(4) $-\sqrt{21} \times (-2\sqrt{3})$

(5) $\dfrac{\sqrt{14}}{2} \times \dfrac{\sqrt{21}}{7}$

(6) $4\sqrt{3} \times (-2\sqrt{3})$

(7) $\sqrt{42} \times \sqrt{7}$

(8) $\dfrac{\sqrt{3}}{6} \times \sqrt{33}$

(9) $-\dfrac{\sqrt{3}}{3} \times \left(-\dfrac{\sqrt{6}}{6}\right)$

242 次の計算をしなさい。

(1) $\sqrt{20} \times \sqrt{5}$

(2) $\sqrt{8} \times \sqrt{45}$

(3) $\sqrt{12} \times \sqrt{50}$

(4) $\sqrt{15} \times \sqrt{35}$

(5) $\sqrt{20} \times \sqrt{60}$

(6) $\sqrt{13} \times \sqrt{26}$

例題 **7**　次の数を $\sqrt{a}$ の形にしなさい。

(1) $3\sqrt{2}$

$= \sqrt{3^2 \times 2}$

$= \sqrt{18}$ …(答)

※以下のようにしてもよい

$\sqrt{9} \times \sqrt{2} = \sqrt{18}$

(2) $\dfrac{\sqrt{6}}{3}$

$= \dfrac{\sqrt{6}^2}{\sqrt{9}_3}$

$= \dfrac{\sqrt{2}}{\sqrt{3}} = \sqrt{\dfrac{2}{3}}$ …(答)

(3) $\dfrac{3}{4}\sqrt{2}$

$= \sqrt{\dfrac{9}{16}_8} \times \sqrt{2}^1$

$= \sqrt{\dfrac{9}{8}}$ …(答)

●分母の有理化

分母の**有理化**とは，分母を根号がつかない形に変形すること。

※計算結果はできるだけ分母を有理化するのが一般的。これは電卓で値を出すときに，分母に根号が含まれていると計算しにくいため。

例題 **8**　次の分数の分母を有理化しなさい。

(1) $\dfrac{6}{\sqrt{6}}$

$= \dfrac{6 \times \sqrt{6}}{\sqrt{6} \times \sqrt{6}}$

$= \dfrac{{}^1\!6\sqrt{6}}{{}_1\!6}$

$= \sqrt{6}$ …(答)

(2) $\dfrac{\sqrt{3}}{5\sqrt{2}}$

$= \dfrac{\sqrt{3} \times \sqrt{2}}{5\sqrt{2} \times \sqrt{2}}$

$= \dfrac{\sqrt{6}}{5 \times 2}$

$= \dfrac{\sqrt{6}}{10}$ …(答)

(3) $\dfrac{6}{\sqrt{8}}$

$= \dfrac{{}^3\!6}{{}_1\!2\sqrt{2}} = \dfrac{3}{\sqrt{2}}$

$= \dfrac{3 \times \sqrt{2}}{\sqrt{2} \times \sqrt{2}}$

$= \dfrac{3\sqrt{2}}{2}$ …(答)

(4) $\sqrt{\dfrac{3}{10}}$

$= \dfrac{\sqrt{3}}{\sqrt{10}}$

$= \dfrac{\sqrt{3} \times \sqrt{10}}{\sqrt{10} \times \sqrt{10}}$

$= \dfrac{\sqrt{30}}{10}$ …(答)

例題 **9**　$\sqrt{2} = 1.414, \sqrt{20} = 4.472$ として，次の数を小数で表しなさい。

(1) $\sqrt{200}$

$= \sqrt{2 \times 10^2}$

$= 10\sqrt{2}$

$= 10 \times 1.414$

$= 14.14$ …(答)

(2) $\sqrt{2000}$

$= \sqrt{20 \times 10^2}$

$= 10\sqrt{20}$

$= 10 \times 4.472$

$= 44.72$ …(答)

(3) $\sqrt{0.2}$

$= \sqrt{\dfrac{2}{10}} = \sqrt{\dfrac{20}{100}} = \dfrac{\sqrt{20}}{\sqrt{100}}$

$= \dfrac{\sqrt{20}}{10} = 4.472 \div 10$

$= 0.4472$ …(答)

(4) $\sqrt{20000}$

$= \sqrt{2 \times 100^2}$

$= 100\sqrt{2}$

$= 100 \times 1.414$

$= 141.4$ …(答)

(5) $\dfrac{12}{\sqrt{18}}$

$= \dfrac{{}^4\!12}{{}_1\!3\sqrt{2}} = \dfrac{4 \times \sqrt{2}}{\sqrt{2} \times \sqrt{2}}$

$= \dfrac{{}^2\!4\sqrt{2}}{{}_1\!2} = 2\sqrt{2}$

$= 2 \times 1.414 = 2.828$ …(答)

(6) $\sqrt{50}$

$= \sqrt{2 \times 5^2}$

$= 5 \times \sqrt{2}$

$= 5 \times 1.414$

$= 7.07$ …(答)

243 次の数を $\sqrt{a}$ の形にしなさい。

(1) $2\sqrt{7}$

(2) $10\sqrt{2}$

(3) $6\sqrt{5}$

(4) $\dfrac{\sqrt{3}}{2}$

(5) $\dfrac{3}{5}\sqrt{10}$

(6) $0.1\sqrt{3}$

244 次の分数の分母を有理化しなさい。

(1) $\dfrac{3}{\sqrt{2}}$

(2) $\dfrac{2}{3\sqrt{5}}$

(3) $\dfrac{4}{\sqrt{28}}$

(4) $\sqrt{\dfrac{7}{2}}$

245 $\sqrt{3}=1.732$, $\sqrt{30}=5.477$ のとき，次の数を小数で表しなさい。

(1) $\sqrt{300}$

(2) $\sqrt{3000}$

(3) $\sqrt{0.3}$

(4) $\sqrt{30000}$

(5) $\dfrac{3}{\sqrt{12}}$

(6) $\sqrt{120}$

●循環小数とその表記法

　無限小数のうち，$0.333\cdots$，$0.123123\cdots$ のように，ある桁から先で同じ数字の列が無限に繰り返される小数を**循環小数**という。0.25 や 7.98 のように小数第何位かで終わる小数を**有限小数**という。

　表記の仕方：$0.333\cdots \rightarrow 0.\dot{3}$　　　$0.5252\cdots \rightarrow 0.\dot{5}\dot{2}$　　　$3.278278\cdots \rightarrow 3.\dot{2}7\dot{8}$　　　$2.31893189\cdots \rightarrow 2.3\dot{1}8\dot{9}$

[例題10]　次の分数を循環小数の表記法に従って小数で表しなさい。

(1) $\dfrac{7}{6} = 7 \div 6$

　$= 1.16666\cdots$

　$= 1.1\dot{6}$

(2) $\dfrac{6}{11} = 6 \div 11$

　$= 0.545454\cdots$

　$= 0.\dot{5}\dot{4}$

(3) $\dfrac{2}{7} = 2 \div 7$

　$= 0.285714285714\cdots$

　$= 0.\dot{2}8571\dot{4}$

[例題11]　次の循環小数を分数に直しなさい。

(1) $0.\dot{8}$

　$x = 0.88888\cdots$ とおく

　$\begin{array}{r} 10x = 8.8888\cdots \\ -)x = 0.88888\cdots \\ \hline 9x = 8 \end{array}$

　$x = \dfrac{8}{9}$ …(答)

(2) $3.\dot{1}\dot{2}$

　$x = 3.121212\cdots$ とおく

　$\begin{array}{r} 100x = 312.1212\cdots \\ -)x = 3.121212\cdots \\ \hline 99x = 309 \end{array}$

　$x = \dfrac{309}{99} = \dfrac{103}{33}$ …(答)

(3) $0.7\dot{6}\dot{5}$

　$x = 0.765765\cdots$ とおく

　$\begin{array}{r} 1000x = 765.765765\cdots \\ -)x = 0.765765\cdots \\ \hline 999x = 765 \end{array}$

　$x = \dfrac{765}{999} = \dfrac{85}{111}$ …(答)

●有理数と無理数

　整数や，分母と分子が整数である分数を**有理数**，循環しない無限小数を**無理数**という。有理数，無理数をまとめて**実数**という。

[!注意]　無限小数とは小数点以下の数が無限に続く小数で，循環小数，非循環小数はどちらも無限小数。循環小数は必ず分数に直せるので有理数。

$$\text{実数}\begin{cases} \text{有理数}\begin{cases} \text{整数} \\ \text{分数}\begin{cases} \text{有限小数}\quad[例]\ \dfrac{1}{2}=0.5,\dfrac{3}{4}=0.75 \\ \text{循環小数}\quad[例]\ \dfrac{1}{3}=0.333\cdots,\ \dfrac{5}{11}=0.4545\cdots \end{cases} \end{cases} \\ \text{無理数 —— 非循環小数（循環しない無限小数）}\quad[例]\ \sqrt{5},3\sqrt{2},\sqrt{7}-5,\pi \end{cases}$$

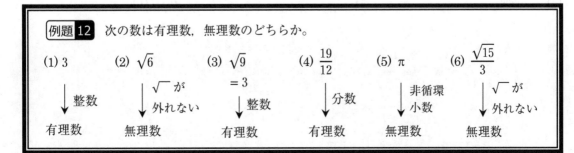

[例題12]　次の数は有理数，無理数のどちらか。

(1) 3

↓ 整数

有理数

(2) $\sqrt{6}$

↓ $\sqrt{}$ が外れない

無理数

(3) $\sqrt{9}$

$= 3$

↓ 整数

有理数

(4) $\dfrac{19}{12}$

↓ 分数

有理数

(5) π

↓ 非循環小数

無理数

(6) $\dfrac{\sqrt{15}}{3}$

↓ $\sqrt{}$ が外れない

無理数

246 次の分数を循環小数の表記法に従って小数で表しなさい。

(1) $\frac{11}{9}$ （　　　　　　）　　　(2) $\frac{10}{11}$ （　　　　　　）　　　(3) $\frac{25}{333}$ （　　　　　　）

247 次の循環小数を分数に直しなさい。

(1) $0.\dot{1}$ （　　　　　　）　　　　　　　　　　(2) $4.5\dot{4}$ （　　　　　　）

248 次のア〜シのうち，正しく述べているものをすべて選びなさい。（　　　　　　）

ア．$\sqrt{3}$ は無理数であるので，$2\sqrt{3}$ も無理数である。

イ．円周率 π は無理数であるので，$\frac{\pi}{5}$ も無理数である。

ウ．$\frac{11}{3}$ を小数で表すと有限小数になる。　　エ．$\frac{11}{3}$ は無理数である。

オ．$6.2459\dot{1}$ は有理数である。　　　　　　カ．$10\sqrt{2}$ を小数で表すと，循環小数になる。

キ．$-\sqrt{81}$ は無理数である。　　　　　　ク．$\frac{13}{40}$ を小数で表すと無限小数になる。

ケ．3.7575 は循環小数である。　　　　　コ．3.7575 は有限小数である。

サ．$\sqrt{\frac{49}{64}}$ は有理数である。　　　　　シ．$\sqrt{\frac{3}{4}}$ は無理数である。

★章末問題★

249 根号の中の数ができるだけ小さくなるように $a\sqrt{b}$ の形に直しなさい。

(1) $\sqrt{98}$　　　　　　　　(2) $\sqrt{52}$　　　　　　　　(3) $\sqrt{800}$

250 次の数を $\sqrt{a}$ の形にしなさい。

(1) $6\sqrt{2}$　　　　　　　　(2) $\dfrac{\sqrt{10}}{5}$　　　　　　　　(3) $\dfrac{3}{4}\sqrt{6}$

251 次の分数の分母を有理化しなさい。

(1) $\dfrac{\sqrt{2}}{3\sqrt{6}}$　　　　　　　　(2) $\dfrac{10}{\sqrt{50}}$　　　　　　　　(3) $\sqrt{\dfrac{8}{27}}$

252 次の計算をしなさい。（答えの根号は外せれば外し，分母は有理化して答えること）

(1) $-3\sqrt{10}\times\left(-6\sqrt{2}\right)$　　　　(2) $\sqrt{13}\div\left(-\sqrt{26}\right)$　　　　(3) $\sqrt{\dfrac{3}{10}}\times\dfrac{\sqrt{6}}{5}\div\dfrac{1}{\sqrt{5}}$

(4) $\sqrt{35}\div\sqrt{56}$　　　　(5) $\sqrt{18}\times\sqrt{3}\div\sqrt{2}$　　　　(6) $\sqrt{30}\div3\sqrt{6}\times6\sqrt{2}$

(7) $\sqrt{24}\times2\sqrt{2}\div\sqrt{6}$　　　　　　(8) $\dfrac{\sqrt{45}}{7}\times\sqrt{\dfrac{7}{10}}\div\sqrt{\dfrac{14}{3}}$

253 $\sqrt{7} = 2.646, \sqrt{70} = 8.367$　として，次の数を小数で表しなさい。

(1) $-\sqrt{700}$

(2) $\sqrt{0.7}$

(3) $-\sqrt{28}$

(4) $\sqrt{\dfrac{35}{2}}$

254 次の分数を循環小数の表記法に従って小数で表しなさい。

(1) $\dfrac{7}{9}$　（　　　　　　　　　）

(2) $\dfrac{9}{11}$　（　　　　　　　　　）

255 次の循環小数を分数に直しなさい。

(1) $2.\dot{7}$　（　　　　　　　　）

(2) $1.3\dot{2}\dot{4}$　（　　　　　　　　　）

256 次のア〜ケのうち，正しく述べているものをすべて選びなさい。（　　　　　　　　　　）

ア．$-\dfrac{3}{2}$ は無理数である。

イ．81.25 は無限小数である。

ウ．$\pi - 3$ は無理数である。

エ．$\sqrt{4} - \sqrt{3}$ は有理数である。

オ．$\sqrt{35}$ を小数に直すと有限小数になる。

カ．0.08 は無理数である。

キ．$\sqrt{\dfrac{3}{27}}$ は有理数である。

ク．0 は有理数である。

ケ．$6\sqrt{6}$ を小数に直すと，循環しない無限小数になる。

15章 ||| 平方根Ⅲ

●近似値と誤差

　何かの長さや重さを測るとき，どんなに精密な測定器を使っても，精度には限界があるため，その真の値を知ることはできない。よって長さや重さなどの測定値は，基本的に真の値に近い値であり，そのような値を**近似値**という。また，近似値から真の値を引いた差を**誤差**という。

!注意　ある学校の生徒数や箱に入っているリンゴの個数を調べる場合，それらの真の値は数えるだけで容易に知ることができる。このように真の値は知ることができる場合もある。

暗記　(誤差) ＝ (近似値) － (真の値) ※近似値の方が真の値より小さい場合，誤差は負になる

●近似値の表し方

　近似値を表す数のうち，意味のある数字を**有効数字**といい，その桁数が多いほど精度の高い近似値となる。例えば，円周の長さをある程度正確に知りたいとき，円周率を小数第100位まで出して計算するのは精密すぎてあまり意味がない。一方，円周率を3として計算するのは精密さにやや欠ける。つまりどこまでの数字を有効とするかは状況に応じて設定する必要がある。

　有効数字の桁は，**ゼロではない位が最も大きい数字**を1桁目と決め，その右の数字を2桁目，さらにその右の数字を3桁目…というように決める。

　円周率＝3 …有効数字1桁の近似値→2桁目（小数第1位）を四捨五入した値

　円周率＝3.1 …有効数字2桁の近似値→3桁目（小数第2位）を四捨五入した値

　円周率＝3.14 …有効数字3桁の近似値→4桁目（小数第3位）を四捨五入した値

なお，有効数字がはっきりわかるようにするため，近似値は次のように表現されることが多い。

　近似値を有効数字2桁で表すとき…　$\triangle.\square \times 10^n$（□の**右の位**を四捨五入する）

　近似値を有効数字3桁で表すとき…　$\triangle.\bigcirc\square \times 10^n$（□の**右の位**を四捨五入する）

例題 1　次の近似値は有効数字を何桁で表した値か。

(1) $3 \times 10 \rightarrow$ 1桁 …(答)　　　　(2) $0.025 \rightarrow$ 2桁 …(答)

(3) $3.2 \times 10^2 \rightarrow$ 2桁 …(答)　　　(4) $3.20 \times 10^5 \rightarrow$ 3桁 …(答)

15章

例題 **2**　小数第1位まで測定できる重量計がある。この重量計で，食塩の重量を測定すると，10.2 g であった。これは近似値であり，重量計が小数第2位を四捨五入して表示した値である。次の問いに答えなさい。

(1) この物体の重量の真の値 x〔g〕はどのような範囲にあると考えられるか。その範囲を不等式で表しなさい。

　　10.14 の小数第2位を四捨五入すると，10.1
　　10.15 の小数第2位を四捨五入すると，10.2
　　10.249999… の小数第2位を四捨五入すると，10.2
　　10.25 の小数第2位を四捨五入すると，10.3
　　以上のことから，**$10.15 \leqq x < 10.25$** …(答)

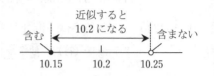

(2) 誤差の絶対値は大きくてもどれくらいであると考えられるか。

　(誤差) = (近似値) − (真の値) であり，誤差の絶対値が一番大きくなるのは $x = 10.15$ のときであるので，**$10.2 - 10.15 = 0.05$** …(答)

257 次の空欄に当てはまる言葉を埋めなさい。

　長さや重さなどの測定値や 3.14 として用いる円周率は真の値に近い①(　　　　　　　　)であり，

(　①　)を表す数字のうち，意味のある数字を②(　　　　　　　　　) という。また，

(　①　)から真の値を引いた差を③(　　　　　　　　)という。

258 次のア～ウの測定値について，次の問いに答えなさい。

　　ア. 7.0 秒　　　　　イ. 0.72 g　　　　ウ. 5×10^9 km　　　　エ. 4.03×10^7 m²

(1) ア～エは有効数字を何桁で表した値か？

　　　　　　　　　　　　　ア.(　　)桁　イ.(　　)桁　ウ.(　　)桁　エ.(　　)桁

(2) アとイの真の値 x はどのような範囲にあると考えられるか。その範囲を不等式で表しなさい。

　　　　　　　　ア. _____

　　　　　　　　イ. _____

(3) アとイの誤差の絶対値は大きくてもどれくらいであると考えられるか。

　　　　　　　　ア.(　　　　　　　　)　イ.(　　　　　　　　)

例題 3   次の測定値を有効数字が2桁で表しなさい。ただし，

(1以上10未満の数)×(10の累乗)の形で表すこと。

重要　有効数字は位が最も大きいゼロでない数を1桁目と決める

(1) 3485 g … 有効数字は1桁目が3，2桁目が4で，3桁目の8を四捨五入するので，

$3500 = 3.5 \times 1000 = 3.5 \times 10^3$ g …(答)

(2) 2.5412 kg … 有効数字は1桁目が2，2桁目が5で，3桁目の4を四捨五入するので，

2.5 kg …(答)　　注意 この場合 10^n は不要。

(3) 30021 m … 有効数字は1桁目が3，2桁目が0で，3桁目の0を四捨五入するので，

$30000 = 3.0 \times 10000 = 3.0 \times 10^4$ m …(答)

!注意　3×10^4 とすると有効数字1桁になってしまう

例題 4   地球から月までの距離 384400 km を有効数字3桁で表しなさい。ただし，

(1以上10未満の数)×(10の累乗)の形で表すこと。

有効数字が4桁目の4を四捨五入すればいいので，

$384000 = 3.84 \times 10^5$ km …(答)

259 有効数字を2桁として，次の値を(1以上10未満の数)$\times 10^n$ の形で表しなさい。

(1) 5250 g

(2) 49700 kg

(3) 50.124 m

(4) 4π cm

(5) 3.047 L

(6) 999 km

260 有効数字を3桁として，次の値を(1以上10未満の数)$\times 10^n$ の形で表しなさい。

(1) 7854 g

(2) 40000 kg

(3) 5.996 m

(4) 255.0 g

(5) 42.195 km

(6) $10\sqrt{3}$ m

●同類項の計算

$2x + 4x = 6x$ … x が $\sqrt{5}$ だと → $2\sqrt{5} + 4\sqrt{5} = 6\sqrt{5}$

重要 因数分解の考え方でこの計算を理解しよう。

$2x + 4x$ … 共通因数：x

$= x(2 + 4)$ ←共通因数をくくりだす

$= x \times 6 = 6x$

$2\sqrt{5} + 4\sqrt{5}$ … 共通因数：$\sqrt{5}$

$= \sqrt{5}(2 + 4)$ ←共通因数をくくりだす

$= \sqrt{5} \times 6 = 6\sqrt{5}$

！注意 $\sqrt{3}$ は $1\sqrt{3}$ と考える。　**例** $\sqrt{3} - 5\sqrt{3} = 1\sqrt{3} - 5\sqrt{3} = -4\sqrt{3}$

！注意 $2\sqrt{5} + 7\sqrt{3}$　/　$2\sqrt{5} + 3$　→同類項ではないので，これ以上計算できない。

例題 5 次の計算をしなさい。

(1) $5\sqrt{3} + 2\sqrt{3} = 7\sqrt{3}$ …(答)

(2) $5\sqrt{2} - 4\sqrt{5} - 2\sqrt{2}$
$= 5\sqrt{2} - 2\sqrt{2} - 4\sqrt{5}$
$= 3\sqrt{2} - 4\sqrt{5}$ …(答)

(3) $4\sqrt{2} + 2\sqrt{3} - 4\sqrt{2} - \sqrt{3}$
$= 4\sqrt{2} - 4\sqrt{2} + 2\sqrt{3} - \sqrt{3}$
$= \sqrt{3}$ …(答)

(4) $-6\sqrt{6} - 7 + 5\sqrt{6} - 9$
$= -6\sqrt{6} + 5\sqrt{6} - 7 - 9$
$= -\sqrt{6} - 16$ …(答)

---

261 次の計算をしなさい。

(1) $4\sqrt{7} + 13\sqrt{7}$

(2) $3\sqrt{2} - \sqrt{2}$

(3) $\sqrt{3} - \sqrt{5} + \sqrt{3}$

(4) $-8\sqrt{10} + 6\sqrt{5} - 7\sqrt{5} + 9\sqrt{10}$

(5) $-2 - 2\sqrt{2} - 2 + 2\sqrt{2}$

(6) $-3\sqrt{5} + \sqrt{5} + 2\sqrt{5}$

(7) $-11\sqrt{11} + 11\sqrt{5} + 5\sqrt{11} - 5\sqrt{5}$

15
章

例題 6　次の計算をしなさい。

(1) $4\sqrt{3} - \sqrt{27}$

$= 4\sqrt{3} - \sqrt{3^2 \times 3}$

$= 4\sqrt{3} - 3\sqrt{3}$

$= \sqrt{3}$ …(答)

(2) $\sqrt{48} + \sqrt{18} - \sqrt{50}$

$= \sqrt{4^2 \times 3} + \sqrt{3^2 \times 2} - \sqrt{5^2 \times 2}$

$= 4\sqrt{3} + 3\sqrt{2} - 5\sqrt{2}$

$= 4\sqrt{3} - 2\sqrt{2}$ …(答)

(3) $\dfrac{\sqrt{2}}{5} - \dfrac{\sqrt{2}}{3}$

$= \dfrac{3\sqrt{2}}{15} - \dfrac{5\sqrt{2}}{15} = \dfrac{3\sqrt{2} - 5\sqrt{2}}{15}$

$= \dfrac{-2\sqrt{2}}{15} = -\dfrac{2\sqrt{2}}{15}$ …(答)

(4) $\dfrac{\sqrt{5}}{4} - \dfrac{2}{3}\sqrt{5}$

$= \dfrac{3\sqrt{5}}{12} - \dfrac{8\sqrt{5}}{12}$

$= \dfrac{3\sqrt{5} - 8\sqrt{5}}{12}$

$= \dfrac{-5\sqrt{5}}{12}$

$= -\dfrac{5\sqrt{5}}{12}$ …(答)

(5) $\sqrt{32} - \dfrac{1}{\sqrt{2}}$

$= \sqrt{4^2 \times 2} - \dfrac{\sqrt{2}}{\sqrt{2} \times \sqrt{2}}$

$= 4\sqrt{2} - \dfrac{\sqrt{2}}{2}$

$= \dfrac{8\sqrt{2}}{2} - \dfrac{\sqrt{2}}{2} = \dfrac{7\sqrt{2}}{2}$ …(答)

(6) $\sqrt{\dfrac{2}{3}} - \dfrac{2}{\sqrt{6}}$

$= \dfrac{\sqrt{2} \times \sqrt{3}}{\sqrt{3} \times \sqrt{3}} - \dfrac{2 \times \sqrt{6}}{\sqrt{6} \times \sqrt{6}}$

$= \dfrac{\sqrt{6}}{3} - \dfrac{2\sqrt{6}}{6}$

$= \dfrac{\sqrt{6}}{3} - \dfrac{\sqrt{6}}{3} = 0$ …(答)

(7) $\sqrt{3}\left(2 - \sqrt{2}\right) - 2\sqrt{3}\left(1 + \sqrt{2}\right)$

$= 2\sqrt{3} - \sqrt{6} - 2\sqrt{3} - 2\sqrt{6}$

$= 2\sqrt{3} - 2\sqrt{3} - \sqrt{6} - 2\sqrt{6}$

$= -3\sqrt{6}$ …(答)

(8) $\left(\sqrt{48} - \sqrt{27}\right) \div \sqrt{12}$

$= (\sqrt{48} - \sqrt{27}) \times \dfrac{1}{\sqrt{12}}$

$= \dfrac{\sqrt{48}^{\,4}}{\sqrt{12}_{\,1}} - \dfrac{\sqrt{27}^{\,9}}{\sqrt{12}_{\,4}} = \dfrac{\sqrt{4}}{\sqrt{1}} - \dfrac{\sqrt{9}}{\sqrt{4}}$

$= 2 - \dfrac{3}{2} = \dfrac{4}{2} - \dfrac{3}{2} = \dfrac{1}{2}$ …(答)

(9) $\dfrac{\sqrt{45} - \sqrt{20}}{\sqrt{5}}$

$= \dfrac{\sqrt{45}^{\,9}}{\sqrt{5}_{\,1}} - \dfrac{\sqrt{20}^{\,4}}{\sqrt{5}_{\,1}}$

$= \sqrt{9} - \sqrt{4} = 3 - 2$

$= 1$ …(答)

(10) $4\sqrt{15} \div 2\sqrt{3} + 8\sqrt{10} \div 4\sqrt{2}$

$= \dfrac{{}^2 4\sqrt{15}^{\,5}}{{}_1 2\sqrt{3}_{\,1}} + \dfrac{{}^2 8\sqrt{10}^{\,5}}{{}_1 4\sqrt{2}_{\,1}}$

$= 2\sqrt{5} + 2\sqrt{5}$

$= 4\sqrt{5}$ …(答)

262 次の計算をしなさい。

(1) $\sqrt{18} + \sqrt{2}$

(2) $3\sqrt{2} + \sqrt{8} - \sqrt{32}$

(3) $\dfrac{\sqrt{3}}{2} + \dfrac{\sqrt{3}}{3}$

(4) $-\dfrac{\sqrt{7}}{4} + \dfrac{4}{7}\sqrt{7}$

(5) $\sqrt{45} - \dfrac{1}{\sqrt{5}}$

(6) $\sqrt{\dfrac{2}{5}} - \dfrac{3}{\sqrt{10}}$

(7) $5\left(7\sqrt{5} - 6\sqrt{10}\right) - 4\sqrt{5}\left(4 - 6\sqrt{2}\right)$

(8) $\left(2\sqrt{56} - \sqrt{14}\right) \div \sqrt{7}$

(9) $\dfrac{2\sqrt{6} - 4}{2\sqrt{2}}$

(10) $-2\sqrt{2} \times \left(-\dfrac{1}{4}\right) - \sqrt{24} \div 2\sqrt{3}$

15
章

例題 7 次の計算をしなさい。

(1) $\left(-3\sqrt{2}\right)^2 = \left(-3\sqrt{2}\right) \times \left(-3\sqrt{2}\right)$

$\qquad = 9 \times 2$

$\qquad = 18 \quad \cdots(答)$

(2) $\left(\sqrt{5}\right)^3 = \sqrt{5} \times \sqrt{5} \times \sqrt{5}$

$\qquad = 5\sqrt{5} \quad \cdots(答)$

(3) $\left(\sqrt{7}-2\right)\left(\sqrt{7}+3\right)$

$\left(\sqrt{7}-2\right)\left(\sqrt{7}+3\right)$

$= 7 + 3\sqrt{7} - 2\sqrt{7} - 6$

$= 7 - 6 + 3\sqrt{7} - 2\sqrt{7}$

$= 1 + \sqrt{7} \quad \cdots(答)$

(4) $\left(\sqrt{5}-2\sqrt{2}\right)\left(\sqrt{10}+3\right)$

$\left(\sqrt{5}-2\sqrt{2}\right)\left(\sqrt{10}+3\right)$

$= \sqrt{50} + 3\sqrt{5} - 2\sqrt{20} - 6\sqrt{2}$

$= 5\sqrt{2} + 3\sqrt{5} - 2 \times 2\sqrt{5} - 6\sqrt{2}$

$= 5\sqrt{2} - 6\sqrt{2} + 3\sqrt{5} - 4\sqrt{5}$

$= -\sqrt{2} - \sqrt{5} \quad \cdots(答)$

!注意 (3),(4),(8)は
$\qquad (x-y)(x+y) = x^2 - y^2$ を利用

!注意 (5)～(8)は
$\qquad (x \pm y)^2 = x^2 \pm 2xy + y^2$ を利用

(5) $\left(2-\sqrt{3}\right)\left(2+\sqrt{3}\right)$

$= 2^2 - \left(\sqrt{3}\right)^2$

$= 4 - 3$

$= 1 \quad \cdots(答)$

(6) $\left(\sqrt{15}+\sqrt{5}\right)\left(\sqrt{15}-\sqrt{5}\right)$

$= \left(\sqrt{15}\right)^2 - \left(\sqrt{5}\right)^2$

$= 15 - 5$

$= 10 \quad \cdots(答)$

(7) $\left(\sqrt{3}+\sqrt{2}\right)^2$

$= \left(\sqrt{3}\right)^2 + 2\sqrt{6} + \left(\sqrt{2}\right)^2$

$= 3 + 2\sqrt{6} + 2$

$= 5 + 2\sqrt{6} \quad \cdots(答)$

(8) $\left(2\sqrt{3}-\sqrt{6}\right)^2$

$= \left(2\sqrt{3}\right)^2 - 2 \times 2\sqrt{18} + \left(\sqrt{6}\right)^2$

$= 12 - 4\sqrt{18} + 6$

$= 18 - 4 \times 3\sqrt{2} = 18 - 12\sqrt{2} \quad \cdots(答)$

(9) $\left(\sqrt{3}-1\right)^2 + \sqrt{12}$

$= \left(\sqrt{3}\right)^2 - 2\sqrt{3} + 1^2 + 2\sqrt{3}$

$= 3 + 1 - 2\sqrt{3} + 2\sqrt{3}$

$= 4 \quad \cdots(答)$

(10) $\left(2\sqrt{10}-\sqrt{5}\right)\left(2\sqrt{10}+\sqrt{5}\right) - \left(\sqrt{6}-\sqrt{2}\right)^2$

$= \left(2\sqrt{10}\right)^2 - \left(\sqrt{5}\right)^2 - \left\{\left(\sqrt{6}\right)^2 - 2\sqrt{12} + \left(\sqrt{2}\right)^2\right\}$

$= 40 - 5 - \left(6 - 2\sqrt{12} + 2\right)$

$= 35 - 6 + 2\sqrt{12} - 2$

$= 27 + 2\sqrt{12}$

$= 27 + 2 \times 2\sqrt{3}$

$= 27 + 4\sqrt{3} \quad \cdots(答)$

263 次の計算をしなさい。

(1) $\left(3\sqrt{5}\right)^2$

(2) $\left(-\sqrt{3}\right)^3$

(3) $\left(\sqrt{5}+3\right)\left(\sqrt{5}-6\right)$

(4) $\left(\sqrt{3}+3\sqrt{2}\right)\left(\sqrt{6}-6\right)$

(5) $\left(\sqrt{7}-2\right)\left(\sqrt{7}+2\right)$

(6) $\left(\sqrt{6}+\sqrt{5}\right)\left(\sqrt{6}-\sqrt{5}\right)$

(7) $\left(\sqrt{7}-\sqrt{3}\right)^2$

(8) $\left(3\sqrt{5}+\sqrt{10}\right)^2$

(9) $\left(\sqrt{5}-2\right)^2+\sqrt{125}$

(10) $\left(\sqrt{8}+\sqrt{3}\right)^2-\left(2\sqrt{6}+\sqrt{2}\right)\left(2\sqrt{6}-\sqrt{2}\right)$

15章

例題 8 　$\sqrt{45x}$ が最も小さい自然数となるような自然数 x を求めなさい。

$\sqrt{45x} = \sqrt{3^2 \times 5 \times x} = 3\sqrt{5x}$

$\sqrt{5x}$ が一番小さい自然数になるためには

$x = 5$ となればよい。　　　$x = 5$　…(答)

$1 = \sqrt{1}$	$6 = \sqrt{36}$
$2 = \sqrt{4}$	$7 = \sqrt{49}$
$3 = \sqrt{9}$	$8 = \sqrt{64}$
$4 = \sqrt{16}$	$9 = \sqrt{81}$
$5 = \sqrt{25}$	$10 = \sqrt{100}$

※ $x = 1,2,3\cdots$ と順に代入し，根号が初めて外れるのは
$x = 5$ のときであることに注意しよう。

例題 9 　$\sqrt{\dfrac{28}{x}}$ が最も大きい自然数となるような自然数 x を求めなさい。

※x が分母にあるため，大きい自然数にするには，x の値をできるだけ小さくする。

$\sqrt{\dfrac{28}{x}} = \sqrt{\dfrac{2^2 \times 7}{x}} = 2\sqrt{\dfrac{7}{x}}$　　　$2\sqrt{\dfrac{7}{x}}$ が一番大きい自然数になるためには

$x = 7$ となればよい。　　$x = 7$ …(答)

例題 10 　$\sqrt{20 - 2a}$ が整数となるような自然数 a をすべて求めなさい。

2乗して負になる数はないため，$20 - 2a > 0$ であることに注意する。

$a = 1,2,3\cdots$ と代入していくと，$a = 11$ のとき初めて $20 - 2a < 0$ となる。

よって，a が1〜10のときだけを調べればよい。

$a = 1$ のとき $\sqrt{20 - 2a} = \sqrt{18}$ 　　　　$a = 6$ のとき $\sqrt{20 - 2a} = \sqrt{8}$

$a = 2$ のとき $\sqrt{20 - 2a} = \sqrt{16} = 4$ 　　$a = 7$ のとき $\sqrt{20 - 2a} = \sqrt{6}$

$a = 3$ のとき $\sqrt{20 - 2a} = \sqrt{14}$ 　　　　$a = 8$ のとき $\sqrt{20 - 2a} = \sqrt{4} = 2$

$a = 4$ のとき $\sqrt{20 - 2a} = \sqrt{12}$ 　　　　$a = 9$ のとき $\sqrt{20 - 2a} = \sqrt{2}$

$a = 5$ のとき $\sqrt{20 - 2a} = \sqrt{10}$ 　　　　$a = 10$ のとき $\sqrt{20 - 2a} = 0$

上記の結果より，$a = 2, 8, 10$ …(答)

例題 11 　$x = \sqrt{2} + 1, y = \sqrt{2} - 1$ のとき，次の式の値を求めなさい。

(1) $x^2 - y^2$ 　　　　　　　　　　　(2) $x^2 + 2xy + y^2$

$x^2 - y^2 = (x - y)(x + y)$，　$x^2 + 2xy + y^2 = (x + y)^2$

となるので $x + y, x - y$ を求めてから代入したほうがよい。

$x + y = \sqrt{2} + 1 + \sqrt{2} - 1 = 2\sqrt{2}$ 　　$x - y = \sqrt{2} + 1 - \left(\sqrt{2} - 1\right) = 2$

(1) $x^2 - y^2 = (x - y)(x + y)$ 　　　　(2) $x^2 + 2xy + y^2 = (x + y)^2$

　　　　　$= 2 \times 2\sqrt{2} = 4\sqrt{2}$ …(答) 　　　　　　$= \left(2\sqrt{2}\right)^2 = 8$ …(答)

264 次の問いに答えなさい。

(1) $\sqrt{54a}$ が最小の自然数となるような
　　自然数 a の値を求めなさい。

(2) $\sqrt{180x}$ が最も小さい整数になるような
　　自然数 x の値を求めなさい。

(3) $\sqrt{\dfrac{48}{n}}$ が最も大きい自然数となる
　　ような自然数 n を求めなさい。

(4) $\sqrt{\dfrac{540}{n}}$ が最も大きい整数になる
　　ような自然数 n を求めなさい。

(5) $\sqrt{24-3a}$ の値が整数となるような自然数 a の値をすべて求めなさい。

(6) $x = \sqrt{3} - \sqrt{7}$, $y = \sqrt{3} + \sqrt{7}$ のとき，次の式の値を求めなさい。

① $x^2 - y^2$ 　　　　　　　　② $x^2 - 2xy + y^2$

●───★ 章 末 問 題 ★───●

265 次の測定値の近似値を有効数字が２桁として，(1以上10未満の数)×(10の累乗) の形で表しなさい。

(1) 62.51 g

(2) 301.2 kg

(3) 645000 m

266 ある数 a を有効数字２桁で近似すると 2.8 であった。次の問いに答えなさい。

(1) a の範囲はどのような範囲と考えられるか。次から記号で選択しなさい。

ア．$2.74 \leqq a < 2.84$　　　イ．$2.74 \leqq a \leqq 2.84$　　　ウ．$2.75 \leqq a < 2.85$　　　エ．$2.75 \leqq a \leqq 2.85$

(2) 誤差の絶対値は大きくてもどれくらいであると考えられるか。

267 次の計算をしなさい。

(1) $\sqrt{2} + \sqrt{2}$

(2) $\sqrt{2} \times \sqrt{2}$

(3) $-\sqrt{3} - \sqrt{3}$

(4) $\left(-\sqrt{3}\right)^2$

(5) $5\sqrt{3} + 2\sqrt{3}$

(6) $5\sqrt{3} \times 2\sqrt{3}$

(7) $5\sqrt{3} \div 2\sqrt{3}$

(8) $5\sqrt{3} - 2\sqrt{3}$

(9) $\left(-2\sqrt{5}\right)^2$

(10) $-\sqrt{27} + 2\sqrt{3}$

(11) $\sqrt{50} - \sqrt{18} - \sqrt{8}$

(12) $\dfrac{\sqrt{6} + \sqrt{24}}{3\sqrt{3}}$

(13) $7\sqrt{2}\left(2 - \sqrt{3}\right) + \sqrt{54}$

(14) $\sqrt{75} \div 5\sqrt{2} \times \sqrt{6}$

(15) $\dfrac{3}{\sqrt{5}} - \sqrt{5}$

(16) $\dfrac{\sqrt{15}}{3} \div \sqrt{\dfrac{3}{2}} \times \sqrt{\dfrac{2}{5}}$

(17) $\left(\sqrt{32} + \sqrt{18}\right) \div 7\sqrt{2}$

(18) $\left(10 - 7\sqrt{2}\right)\left(10 + 7\sqrt{2}\right)$

(19) $\left(4\sqrt{2} - 3\right)^2$

(20) $\left(\sqrt{12} - \sqrt{8}\right)\left(\sqrt{3} + \sqrt{2}\right)$

(21) $\left(\sqrt{3} + \sqrt{2} - 1\right)\left(\sqrt{3} - \sqrt{2} - 1\right)$

268 次の問いに答えなさい。

(1) $\sqrt{96x}$ が最も小さい整数になるような自然数 x の値を求めなさい。

(2) $\sqrt{10 - a}$ の値が整数となるような自然数 a の値をすべて求めなさい。

(3) $\sqrt{\dfrac{60}{n}}$ が最も大きい整数になるような自然数 n を求めなさい。

(4) $x = \sqrt{26} - 9$ のとき，$x^2 + 16x + 63$ の値を求めなさい。

16章 ||| 二次方程式Ⅰ

● $x^2 = a$ の解き方

$$x^2 = 9 \quad \longleftrightarrow \quad (\quad)^2 = 9$$

(　)に入る数が x の解になる。　よって解は $x = \pm 3$ で，9の平方根になる。

$$x^2 = 5 \quad \longleftrightarrow \quad (\quad)^2 = 5$$

(　)に入る数が x の解になる。　よって解は $x = \pm\sqrt{5}$ で，5の平方根になる。

一般に $x^2 = a$ （$a > 0$）の解は $x = \pm\sqrt{a}$

例題 1　次の方程式を解きなさい。

(1) $x^2 = 4$

$x = \pm\sqrt{4} = \pm 2$　…(答)

(2) $x^2 = 7$

$x = \pm\sqrt{7}$　…(答)

(3) $x^2 = 12$

$x = \pm\sqrt{12}$

$\quad = \pm 2\sqrt{3}$　…(答)

(4) $x^2 = \dfrac{9}{4}$

$x = \pm\sqrt{\dfrac{9}{4}} = \pm\dfrac{3}{2}$　…(答)

(5) $x^2 = \dfrac{5}{16}$

$x = \pm\sqrt{\dfrac{5}{16}} = \pm\dfrac{\sqrt{5}}{\sqrt{16}}$

$\quad = \pm\dfrac{\sqrt{5}}{4}$　…(答)

(6) $x^2 = \dfrac{4}{3}$

$x = \pm\sqrt{\dfrac{4}{3}} = \pm\dfrac{2}{\sqrt{3}}$

$\quad = \pm\dfrac{2 \times \sqrt{3}}{\sqrt{3} \times \sqrt{3}}$

$\quad = \pm\dfrac{2\sqrt{3}}{3}$　…(答)

(7) $2x^2 = 18$

$\dfrac{1}{2} \times 2x^2 = \dfrac{1}{2} \times 18$

$\qquad x^2 = 9$

$\qquad x = \pm\sqrt{9}$

$\qquad x = \pm 3$　…(答)

$x^2 = a$
の形に直す

(8) $4x^2 - 15 = 0$

$\underline{+)\qquad +15 \quad +15\qquad}$

$\qquad 4x^2 = 15$

$\dfrac{1}{4} \times 4x^2 = \dfrac{1}{4} \times 15$

$\qquad x^2 = \dfrac{15}{4}$

$x^2 = a$
の形に直す

$x = \pm\sqrt{\dfrac{15}{4}} = \pm\dfrac{\sqrt{15}}{2}$　…(答)

269 次の方程式を解きなさい。（解の分母は有理化すること）

(1) $x^2 = 49$

(2) $x^2 = 5$

(3) $x^2 = 400$

(4) $x^2 = 75$

(5) $x^2 = 8$

(6) $x^2 = \dfrac{16}{25}$

(7) $x^2 = \dfrac{11}{36}$

(8) $x^2 = \dfrac{7}{6}$

(9) $x^2 = \dfrac{8}{5}$

(10) $x^2 - 6 = 0$

(11) $2x^2 - 24 = 0$

(12) $50 - 2x^2 = 0$

(13) $4x^2 = 5$

(14) $4x^2 - 80 = 0$

(15) $\dfrac{x^2}{25} = \dfrac{1}{3}$

●因数分解の利用①

2つ以上の文字式の積が0になるならば，少なくとも1つは0でなければならない。

$$A \times B = 0 \quad \Leftrightarrow \quad A = 0 \ \text{または} \ B = 0$$

$$A \times B \times C = 0 \quad \Leftrightarrow \quad A = 0 \ \text{または} \ B = 0 \ \text{または} \ C = 0$$

$$\underset{A}{x}\ \underset{B}{(x-3)} = 0 \quad x = 0 \ \text{または} \ (x-3) = 0$$

$\longrightarrow$ つまり $x = 0, 3$ （x の解は 0 と 3）

$$\underset{A}{(x-1)}\ \underset{B}{(x+9)} = 0 \quad \longrightarrow \quad (x-1) = 0 \ \text{または} \ (x+9) = 0$$

つまり $x = 1, -9$ （x の解は 1 と -9）

例題 2　次の方程式を解きなさい。

(1) $(x-2)(x+7) = 0 \rightarrow$　$\boxed{\begin{array}{l}(x-2) = 0 \\ (x+7) = 0\end{array}}$

　　　$x = 2, -7$　$\longleftarrow$

(2) $x^2 - x - 6 = 0$

　　$(x-3)(x+2) = 0 \longrightarrow \boxed{\begin{array}{l}(x-3) = 0 \\ (x+2) = 0\end{array}}$

　　　　　$x = 3, -2 \longleftarrow$

(3) $2x^2 - 5x = 0$

　　$x(2x-5) = 0 \rightarrow \boxed{\begin{array}{l}x = 0 \\ (2x-5) = 0\end{array}}$

　　　$x = 0, \dfrac{5}{2} \longleftarrow$

　　　　　　　　　　　　　$2x - 5 = 0$
　　　　　　　　　　　　　$2x = 5$
　　　　　　　　　　　　　$x = \dfrac{5}{2}$

●因数分解の利用②

ある文字式の2乗が0であるならば，その文字式は必ず0でなければならない。

$$A^2 = 0 \quad \Leftrightarrow \quad A = 0$$

$$\underset{A}{(x-1)^2} = 0 \quad \longrightarrow \quad (x-1) = 0 \ \text{つまり} \ x = 1 \ （x \text{の解は1のみ}）$$

$$\underset{A}{(3x+2)^2} = 0 \quad \longrightarrow \quad (3x+2) = 0 \ \text{つまり} \ x = -\dfrac{2}{3} \ \left(x\text{の解は} -\dfrac{2}{3}\text{のみ}\right)$$

例題 3　次の方程式を解きなさい。

(1) $(x+8)^2 = 0 \rightarrow \boxed{x + 8 = 0}$

　　　$x = -8 \longleftarrow$

(2) $x^2 - 6x + 9 = 0$

　　　$(x-3)^2 = 0 \rightarrow \boxed{x - 3 = 0}$

　　　　　$x = 3 \longleftarrow$

(3) $4x^2 + 10x + 25 = 0$

　　　$(2x+5)^2 = 0 \rightarrow \boxed{2x + 5 = 0}$

　　　$x = -\dfrac{5}{2} \longleftarrow$

　　　　　　　　　　$2x + 5 = 0$
　　　　　　　　　　$2x = -5$
　　　　　　　　　　$x = -\dfrac{5}{2}$

270 次の方程式を解きなさい。

(1) $(x+2)(x-9) = 0$

(2) $x(x+1) = 0$

(3) $x^2 + 9x + 14 = 0$

(4) $x^2 - x = 0$

(5) $x^2 + 3x - 54 = 0$

(6) $x(3x-8) = 0$

(7) $5x^2 + 4x = 0$

(8) $x^2 - 16x - 17 = 0$

(9) $x^2 + 5x - 24 = 0$

(10) $(x+2)^2 = 0$

(11) $(7x-1)^2 = 0$

(12) $x^2 + 2x + 1 = 0$

(13) $4x^2 - 4x + 1 = 0$

(14) $9x^2 + 12x + 4 = 0$

(15) $x^2 - 20x + 100 = 0$

(16) $x^2 - 8x + 16 = 0$

(17) $x^2 - 8x = 0$

(18) $x^2 - 8x + 7 = 0$

●因数分解の利用③

次のように因数に定数が含まれていても，考え方は変わらない。

$$\begin{array}{lll} 3A \times B = 0 & \Leftrightarrow & A = 0 \ \text{または} \ B = 0 \\ -5A \times B \times C = 0 & \Leftrightarrow & A = 0 \ \text{または} \ B = 0 \ \text{または} \ C = 0 \\ 2A^2 = 0 & \Leftrightarrow & A = 0 \end{array}$$

例1　$2x(x+5) = 0$ ⟶ $x = 0$ または $(x+5) = 0$ なので，
$x = 0, -5$

例2　$-(x+1)(x-6) = 0$ ⟶ $(x+1) = 0$ または $(x-6) = 0$ なので，
$x = -1, 6$

例3　$-3(x+7)^2 = 0$ ⟶ $(x+7)^2 = 0$ なので， $x = -7$

例題4　次の方程式を解きなさい。

(1)　$3x^2 - 27 = 0$ 　——別解→　$3x^2 - 27 = 0$

$3(x^2 - 9) = 0$

$3(x-3)(x+3) = 0$

$x = \pm 3$ …(答)

別解:
$$\begin{array}{r} 3x^2 - 27 = 0 \\ +) \quad +27 \ +27 \\ \hline 3x^2 = 27 \end{array}$$

$\dfrac{1}{3} \times 3x^2 = \dfrac{1}{3} \times 27x^2$

$x^2 = 9$

$x = \pm\sqrt{9} = \pm 3$ …(答)

(2)　$-x^2 + 2x - 1 = 0$ 　——別解→　$-1 \times (-x^2 + 2x - 1) = -1 \times 0$

$-(x^2 - 2x + 1) = 0$ 　　　　$x^2 - 2x + 1 = 0$

$-(x-1)^2 = 0$ 　　　　　　$(x-1)^2 = 0$

$x = 1$ …(答) 　　　　　　$x = 1$ …(答)

(3)　$-5x^2 + 10x = 0$ 　——別解→　$-\dfrac{1}{5} \times (-5x^2 + 10x) = -\dfrac{1}{5} \times 0$

$-5x(x-2) = 0$ 　　　　　　$x^2 - 2x = 0$

$x = 0, 2$ …(答) 　　　　　　$x(x-2) = 0$

　　　　　　　　　　　　　　$x = 0, 2$ …(答)

(4)　$2x^2 - 2x - 60 = 0$ 　——別解→　$\dfrac{1}{2} \times (2x^2 - 2x - 60) = \dfrac{1}{2} \times 0$

$2(x^2 - x - 30) = 0$ 　　　　$x^2 - x - 30 = 0$

$2(x-6)(x+5) = 0$ 　　　　　$(x-6)(x+5) = 0$

$x = 6, -5$ …(答) 　　　　　$x = 6, -5$ …(答)

271 次の方程式を解きなさい。

(1) $3x(x+6) = 0$

(2) $-x(2x+1) = 0$

(3) $-2(x+4)(x-3) = 0$

(4) $2x^2 - 8 = 0$

(5) $4x^2 - 64 = 0$

(6) $9x^2 - 9 = 0$

(7) $-x^2 + 6x - 9 = 0$

(8) $-3x^2 - 6x - 3 = 0$

(9) $-9x^2 + 6x - 1 = 0$

(10) $-x^2 + x + 20 = 0$

(11) $4x^2 - 8x - 60 = 0$

(12) $4x^2 + 8x = 0$

(13) $2x^2 - 16x + 32 = 0$

(14) $2x^2 - 16x = 0$

(15) $2x^2 - 16x - 18 = 0$

272 次の方程式を解きなさい。（解の分母は有理化すること）

(1) $x^2 - 1 = 0$

(2) $5x^2 = 15$

(3) $7x^2 - 63 = 0$

(4) $x^2 - x - 2 = 0$

(5) $x^2 - x = 0$

(6) $(3x+1)(3x-1) = 0$

(7) $x^2 = \dfrac{5}{2}$

(8) $3x^2 - 16x = 0$

(9) $3x^2 - 16 = 0$

(10) $3x^2 = 0$

(11) $-25x^2 + 1 = 0$

(12) $2x^2 + 14x + 12 = 0$

(13) $x^2 + 18x + 81 = 0$

(14) $4x^2 - 12x + 8 = 0$

(15) $4x^2 - 12x + 9 = 0$

273 次の方程式を解きなさい。（解の分母は有理化すること）

(1) $\dfrac{x^2}{2} = \dfrac{1}{25}$

(2) $a^2 + a = 0$

(3) $-2b^2 + 4b - 2 = 0$

(4) $5t^2 - 12 = 0$

(5) $5t^2 - 12t = 0$

(6) $12t^2 - 5 = 0$

(7) $-4x^2 + 9 = 0$

(8) $-a^2 + 11a - 10 = 0$

(9) $25c^2 + 10c + 1 = 0$

(10) $-3x^2 + 6x = 0$

(11) $-3x^2 + 6x + 9 = 0$

(12) $-3x^2 = -6$

(13) $2m^2 + 12m + 18 = 0$

(14) $18x^2 + 12x + 2 = 0$

(15) $18x^2 + 12x = 0$

16
章

例題 5　次の方程式を解きなさい。

(1) $x^2 - \dfrac{2}{3}x + \dfrac{1}{9} = 0$ 　　$\xrightarrow{\text{別解}}$ 　　$9 \times \left(x^2 - \dfrac{2}{3}x + \dfrac{1}{9}\right) = 9 \times 0$

　　　$\left(x - \dfrac{1}{3}\right)^2 = 0$ 　　　　　　　　　　$9x^2 - 6x + 1 = 0$

　　　　　　$x = \dfrac{1}{3}$ …(答) 　　　　　　　　$(3x - 1)^2 = 0$

　　　　　　　　　　　　　　　　　　　　　　$x = \dfrac{1}{3}$ …(答)

(2) 　$9x^2 = 2x$

$+)\ \ \underline{\ -2x\ \ -2x\ \ \ \ \ \ \ \ \ \ \ }$

　　$9x^2 - 2x = 0$

　　$x(9x - 2) = 0$

　　　　　$x = 0,\ \dfrac{2}{9}$ …(答)

(3) 　$25x^2 = 10x - 1$

$+)\ \ \underline{\ -10x + 1\ \ -10x + 1\ \ }$

　　$25x^2 - 10x + 1 = 0$

　　　$(5x - 1)^2 = 0$

　　　　　$x = \dfrac{1}{5}$ …(答)

(4) $(x - 1)^2 + 2x = 6$

　$x^2 - 2x + 1 + 2x = 6$

　　　　　$x^2 + 1 = 6$

$+)\ \ \underline{\ \ \ \ \ \ \ \ \ -1\ -1\ \ \ \ \ \ }$

　　　　　$x^2 = 5$

　　　　　$x = \pm\sqrt{5}$ …(答)

(5) $(x + 4)(x - 4) = 3x - 6$

　　　　$x^2 - 16 = 3x - 6$

$+)\ \ \underline{\ -3x\ +6\ \ -3x + 6\ \ }$

　　$x^2 - 3x - 10 = 0$

　　$(x - 5)(x + 2) = 0$

　　　　　$x = 5, -2$ …(答)

(6) $\dfrac{1}{2}x^2 - 2x - 6 = 0$

　$2 \times \left(\dfrac{1}{2}x^2 - 2x - 6\right) = 2 \times 0$

　　　$x^2 - 4x - 12 = 0$

　　　$(x - 6)(x + 2) = 0$

　　　　　　$x = 6, -2$ …(答)

(7) $3(x - 2) = \dfrac{1}{3}x^2$

　　　$3x - 6 = \dfrac{1}{3}x^2$

　$3 \times (3x - 6) = 3 \times \dfrac{1}{3}x^2$

　　　$9x - 18 = x^2$

$+)\ \ \underline{\ -x^2\ \ \ \ \ \ -x^2\ \ \ \ }$

　　$-x^2 + 9x - 18 = 0$

　$-1 \times (-x^2 + 9x - 18) = -1 \times 0$

　　　$x^2 - 9x + 18 = 0$

　　　$(x - 6)(x - 3) = 0$

　　　　　$x = 6, 3$ …(答)

274 次の方程式を解きなさい。

(1) $x^2 + x + \dfrac{1}{4} = 0$

(2) $x^2 - \dfrac{1}{2}x + \dfrac{1}{16} = 0$

(3) $5x^2 = 8x$

(4) $4x^2 = 12x - 9$

(5) $(x-3)^2 + 6x = 11$

(6) $(x-6)(x+6) = -2x - 1$

(7) $\dfrac{1}{3}x^2 - x - 18 = 0$

(8) $2(3x - 8) = \dfrac{1}{2}x^2$

★章末問題★

275 次の方程式を解きなさい。(解の分母は有理化すること)

(1) $x^2 - 8 = 2x^2 - 18$

(2) $7x^2 = 8$

(3) $2(x+1)^2 = x(x+7)$

(4) $x^2 = 169$

(5) $\dfrac{1}{6}x^2 + \dfrac{1}{3}x - \dfrac{1}{2} = 0$

(6) $x(x-3) = 2x$

(7) $(x+3)(x-2) = 6$

(8) $(3x+2)(3x-2) = 8x^2 - 3(x-2)$

276 次の方程式を解きなさい。

(1) $8x^2 - 12x = 0$

(2) $5x^2 = 135$

(3) $(x - 2)(x - 4) = 4x^2 - 1$

(4) $\dfrac{1}{3}x^2 + 2x + 3 = 0$

(5) $2x^2 = (x - 2)(x - 3)$

(6) $27 - 5x^2 = 0$

(7) $x^2 - 121 = 0$

(8) $(x - 2)^2 + 3 = (2x - 3)(x + 1)$

17章 ||| 二次方程式Ⅱ

例題 1　次の方程式を解きなさい。

(1) $(x-1)^2 = 5$

$A = x-1$ とおくと $A^2 = 5$

$A = \pm\sqrt{5}$

A をもとに戻すと

$x-1 = \pm\sqrt{5}$

$x = 1 \pm \sqrt{5}$ …(答)

$A = x-1$ とおかずに解けるようにしよう！

$(x-1)^2 = 5$

$x-1 = \pm\sqrt{5}$

$+)\quad \underline{+1\quad +1}$

$x = 1 \pm \sqrt{5} + 1$ …(答)

※ $x = \pm\sqrt{5} + 1$ としてもよい

!注意　x の解は $1+\sqrt{5}$ と $1-\sqrt{5}$ であり，これをまとめて $1\pm\sqrt{5}$ と書くことができる。

(2) $(x+5)^2 - 64 = 0$

$+)\quad \underline{+64\quad +64}$

$(x+5)^2 = 64$

$x+5 = \pm\sqrt{64}$

$x+5 = \pm 8$

$+)\quad \underline{-5\quad -5}$

$x = \pm 8 - 5$

$x = +8-5, -8-5$

$x = 3, -13$ …(答)

(3) $\frac{1}{5}(x+1)^2 = 20$

$5 \times \frac{1}{5}(x+1)^2 = 5 \times 20$

$(x+1)^2 = 100$

$x+1 = \pm\sqrt{100}$

$x+1 = \pm 10$

$+)\quad \underline{-1\quad -1}$

$x = \pm 10 - 1$

$x = 10-1, -10-1$

$x = 9, -11$ …(答)

(4) $2(x-4)^2 = 54$

$\frac{1}{2} \times 2(x-4)^2 = \frac{1}{2} \times 54$

$(x-4)^2 = 27$

$x-4 = \pm\sqrt{27}$

$x-4 = \pm 3\sqrt{3}$

$+)\quad \underline{+4\quad +4}$

$x = 4 \pm 3\sqrt{3}$ …(答)

(5) $30 - 3(x-7)^2 = -6$

$+)\quad \underline{-30 -30}$

$-3(x-7)^2 = -36$ ┐ 両辺に

$3(x-7)^2 = 36$ ◄ ×(-1)

$\frac{1}{3} \times 3(x-7)^2 = \frac{1}{3} \times 36$

$(x-7)^2 = 12$

$x-7 = \pm\sqrt{12}$

$x-7 = \pm 2\sqrt{3}$

$+)\quad \underline{+7\quad +7}$

$x = 7 \pm 2\sqrt{3}$ …(答)

277 次の方程式を解きなさい。

(1) $(x+9)^2 = 10$

(2) $(x-4)^2 = 12$

(3) $(x-2)^2 - 25 = 0$

(4) $\dfrac{1}{9}(x-5)^2 = 9$

(5) $4(x+3)^2 = 32$

(6) $45 - 3(x-2)^2 = 0$

●因数分解できない場合の二次方程式の解法①

2次式の因数分解ができない場合は以下のような式変形をする。

$$x^2 + px + q = 0 \;\rightarrow\; (x+m)^2 = n$$

定数項 (文字を含まない項)

$$x^2 - 6x - \boxed{1} = 0 \;\rightarrow\; 因数分解ができない。$$

$$x^2 - ⑥x = \boxed{1}$$

$$(半分)^2 = 3^2$$

① 定数項を右辺に移項する

② x の係数の半分の2乗を両辺に加える

$$x^2 - 6x + 9 = 1 + 9$$

$$(x-3)^2 = 10 \quad\longrightarrow\quad x - 3 = \pm\sqrt{10}$$

$$x = 3 \pm \sqrt{10}$$

17章

例題 **2**　$(x+m)^2 = n$ の形に式変形して，次の方程式を解きなさい。

(1) $x^2 - 8x + 3 = 0$ →因数分解できない

$$\underline{+) -3 -3 }$$

$$x^2 - 8x = -3$$

$$x^2 - 8x + 16 = -3 + 16$$

$$(x-4)^2 = 13$$

$$x - 4 = \pm\sqrt{13}$$

$$x = 4 \pm \sqrt{13} \;\cdots(答)$$

(2) $x^2 = -2x + 7$ →すべて左辺へ移項

$$\underline{+) 2x - 7 2x - 7 }$$

$$x^2 + 2x - 7 = 0 \quad →因数分解できない$$

$$\underline{+) +7 +7 }$$

$$x^2 + 2x = 7$$

$$x^2 + 2x + 1 = 7 + 1$$

$$(x+1)^2 = 8$$

$$x + 1 = \pm 2\sqrt{2}$$

$$x = -1 \pm 2\sqrt{2} \;\cdots(答)$$

(3) $x(x-2) = 2(x+3)$

$$x^2 - 2x = 2x + 6 \quad →すべて左辺へ移項$$

$$\underline{+) -2x - 6 -2x - 6 }$$

$$x^2 - 4x - 6 = 0 \quad →因数分解できない$$

$$\underline{+) +6 +6 }$$

$$x^2 - 4x = 6$$

$$x^2 - 4x + 4 = 6 + 4$$

$$(x-2)^2 = 10$$

$$x - 2 = \pm\sqrt{10}$$

$$x = 2 \pm \sqrt{10} \;\cdots(答)$$

278 $(x+m)^2 = n$ の形に式変形して，次の方程式を解きなさい。

(1) $x^2 - 4x - 2 = 0$

(2) $x^2 + 12x + 1 = 0$

(3) $x^2 + 6x + 1 = 0$

(4) $x^2 - 8x + 3 = 0$

(5) $x(x-6) = 2(2x+1)$

(6) $x^2 = 2(x+9)$

●因数分解できない場合の二次方程式の解法②

解の公式を利用する。$ax^2 + bx + c = 0$ の解は次の公式で求めることができる。

$$ax^2 + bx + c = 0 \ \rightarrow \ x = \frac{-b \pm \sqrt{b^2 - 4ac}}{2a}$$

公式の証明

※証明を簡単にするため $a > 0$ とする。（実際には $a < 0$ でもこの公式は使える）

$ax^2 + bx + c = 0$ の両辺に $\dfrac{1}{a}$ をかけて，

$x^2 + \dfrac{b}{a}x + \dfrac{c}{a} = 0$　定数項を右辺へ移項して，

$x^2 + \dfrac{b}{a}x = -\dfrac{c}{a}$　両辺に $\left(\dfrac{b}{2a}\right)^2$ を加えて，

$x^2 + 2\dfrac{b}{2a}x + \left(\dfrac{b}{2a}\right)^2 = -\dfrac{c}{a} + \left(\dfrac{b}{2a}\right)^2$

左辺を因数分解して右辺を整理すると，

$\left(x + \dfrac{b}{2a}\right)^2 = \dfrac{-4ac}{4a^2} + \dfrac{b^2}{4a^2} = \dfrac{b^2 - 4ac}{4a^2}$

$x + \dfrac{b}{2a} = \pm\sqrt{\dfrac{b^2 - 4ac}{4a^2}}$

$x + \dfrac{b}{2a} = \pm\dfrac{\sqrt{b^2 - 4ac}}{\sqrt{4a^2}}$

$\sqrt{4a^2} = \sqrt{(2a)^2} = 2a$ より

$x + \dfrac{b}{2a} = \pm\dfrac{\sqrt{b^2 - 4ac}}{2a}$　$\dfrac{b}{2a}$ を移項して，

$x = -\dfrac{b}{2a} \pm \dfrac{\sqrt{b^2 - 4ac}}{2a}$

$= \dfrac{-b \pm \sqrt{b^2 - 4ac}}{2a}$　（終）

!注意　$a < 0$ のときは $\sqrt{4a^2} = -2a$ となる。詳しくは高校数学で学習する

例題 **3**　解の公式を利用して次の方程式を解きなさい。

(1) $x^2 + 6x + 3 = 0$

$a = 1,\ b = 6,\ c = 3$ となるので，

$x = \dfrac{-6 \pm \sqrt{6^2 - 4 \times 1 \times 3}}{2 \times 1}$

$= \dfrac{-6 \pm \sqrt{36 - 12}}{2}$

$= \dfrac{-6 \pm \sqrt{24}}{2}$

$= \dfrac{\overset{3}{-6} \pm \overset{1}{2}\sqrt{6}}{\underset{1}{2}}$

$= -3 \pm \sqrt{6}$　…(答)

(2) $2x^2 - x - 3 = 0$

$a = 2,\ b = -1,\ c = -3$ となるので，

$x = \dfrac{-(-1) \pm \sqrt{(-1)^2 - 4 \times 2 \times (-3)}}{2 \times 2}$

$= \dfrac{1 \pm \sqrt{1 + 24}}{4} = \dfrac{1 \pm \sqrt{25}}{4}$

$= \dfrac{1 \pm 5}{4} = \dfrac{6}{4},\ -\dfrac{4}{4}$

$= \dfrac{3}{2},\ -1$　…(答)

279 次の x についての二次方程式の解を書きなさい。

(1) $ax^2 + bx + c = 0$

(2) $px^2 + qx + r = 0$

280 解の公式を利用して次の方程式を解きなさい。

(1) $x^2 + 5x + 2 = 0$

(2) $x^2 + 8x + 3 = 0$

(3) $2x^2 - 5x - 4 = 0$

(4) $4x^2 + 3x - 1 = 0$

(5) $7x^2 - 15x = -2$

(6) $5x^2 - 6x - 2 = 0$

17章

例題 **4**　次の方程式を解きなさい。

(1) $\dfrac{1}{4}x^2 + x - 3 = 0$

$$4 \times \left(\dfrac{1}{4}x^2 + x - 3 \right) = 4 \times 0$$

$$x^2 + 4x - 12 = 0$$

$$(x + 6)(x - 2) = 0$$

$$x = -6, 2 \ \cdots (答)$$

(2) $\dfrac{1}{2}x^2 - \dfrac{1}{6}x - 1 = 0$

$$6 \times \left(\dfrac{1}{2}x^2 - \dfrac{1}{6}x - 1 \right) = 6 \times 0$$

$$3x^2 - x - 6 = 0$$

$$x = \dfrac{-(-1) \pm \sqrt{(-1)^2 - 4 \times 3 \times (-6)}}{2 \times 3}$$

$$= \dfrac{1 \pm \sqrt{1 + 72}}{6} = \dfrac{1 \pm \sqrt{73}}{6} \ \cdots (答)$$

(3) $\dfrac{1}{4}(x - 1)^2 - 5 = 0$

$$4 \times \left\{ \dfrac{1}{4}(x - 1)^2 - 5 \right\} = 4 \times 0$$

$$(x - 1)^2 - 20 = 0$$

$$\underline{+) \qquad\qquad +20 \ +20 \qquad}$$

$$(x - 1)^2 = 20$$

$$x - 1 = \pm\sqrt{20}$$

$$x - 1 = \pm 2\sqrt{5}$$

$$x = 1 \pm 2\sqrt{5} \ \cdots (答)$$

(4) $2x^2 = (x + 1)(x - 7)$

$$2x^2 = x^2 - 6x - 7$$

$$x^2 + 6x + 7 = 0$$

$$x = \dfrac{-6 \pm \sqrt{(-6)^2 - 4 \times 1 \times 7}}{2}$$

$$= \dfrac{-6 \pm \sqrt{36 - 28}}{2} = \dfrac{-6 \pm \sqrt{8}}{2}$$

$$= \dfrac{-6 \pm 2\sqrt{2}}{2} = -3 \pm \sqrt{2} \ \cdots (答)$$

(5) $2x^2 = x(x + 5)$

$$2x^2 = x^2 + 5x$$

$$\underline{+) \ -x^2 - 5x \ \ -x^2 - 5x \qquad}$$

$$x^2 - 5x = 0$$

$$x(x - 5) = 0$$

$$x = 0, 5 \ \cdots (答)$$

(6) $2x^2 - 100 = 0$

$$\underline{+) \qquad +100 \ +100 \qquad}$$

$$2x^2 = 100$$

$$\dfrac{1}{2} \times 2x^2 = \dfrac{1}{2} \times 100$$

$$x^2 = 50$$

$$x = \pm\sqrt{50} = \pm 5\sqrt{2} \ \cdots (答)$$

281 次の方程式を解きなさい。

(1) $\dfrac{1}{7}x^2 + 2x + 7 = 0$

(2) $\dfrac{1}{2}x^2 - x + \dfrac{1}{3} = 0$

(3) $\dfrac{1}{6}(x+6)^2 - 18 = 0$

(4) $(x-1)(x-2) = 1$

(5) $4x^2 - 3 = 2x^2 + 3(x-1)$

(6) $9x^2 - 10 = x^2 + 1$

★章末問題★

282 次の x についての二次方程式 $ax^2 + bx + c = 0$ の解を書きなさい。

283 □に適切な値を入れなさい。

(1) $x^2 + \boxed{}\, x + 36 = (x + \boxed{}\,)^2$

(2) $x^2 - \boxed{}\, x + 81 = (x - \boxed{}\,)^2$

(3) $x^2 + 6x + \boxed{} = (x + \boxed{}\,)^2$

(4) $x^2 - 12x + \boxed{} = (x - \boxed{}\,)^2$

(5) $x^2 + \dfrac{2}{3}x + \boxed{} = (x + \boxed{}\,)^2$

(6) $x^2 + \dfrac{1}{3}x + \boxed{} = (x + \boxed{}\,)^2$

284 次の問いに答えなさい。

(1) 次の二次方程式を $(x + m)^2 = n$ の形に変形して次のように解いた。A〜J に当てはまる数を求めなさい。

① $x^2 + 4x - 3 = 0$

$x^2 + 4x = 3$

$x^2 + 4x + A^2 = 3 + A^2$

$(x + 2)^2 = B$

$x + 2 = \pm\, C$

$x = D$

② $x^2 + 10x + 9 = 0$

$x^2 + 10x = E$

$x^2 + 10x + 5^2 = E + 5^2$

$(x + F)^2 = G$

$x + F = \pm\sqrt{G}$

$x = -F \pm H$

$= I,\, J$

① $A:(\quad)$　$B:(\quad)$　$C:(\quad)$　$D:(\quad)$

② $E:(\quad)$　$F:(\quad)$　$G:(\quad)$　$H:(\quad)$　$I:(\quad)$　$J:(\quad)$

(2) (1)の①を解の公式で解き，①の解が正しいことを確かめなさい。（計算過程も書くこと）

(3) (1)の②を因数分解で解き，②の解が正しいことを確かめなさい。（計算過程も書くこと）

285 次の方程式を解きなさい。

(1) $2x^2 - 4x - 6 = 0$

(2) $2x^2 + 3x - 2 = 0$

(3) $7x^2 = 11$

(4) $7x^2 = 11x$

(5) $(x - 2)^2 = 7$

(6) $(x - 2)^2 = 7x$

(7) $5x^2 - 2x + \dfrac{1}{5} = 0$

(8) $x^2 - 4x - 13 = 0$

17
章

18章 ||| 二次方程式の利用

例題 1　ある整数に 3 を加えて 2 倍すると，もとの数に 3 を加えて 2 乗したときより 8 小さくなる。このときのある整数を求めなさい。

ある整数を n とおく。

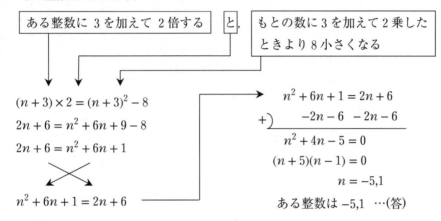

ある整数に 3 を加えて 2 倍する　と，　もとの数に 3 を加えて 2 乗したときより 8 小さくなる

$(n+3) \times 2 = (n+3)^2 - 8$

$2n+6 = n^2 + 6n + 9 - 8$

$2n+6 = n^2 + 6n + 1$

$n^2 + 6n + 1 = 2n + 6$

$$n^2 + 6n + 1 = 2n + 6$$
$$+)\quad -2n-6 \quad -2n-6$$
$$\overline{\qquad n^2 + 4n - 5 = 0}$$
$$(n+5)(n-1) = 0$$
$$n = -5, 1$$

ある整数は $-5, 1$ …(答)

例題 2　連続した 2 つの自然数がある。それぞれを 2 乗した数の和が 61 になるとき，これら 2 つの自然数を求めなさい。

連続した 2 つの自然数を $n, n+1$ とおく。

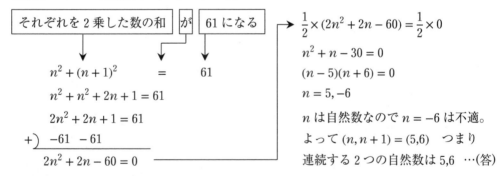

それぞれを 2 乗した数の和　が　61 になる

$n^2 + (n+1)^2 = 61$

$n^2 + n^2 + 2n + 1 = 61$

$2n^2 + 2n + 1 = 61$

$$+)\quad -61 \quad -61$$
$$\overline{2n^2 + 2n - 60 = 0}$$

$\frac{1}{2} \times (2n^2 + 2n - 60) = \frac{1}{2} \times 0$

$n^2 + n - 30 = 0$

$(n-5)(n+6) = 0$

$n = 5, -6$

n は自然数なので $n = -6$ は不適。
よって $(n, n+1) = (5,6)$　つまり
連続する 2 つの自然数は 5, 6 …(答)

例題 3　連続する 3 つの自然数がある。まん中の数の 2 乗は，残りの 2 数の和よりも 8 大きい。この連続する 3 つの自然数を求めなさい。

連続した 3 つの自然数を $n, n+1, n+2$ とおく。

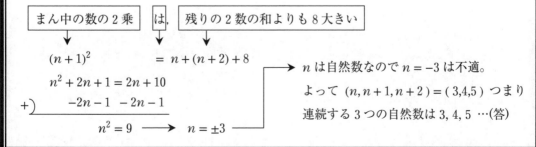

まん中の数の 2 乗　は，　残りの 2 数の和よりも 8 大きい

$(n+1)^2 = n + (n+2) + 8$

$n^2 + 2n + 1 = 2n + 10$

$$+)\quad -2n-1 \quad -2n-1$$
$$\overline{\qquad n^2 = 9 \qquad} \longrightarrow \quad n = \pm 3$$

n は自然数なので $n = -3$ は不適。
よって $(n, n+1, n+2) = (3,4,5)$ つまり
連続する 3 つの自然数は 3, 4, 5 …(答)

286 ある整数から3を引いて6倍すると，もとの数から4を引いて2乗したときより11大きくなる。このときのある整数を求めなさい。

287 連続した2つの自然数がある。それぞれを2乗した数の和が41になるとき，これら2つの自然数を求めなさい。

288 連続する3つの正の整数がある。もっとも小さい数ともっとも大きい数の積が，まん中の数の6倍より6大きくなる。このときの連続する3つの正の整数を求めなさい。

18章

例題 4　ある自然数を2乗しなければならないのに，誤って2倍したため，計算の結果が99だけ小さくなった。このとき，ある自然数を求めなさい。

ある自然数を n とおく。

ある自然数を2乗しなければならないのに… n^2（正しい計算結果）

誤って2倍したため… $2n$（間違った計算結果）

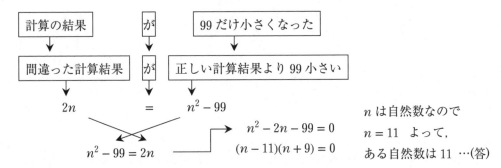

$$n^2 - 2n - 99 = 0$$
$$(n - 11)(n + 9) = 0$$

n は自然数なので
$n = 11$　よって，
ある自然数は 11 …(答)

例題 5　2次方程式 $x^2 + 2x - a = 0$ の1つの解が -3 であるとき，a の値を求めなさい。また，もう1つの解を求めなさい。

$x = -3$ が解の1つなので，x に -3 を代入して成立するはず。

$(-3)^2 + 2 \times (-3) - a = 0$
$9 - 6 - a = 0$
$3 - a = 0$
$(-1) \times (3 - a) = (-1) \times 0$

$\begin{array}{r} -3 + a = 0 \\ +)\ \ 3 \qquad 3 \\ \hline a = 3 \end{array}$

$x^2 + 2x - ⓐ = 0$

$x^2 + 2x - 3 = 0$
$(x - 1)(x + 3) = 0$
$x = 1, -3$

$a = 3$　他の解は $x = 1$ …(答)

例題 6　二次方程式 $x^2 + ax + b = 0$ の2つの解が $x = 5, -9$ であるとき，a, b の値を求めなさい。

$x = 5, -9$ を解に持つので，二次方程式は $(x - 5)(x + 9) = 0$ となるはず。

これを展開して，$x^2 + 4x - 45 = 0$

$\qquad\qquad x^2 + ax + b = 0$ と比較して，$a = 4,\ b = -45$ …(答)

例題 7　二次方程式 $x^2 + ax + b = 0$ の解は $x = -3$ だけであるとき，a, b の値を求めなさい。

$x = -3$ だけ解に持つので，二次方程式は $(x + 3)^2 = 0$ となるはず。

これを展開して，$x^2 + 6x + 9 = 0$

$x^2 + ax + b = 0$ と比較して，$a = 6,\ b = 9$ …(答)

例題 8　面積が $5\ \text{cm}^2$ の正方形の1辺の長さはいくらか。

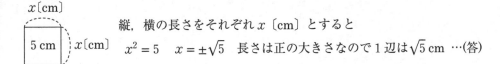

縦，横の長さをそれぞれ x〔cm〕とすると

$x^2 = 5$　$x = \pm\sqrt{5}$　長さは正の大きさなので1辺は $\sqrt{5}\ \text{cm}$ …(答)

289 ある自然数に 4 を加えて 2 乗するところを，誤って 2 を加えて 4 倍してしまったため，もと の答えより 53 小さくなった。このとき，ある自然数を求めなさい。

290 二次方程式 $x^2 + 3x - 4a = 0$ の解の 1 つが -8 であるとき，a の値を求めなさい。また，もう 1 つの解を求めなさい。

291 二次方程式　$x^2 + ax + b = 0$ の 2 つの解が $x = -2, 6$ であるとき，a, b の値を求めなさい。

292 二次方程式　$x^2 + ax + b = 0$ の解は $x = 5$ だけであるとき，a, b の値を求めなさい。

293 面積が $24\pi \ \text{cm}^2$ となる円の半径はいくらか。

●やや難しい因数分解

$x^2 + ax + b$ を $(x-p)(x-q)$ の形に因数分解するとき，b（定数項）が大きい場合は，b を素因数分解して考える。

例題 9　次の式を因数分解しなさい。

(1) $x^2 - 7x - 98$

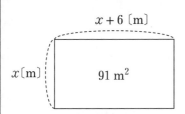

差が
7 になる

1×98
2×49
7×14

2）98
7）49
　　7

$(x+7)(x-14)$ …(答)

(2) $x^2 - 28x + 195$

和が
28 になる

1×195
3×65
5×39
15×13

3）195
5）65
　　13

$(x-15)(x-13)$ …(答)

例題 10　横の長さが縦よりも 6 m 長い土地がある。この土地の面積が 91 m² のとき，この土地の縦と横の長さをそれぞれ求めなさい。

$x+6$ 〔m〕

x〔m〕　91 m²

この土地の縦の長さを x〔m〕とすると，横の長さは $x+6$〔m〕となる。土地の面積が 91 m² なので，

$x(x+6) = 91$　式を整理して，

$x^2 + 6x - 91 = 0$

$(x+13)(x-7) = 0$　$x > 0$ なので

$x = 7$　このとき，$x+6 = 7+6 = 13$

よって，縦の長さ：7 m，横の長さ：13 m …(答)

例題 11　52 cm の針金を折り曲げて面積が 160 cm² の長方形を作るには，縦と横の長さを何 cm にすればよいか。ただし横の長さは，縦の長さよりも長いものとする。

周の長さが 52 cm

26 cm

周の長さ ＝ 縦 ＋ 縦 ＋ 横 ＋ 横
なので，

縦+横 ＝ 52 ÷ 2 ＝ 26 cm

$26-x$〔cm〕

x〔cm〕　160 cm²

縦の長さを x〔cm〕とおくと，横の長さは，$26-x$〔cm〕となる。面積が 160 cm² なので，

$x(26-x) = 160$　式を整理して，

$x^2 - 26x + 160 = 0$

$(x-16)(x-10) = 0$　　$x = 10, 16$

縦の長さが 10 cm のとき，横の長さは

$26 - 10 = 16$（cm）

この場合，縦の長さが横よりも長くなり，適する。

縦の長さが 16 cm のとき，横の長さは

$26 - 16 = 10$（cm）

この場合，縦の長さが横よりも短くなるので不適。

よって，縦の長さ：10 cm　横の長さ：16 cm …(答)

294 次の式を因数分解しなさい。

(1) $x^2 - 98x - 99$

(2) $x^2 + 20x + 99$

(3) $x^2 - 31x - 102$

(4) $x^2 - 29x + 78$

295 横の長さが縦よりも 4 m 長い土地がある。この土地の面積が 285 m² のとき，この土地の縦と横の長さをそれぞれ求めなさい。

296 44 cm の針金を折り曲げて面積が 117 cm² の長方形を作るには，縦と横の長さを何 cm にすればよいか。ただし横の長さは，縦の長さよりも長いものとする。

例題12 正方形の土地がある。この土地の縦を 4 m 短くし，横を 6 m 長くして長方形にすると，その面積は 600 m² になる。この正方形の土地の 1 辺の長さを求めなさい。

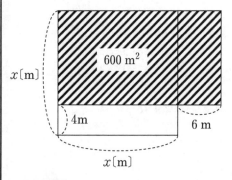

正方形の土地の一辺の長さを x〔m〕とする。
面積が 600 m² になる長方形の土地の縦の
長さは $x-4$〔m〕，横の長さは $x+6$〔m〕
となるので，$(x-4)(x+6)=600$
展開して式を整理すると，
$x^2+2x-624=0$
$(x-24)(x+26)=0$　$x>0$ なので
$x=24$（m）…(答)

例題13 縦，横の長さが 25 m，36 m の長方形の畑がある。これに図のように縦と横に同じ幅の道を作ると，残った畑の面積が 840 m² になった。このとき，道幅はいくらか。

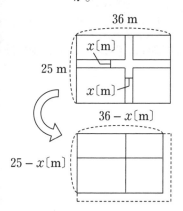

道の幅を x〔m〕とする。左下図のように道幅を詰めて考えると，この長方形の面積が 840 m² になるので，
$(25-x)(36-x)=840$
$900-61x+x^2=840$　式を整理して，
$x^2-61x+60=0$
$(x-60)(x-1)=0$　x は道幅なので，$x=60$ m
$x=60,1$　は適さない。

よって，$x=1$ m …(答)

例題14 正方形の紙がある。下の図のように，この 4 すみから 1 辺が 5 cm の正方形を切り取り，直方体の容器をつくると，容積が 720 cm³ になった。もとの正方形の紙の 1 辺の長さは何 cm か。

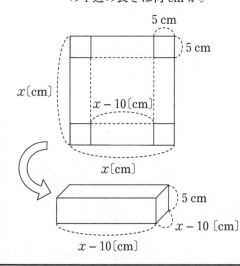

正方形の紙の一辺の長さを x〔cm〕とする。
左下図の容器の体積が 720 cm³ となるので，
$5(x-10)^2=720$
$\dfrac{1}{5}\times5(x-10)^2=\dfrac{1}{5}\times720$
$(x-10)^2=144$　式を整理して，
$x-10=\pm\sqrt{144}=\pm12$
$x=10\pm12=22,-2$　$x>0$ なので，
$x=22$ cm …(答)

297 正方形の土地がある。この土地の横を9m短くし，縦を2m長くして長方形にすると，その面積は152 m²になる。この正方形の土地の1辺の長さを求めなさい。

298 縦，横の長さが24 m, 30 m の長方形の畑がある。これに図のように縦と横に同じ幅の道を作ると，残った畑の面積が567 m²になった。このとき，道幅はいくらか。

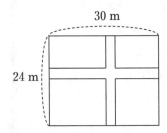

299 正方形の紙がある。右の図のように，この4すみから1辺が6 cm の正方形を切り取り，直方体の容器をつくると，容積が1014 cm³になった。もとの正方形の紙の1辺の長さは何 cm か。

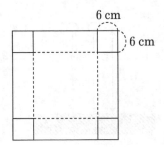

例題15 AB＝8 cm, BC＝16 cm の長方形 ABCD がある。点 P は，辺 AB 上を A から B まで毎秒1cm の速さで動き，点 Q は辺 BC 上を B から C まで毎秒2cm の速さで動くものとする。P, Q が同時に出発するとき，△PBQ の面積が 15 cm² になるのは何秒後か。

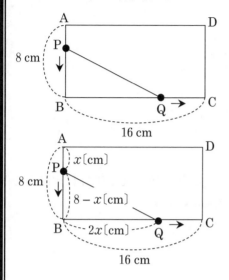

8秒後に P,Q はそれぞれ B,C に達することに注意！

P, Q が出発してから x〔秒〕後の AP, BQ の長さは，

AP＝速さ×時間＝$1 \times x = x$〔cm〕

BQ＝速さ×時間＝$2 \times x = 2x$〔cm〕

また，BP＝AB－AP＝$8 - x$〔cm〕

よって x 秒後では，

$\triangle PBQ = \dfrac{1}{2} \times 2x \times (8 - x)$〔cm²〕

$\qquad = x(8 - x)$

この面積が 15 cm² になるとき，

$x(8 - x) = 15$　式を整理して　$x^2 - 8x - 15 = 0$

$(x - 5)(x - 3) = 0$　よって，$x = 3, 5$

$0 \leqq x \leqq 8$ なのでどちらも適する。

よって，3秒後と5秒後 …(答)

例題16 地上からボールを真上に秒速 45 m で投げ上げるとき，投げてから t 秒後の地上からの高さを h とすると，$h = 45t - 5t^2$ の関係が成り立つ。これについて次の問いに答えなさい。

(1) 投げ上げてから3秒後のボールの地上からの高さはいくらか。

$t = 3$ のときの h の値を求める。

$h = 45 \times 3 - 5 \times 3^2 = 135 - 45 = 90$ m …(答)

(2) ボールの地上からの高さが 40 m になるのは何秒後か。

$h = 40$ となる t の値を求める。

$40 = 45t - 5t^2$　式を整理して　$5t^2 - 45t + 40 = 0$

因数分解すると，$5(t - 1)(t - 8) = 0$　$t = 1, 8$

よって，1秒後と8秒後 …(答)

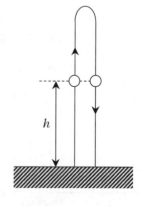

(3) ボールが地上に戻るのは投げてから何秒後か。

$h = 0$ となる t の値を求める。

$0 = 45t - 5t^2$　式を整理して，$5t^2 - 45t = 0$

因数分解すると，$5t(t - 9) = 0$　$t = 0, 9$　$t > 0$ なので

$t = 0$ は適さない。よって，9秒後 …(答)

300 AB = 16 cm, BC = 24 cm の長方形 ABCD がある。点 P は辺 AB 上を A から B まで毎秒 2 cm の速さで動き，点 Q は辺 BC 上を B から C まで毎秒 3 cm の速さで動くものとする。 P, Q が同時に出発するとき，△PBQ の面積が 36 cm² になるのは何秒後か。

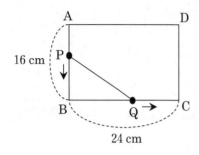

301 地上からボールを真上に秒速 25 m で投げ上げるとき，投げてから t 秒後の地上からの高さを h とすると，$h = 25t - 5t^2$ の関係が成り立つ。これについて次の問いに答えなさい。

(1) 投げ上げてから 4 秒後のボールの地上からの高さはいくらか。

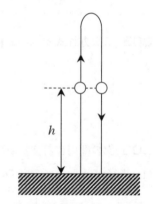

(2) ボールの地上からの高さが 30 m になるのは何秒後か。

(3) ボールが地上に戻るのは投げてから何秒後か。

★ 章 末 問 題 ★

302 ある正の数を2乗したら，もとの数に12を加えて2倍した数になった。この正の数を求めなさい。

303 連続する3つの自然数がある。最も小さい数を2乗した値が，残りの2つの数の和に等しいとき，最も小さい数を求めなさい。

304 2次方程式 $x^2 + ax - 6 = 0$ の1つの解が -2 であるとき，a の値ともう1つの解を求めなさい。

305 二次方程式 $x^2 + ax + b = 0$ の2つの解が $x = 1, 11$ であるとき，a, b の値を求めなさい。

306 次の問いに答えなさい。

(1) 半径が x〔cm〕の球の表面積はいくらか。

(2) 表面積が 27π〔cm^2〕となる球の半径はいくらか。

307 36 cm の針金を折り曲げて面積が 77 cm^2 の長方形を作るには，縦と横の長さを何 cm にすればよいか。ただし横の長さは，縦の長さよりも長いものとする。

308 横の長さが縦の長さの2倍の長方形の土地がある。この土地に，図のように横の辺を2mずつとって平行四辺形の道を作ると，残りの土地の面積が220 m²になるという。この土地の縦と横の長さを求めなさい。

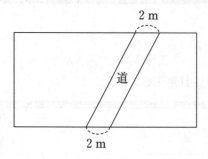

309 縦が26 cm，横が20 cm の紙に写真を印刷したい。紙の周りに同じ幅の余白をとり，写真の面積を352 cm²にするには，余白の幅は何 cm にしなければいけないか。

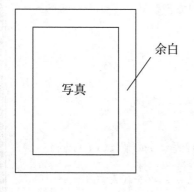

19章 ||| 二次関数Ⅰ

●関数 $y = ax^2$

　y が x の２次式で表されるとき，y は x の２次関数であるという。特に x, y の関係が $y = ax^2$（a は定数）で表されるとき，y は x の２乗に比例するといい，a を比例定数という。

例題 **1**　関数 $y = 2x^2$ について，下の表を完成させなさい。

x	−3	−2	−1	0	1	2	3
y							

⇒

x	−3	−2	−1	0	1	2	3
y	18	8	2	0	2	8	18

$x = -3$ のとき $y = 2 \times (-3)^2 = 18$

$x = -2$ のとき $y = 2 \times (-2)^2 = 8$ 　　$x = 1$ のとき $y = 2 \times 1^2 = 2$

$x = -1$ のとき $y = 2 \times (-1)^2 = 2$ 　　$x = 2$ のとき $y = 2 \times 2^2 = 8$

$x = 0$ のとき $y = 2 \times 0^2 = 0$ 　　$x = 3$ のとき $y = 2 \times 3^2 = 18$

> それぞれ y の値が等しくなる

例題 **2**　y は x の２乗に比例し，$x = 2$ のとき $y = -1$ となる。このとき次の問いに答えなさい。

(1) y を x の式で表しなさい。

　比例定数を a とすると，この関数は $y = ax^2$ と表すことができる。

　$x = 2$ のとき $y = -1$ なので，この式に代入すると，

$$-1 = a \times 2^2$$
$$-1 = 4a$$

$$4a = -1$$

→ $\dfrac{1}{4} \times 4a = \dfrac{1}{4} \times (-1)$

　　$a = -\dfrac{1}{4}$

よって，$y = -\dfrac{1}{4}x^2$ …(答)

※ $y = -\dfrac{x^2}{4}$ でも可

(2) $x = -3$ のとき，y の値はいくらか。

　$y = -\dfrac{1}{4}x^2$ に $x = -3$ を代入すると，

　$y = -\dfrac{1}{4} \times (-3)^2 = -\dfrac{1}{4} \times 9$

　　$= -\dfrac{9}{4}$ …(答)

(3) $y = -2$ のとき，x の値はいくらか。

　$y = -\dfrac{1}{4}x^2$ に $y = -2$ を代入すると，

　$-2 = -\dfrac{1}{4}x^2$

　$(-1) \times (-2) = (-1) \times \left(-\dfrac{1}{4}x^2\right)$

　$2 = \dfrac{1}{4}x^2$

　$\dfrac{1}{4}x^2 = 2$

→ $4 \times \dfrac{1}{4}x^2 = 4 \times 2$

　$x^2 = 8$

　$x = \pm\sqrt{8}$

　$x = \pm 2\sqrt{2}$ …(答)

310 次の空欄に当てはまる適切な言葉を入れなさい。

y が x の2次式で表されるとき，y は x の①(　　　　　　　　　)であるという。

特に x, y の関係が $y = ax^2$ (a は定数)で表されるとき，y は x の②(　　　　　　　　)する

といい，a を③(　　　　　　　　)という。

311 次の関数について，下の表を完成させなさい。

(1) $y = x^2$

x	–3	–2	–1	0	1	2	3
y							

(2) $y = \dfrac{1}{2}x^2$

x	–3	–2	–1	0	1	2	3
y							

(3) $y = -5x^2$

x	–3	–2	–1	0	1	2	3
y							

(4) $y = -\dfrac{1}{4}x^2$

x	–3	–2	–1	0	1	2	3
y							

19
章

312 y は x の2乗に比例し，$x = -3$ のとき $y = -2$ となる。このとき次の問いに答えなさい。

(1) y を x の式で表しなさい。

(2) $x = -2$ のとき，y の値はいくらか。

(3) $y = -4$ のとき，x の値はいくらか。

例題 3 表を埋めることによって，次の関数のグラフをかきなさい。

(1) $y = \dfrac{1}{2}x^2$

x	–6	–4	–2	0	2	4	6
y	18	8	2	0	2	8	18

(2) $y = -2x^2$

x	–3	–2	–1	0	1	2	3
y	–18	–8	–2	–0	–2	–8	–18

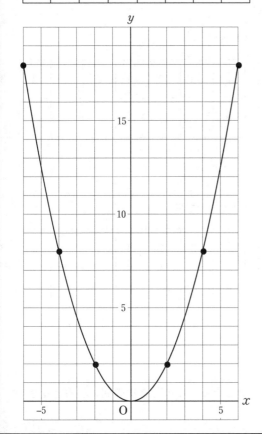

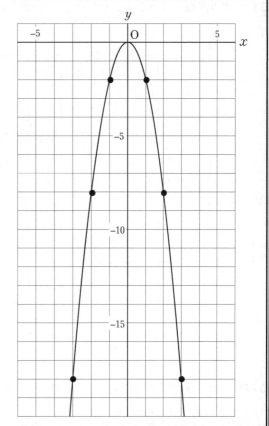

●放物線の特徴

$y = ax^2$（a は定数）で表されるグラフの曲線を**放物線**といい，これは**線対称**な図形で，その**軸**は y 軸になる。また，この関数で表される放物線の**頂点**は原点になる。

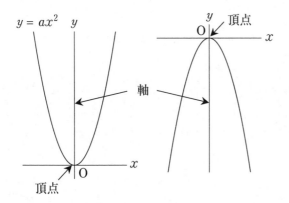

$a > 0$ のとき，

　グラフは x 軸の上側にあり，上に開く

$a < 0$ のとき，

　グラフは x 軸の下側にあり，下に開く

19章

313 表を埋めることによって，次の関数のグラフをかきなさい。

(1) $y = x^2$

(2) $y = -\dfrac{1}{2}x^2$

x	−4	−3	−2	−1	0	1	2	3	4
y									

x	−6	−4	−2	0	2	4	6
y							

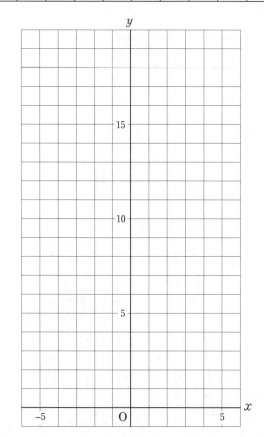

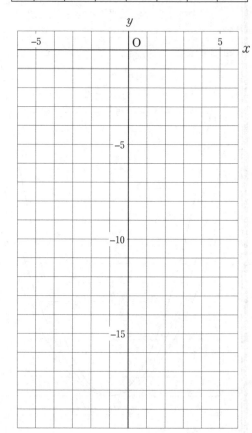

314 次の空欄に当てはまる適切な言葉を入れなさい。

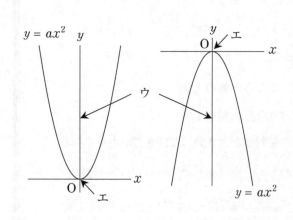

$y = ax^2$ (a は定数)で表されるグラフの曲線をア.(　　　　　　　)といい，これはイ.(　　　　　　　)な図形で，y 軸がそのウ.(　　　　　　)になる。

また，この曲線の原点にあたる点をエ.(　　　　　)という。

$a > 0$ のとき，グラフは x 軸のオ.(　　)側にあり，カ.(　　)に開く。

$a < 0$ のとき，グラフは x 軸のキ.(　　)側にあり，ク.(　　)に開く。

19
章

例題 4   次の関数のグラフをかきなさい。

(1)　$y = \dfrac{1}{2}x^2 \cdots ①$

　　$y = \dfrac{1}{3}x^2 \cdots ②$

　　$y = \dfrac{1}{4}x^2 \cdots ③$

(2)　$y = -x^2 \cdots ①$

　　$y = -2x^2 \cdots ②$

　　$y = -3x^2 \cdots ③$

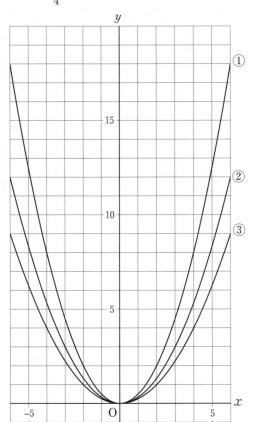

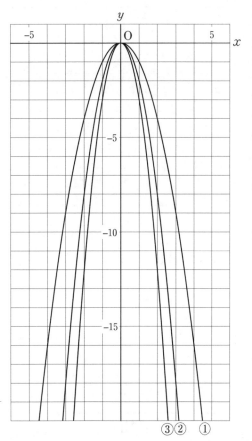

例題 5   図の①〜⑥のグラフは以下の関数のいずれかをかいたものである。①〜⑥がどの
関数のグラフなのか答えなさい。

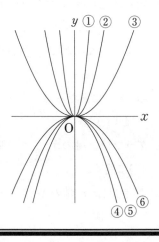

$y = x^2$　　　　　$y = 4x^2$　　　　　$y = \dfrac{1}{4}x^2$

$y = -\dfrac{1}{2}x^2$　　　$y = -\dfrac{1}{3}x^2$　　　$y = -\dfrac{1}{5}x^2$

比例定数 > 0 なら x 軸の上側

比例定数 < 0 なら x 軸の下側

比例定数の絶対値が大きいほど開き方が小さくなる

①：$y = 4x^2$　　②：$y = x^2$　　③：$y = \dfrac{1}{4}x^2$

④：$y = -\dfrac{1}{2}x^2$　　⑤：$y = -\dfrac{1}{3}x^2$　　⑥：$y = -\dfrac{1}{5}x^2$

315 次の関数のグラフをかきなさい。

(1)　$y = 3x^2 \cdots$①

　　　$y = \dfrac{1}{3}x^2 \cdots$②

(2)　$y = -2x^2 \cdots$①

　　　$y = -\dfrac{1}{4}x^2 \cdots$②

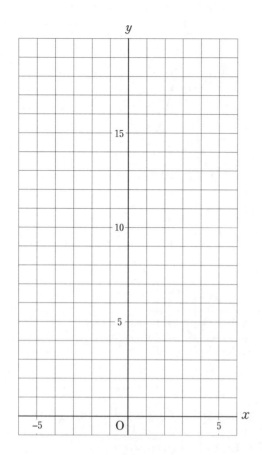

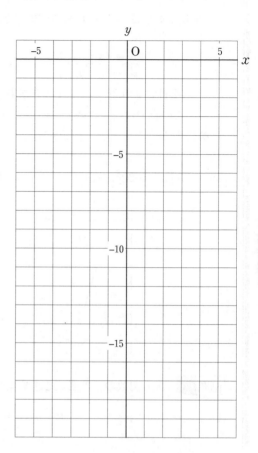

316 図の①〜⑥のグラフは以下の関数のいずれかをかいたものである。①〜⑥がどの関数のグラフなのか答えなさい。

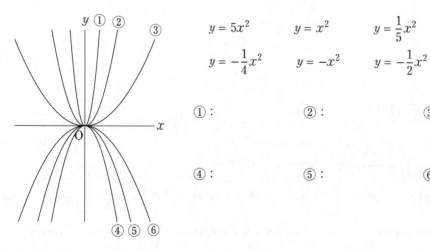

$y = 5x^2$　　　　$y = x^2$　　　　$y = \dfrac{1}{5}x^2$

$y = -\dfrac{1}{4}x^2$　　　$y = -x^2$　　　$y = -\dfrac{1}{2}x^2$

①：　　　　　　　②：　　　　　　　③：

④：　　　　　　　⑤：　　　　　　　⑥：

例題 6 　次の関数のグラフをかきなさい。

x	-2	-1	0	1
y	4	1	0	1

(1) $y = x^2$ $(-2 \leqq x < 1)$

$-2 \leqq x < 1$ …x の値は-2 以上 1 未満

つまり x の値は -2 〜 $0.9999\cdots$ までとれる

$$-2 \leqq \boxed{x} < 1$$

$x = -2$ は含まれる　　$x = 1$ は含まれない

のでこの点では　　　　のでこの点では

●にする。　　　　　　○にする。

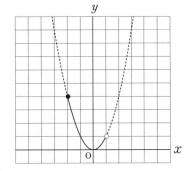

(2) $y = -\dfrac{1}{2}x^2$ $(-2 \leqq x < 4)$

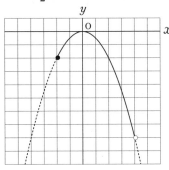

(3) $y = 2x^2$ $(1 < x < 2)$

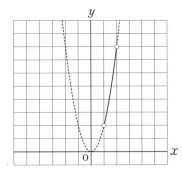

例題 7 　次の関数の y の変域を求めなさい。

(1) $y = x^2$ $(-4 < x \leqq 2)$

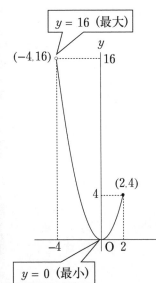

$y = 16$ （最大）

$(-4, 16)$　　16

$(2, 4)$

4

-4　O　2

$y = 0$ （最小）

$0 \leqq y < 16$ …（答）

(2) $y = -\dfrac{1}{2}x^2$ $(-2 < x \leqq 5)$

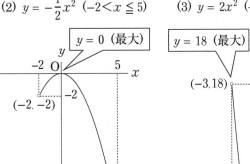

$y = 0$ （最大）

-2　O　　5

$(-2, -2)$　-2

$-\dfrac{25}{2}$　　　$\left(5, -\dfrac{25}{2}\right)$

$y = -\dfrac{25}{2}$ （最小）

$-\dfrac{25}{2} \leqq y \leqq 0$ …（答）

(3) $y = 2x^2$ $(-3 < x \leqq -1)$

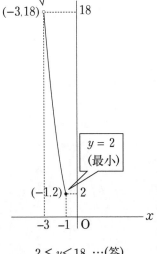

$y = 18$ （最大）

$(-3, 18)$　　18

$y = 2$ （最小）

$(-1, 2)$　2

-3　-1　O

$2 \leqq y < 18$ …（答）

317 次の関数のグラフをかきなさい。

(1) $y = -x^2 \ (-1 \leqq x \leqq 3)$

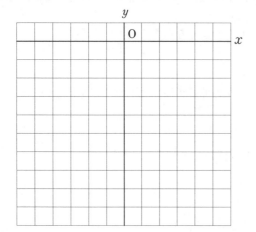

(2) $y = x^2 \ (0 \leqq x < 2)$

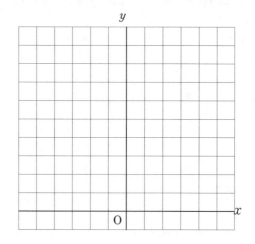

(3) $y = \dfrac{1}{2}x^2 \ (-4 < x \leqq -2)$

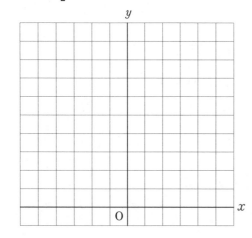

(4) $y = -2x^2 \ (1 < x < 2)$

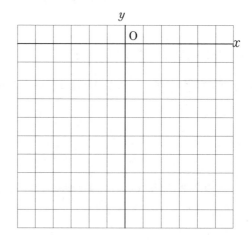

318 次の関数の y の変域を求めなさい。

(1) $y = 3x^2 \ (-1 < x \leqq 3)$

(2) $y = -\dfrac{1}{2}x^2 \ (-4 < x \leqq 3)$

(3) $y = -x^2 \ (2 \leqq x < 5)$

19
章

★ 章 末 問 題 ★

319 二次関数 $y = px^2$, $y = qx^2$ (p, q は定数)のグラフが下図のようになるとき，次の問いに答えなさい。

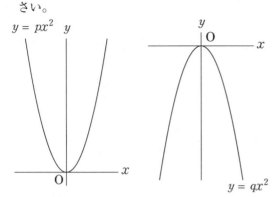

(1) 左のような曲線を何というか。

(2) 左の曲線の原点にあたる点を何というか。

(3) 定数 p, q を何というか。

(4) これらの二次関数の特徴について，空欄に適切な言葉や文字，記号を入れなさい。

　　y は①(　　　　　　　　　　)に比例し，グラフは必ず②(　　　　)軸について③(　　　　)対称な図形になる。

(5) 次の空欄に適切な不等号を入れなさい。　p ☐ 0 , q ☐ 0

(6) $y = px^2$ のグラフが，$(-2, 12)$ を通っているとき，p の値はいくらか。

(7) $y = qx^2$ のグラフが，$(-6, -12)$ を通るとき，q の値はいくらか。

320 下の①〜⑧の関数について，次の問いに答えなさい。

　　① $y = -\dfrac{3}{4}x^2$　　② $y = x^2$　　③ $y = 5x^2$　　④ $y = \dfrac{x^2}{3}$

　　⑤ $y = -x^2$　　⑥ $y = \dfrac{1}{4}x^2$　　⑦ $y = -\dfrac{1}{3}x^2$　　⑧ $y = -6x^2$

(1) グラフが上に開いているものをすべて選びなさい。

(2) グラフの開きが最も小さいものと，最も大きいものはそれぞれどれか。

　　開きが最も小さい：(　　　　　　)　　　開きが最も大きい：(　　　　　　)

(3) x 軸について対称となる組を2組答えなさい。(　　と　　),(　　と　　)

321 次の関数のグラフをかきなさい。

(1) $y = \dfrac{x^2}{2}$

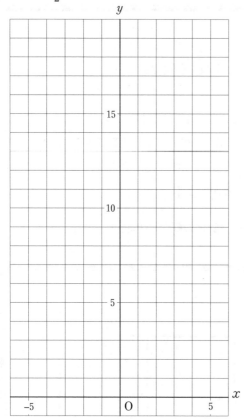

(2) $y = -x^2 \ (-3 \leqq x < 4)$

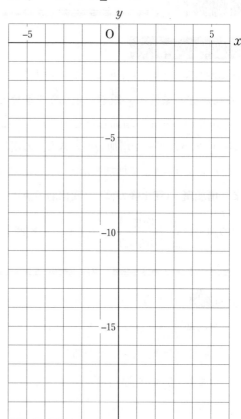

322 次の関数の y の変域を求めなさい。

(1) $y = 4x^2 \ (-3 < x \leqq -1)$

(2) $y = -\dfrac{2}{3}x^2 \ (-1 \leqq x < 2)$

323 y は x の2乗に比例し，$x = -5$ のとき $y = -25$ となるとき，次の問いに答えなさい。

(1) y を x の式で表しなさい。

(2) $y = -20$ のとき，x の値はいくらか。

20章 ||| 二次関数Ⅱ

●一次関数の復習①

x,y は変数で，$y = ax + b$ と y が x の1次式で表される関数を**一次関数**という。

この式の x の係数 a を**傾き**，定数 b を**切片**という。

x の値が2から6まで増加したとき，x の増加量は4であり，$6-2$ と計算できる。

x の値が–3から2まで増加したとき，x の増加量は5であり，$2-(-3)$ と計算できる。

x の値が–5から–2まで増加したとき，x の増加量は3であり，$-2-(-5)$ と計算できる。

つまり増加量＝(変化後の値)－(変化前の値)で求めることができる。

変化の割合は $\dfrac{y \text{ の増加量}}{x \text{ の増加量}}$ で表され，一次関数の場合は (変化の割合)＝(傾き) となる。

例題 1　一次関数 $y = -2x + 3$ について次の問いに答えなさい。

(1) この関数のグラフをかきなさい。

$x = 0$ のとき，$y = 3$ となる。

つまり $(0, 3)$ を通る。

傾き $= -2 = \dfrac{-2}{+1}$ つまり，

x の増加量が $+1$ のとき

y の増加量は -2

これにより傾きは右のようになる。

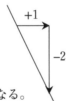

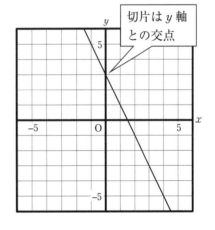

切片は y 軸との交点

(2) x の値が2から6まで増加するときの y の増加量と変化の割合を求めなさい。

$x = 2$ のとき，$y = -2 \times 2 + 3 = -1$

$x = 6$ のとき，$y = -2 \times 6 + 3 = -9$

x	2 → 6
y	–1 → –9

x の増加量 $= 6 - 2 = 4$

y の増加量 $= -9 - (-1) = -8$ …(答)

左の表より，

変化の割合 $= \dfrac{y \text{ の増加量}}{x \text{ の増加量}} = \dfrac{-8}{4} = -2$ …(答)

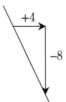

つまり一次関数の場合は
(変化の割合)＝(傾き)
となることがわかる。

324 次の空欄に適切な言葉を入れなさい。ただし[　　]には数字または式を入れること。

x, y は変数で，$y = ax + b$ と y が x の1次式で表される関数を①(　　　　　　　)という。

この式の x の係数 a を②(　　　　　　)，定数 b を③(　　　　　　)という。

x の値が5から8まで増加したとき，x の増加量は④[　　　　]であり，

このときの計算式は⑤[　　　　　　]となる。

x の値が−5から1まで増加したとき，x の増加量は⑥[　　　　]であり，

このときの計算式は⑦[　　　　　　]となる。

x の値が−4から−1まで増加したとき，x の増加量は⑧[　　　　]であり，

このときの計算式は⑨[　　　　　　]となる。

つまり 増加量 = ⑩(　　　　　　) − ⑪(　　　　　　) で求めることができる。

変化の割合は⑫ $\dfrac{(\qquad)}{(\qquad)}$ で表され，

一次関数の場合は，(変化の割合) = ⑬(　　　　　　)となる。

325 一次関数 $y = -\dfrac{1}{3}x - 2$ について次の問いに答えなさい。

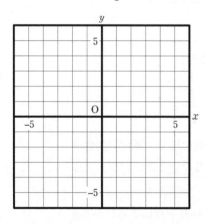

(1) この関数のグラフをかきなさい。

(2) x の値が−3から6まで増加するとき x の増加量と y の増加量をそれぞれ求めなさい。

x の増加量：(　　　　) 　 y の増加量：(　　　　)

(3) (2)の答えをもとに x の値が−3から6まで増加するとき変化の割合を求めなさい。

326 ①〜③の直線の方程式をそれぞれ求めなさい。

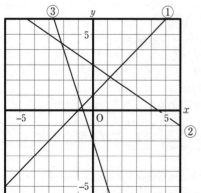

●二次関数の変化の割合

例題 2　　二次関数 $y = \frac{1}{2}x^2$ について次の問いに答えなさい。

(1) x の値が2から4まで増加するとき
　　の変化の割合を求めなさい。

　　$x = 2$ のとき，$y = \frac{1}{2} \times 2^2 = 2$

　　$x = 4$ のとき，$y = \frac{1}{2} \times 4^2 = 8$

$$\begin{array}{c|ccc} x & 2 & \to & 4 \\ \hline y & 2 & \to & 8 \end{array}$$ 左の表より，

　　変化の割合 $= \dfrac{y \text{の増加量}}{x \text{の増加量}}$

　　　　　　　$= \dfrac{8-2}{4-2} = \dfrac{6}{2} = 3$ …(答)

(2) x の値が4から6まで増加するとき
　　の変化の割合を求めなさい。

　　$x = 4$ のとき，$y = \frac{1}{2} \times 4^2 = 8$

　　$x = 6$ のとき，$y = \frac{1}{2} \times 6^2 = 18$

$$\begin{array}{c|ccc} x & 4 & \to & 6 \\ \hline y & 8 & \to & 18 \end{array}$$ 左の表より，

　　変化の割合 $= \dfrac{y \text{の増加量}}{x \text{の増加量}}$

　　　　　　　$= \dfrac{18-8}{6-4} = \dfrac{10}{2} = 5$ …(答)

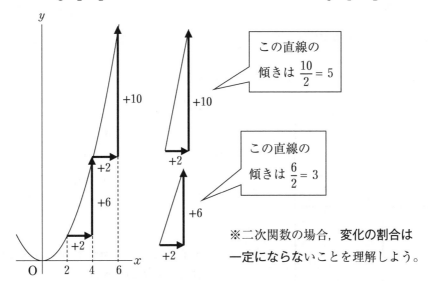

この直線の 傾きは $\dfrac{10}{2} = 5$

この直線の 傾きは $\dfrac{6}{2} = 3$

※二次関数の場合，変化の割合は
一定にならないことを理解しよう。

例題 3　　関数 $y = ax^2$ において，次の場合の a の値はそれぞれいくらになるか。

(1) x の値が1から3まで増加するとき，y の増加量が2である。

$$\begin{array}{c|ccc} x & 1 & \to & 3 \\ \hline y & a & \to & 9a \end{array}$$

y の増加量 $= 9a - a = 2$　これを解くと，

$8a = 2$　　$a = \dfrac{2}{8} = \dfrac{1}{4}$ …(答)

(2) x の値が1から3まで増加するとき，変化の割合は2である。

$$\begin{array}{c|ccc} x & 1 & \to & 3 \\ \hline y & a & \to & 9a \end{array}$$

変化の割合 $= \dfrac{y \text{の増加量}}{x \text{の増加量}} = \dfrac{9a - a}{3 - 1} = 2$　これを解くと，

$\dfrac{8a}{2} = 2$　　$4a = 2$　　$a = \dfrac{2}{4} = \dfrac{1}{2}$…(答)

327 二次関数 $y = x^2$ について次の問いに答えなさい。

(1) x の値が 2 から 5 まで増加するときの x の増加量，y の増加量，変化の割合をそれぞれ求めなさい。

x の増加量：(　　　　　　　)　y の増加量：(　　　　　　　)　変化の割合：(　　　　　　　)

(2) x の値が–5 から–2 まで増加するときの x の増加量，y の増加量，変化の割合をそれぞれ求めなさい。

x の増加量：(　　　　　　　)　y の増加量：(　　　　　　　)　変化の割合：(　　　　　　　)

328 二次関数 $y = -3x^2$ について次の問いに答えなさい。

(1) x の値が 1 から 3 まで増加するときの変化の割合を求めなさい。

x の増加量：(　　　　　　　)　y の増加量：(　　　　　　　)　変化の割合：(　　　　　　　)

(2) x の値が–1 から 3 まで増加するときの変化の割合を求めなさい。

x の増加量：(　　　　　　　)　y の増加量：(　　　　　　　)　変化の割合：(　　　　　　　)

329 関数 $y = ax^2$ において，次の場合の a の値はそれぞれいくらになるか。

(1) x の値が 2 から 6 まで増加するとき，y の増加量が 8 である。

(2) x の値が–5 から–2 まで増加するとき，変化の割合は 14 である。

●一次関数の復習②

例題 **4**　次の直線の方程式のグラフをかきなさい。

① $x = 3$

　y の値がどんな値でも x の値は3となるので，
　表にすると以下のようになる。

x	3	3	3	3	3	3	3
y	−3	−2	−1	0	1	2	3

② $y = -2$

　y の値がどんな値でも x の値は3となるので，
　表にすると以下のようになる。

x	−3	−2	−1	0	1	2	3
y	−2	−2	−2	−2	−2	−2	−2

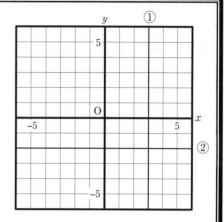

●交点の座標

例題 **5**　図の直線①は A$(1,1)$, B$(-2,-5)$を通る直線で，②は直線 $y = x + 2$ であるとき，
次の問いに答えなさい。

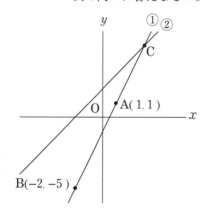

(1) 直線①の方程式を求めなさい。

　A$(1,1)$, B$(-2,-5)$を通るので下の増加量を表す表を
書くことができる。

　求める方程式を $y = ax + b$ とする。

x	$-2 \rightarrow 1$
y	$-5 \rightarrow 1$

左の表より $a = \dfrac{1-(-5)}{1-(-2)} = \dfrac{6}{3} = 2$

公式：$y - y_1 = a(x - x_1)$ より，$y - 1 = 2(x - 1)$
よって，$y = 2x - 1$ …(答)

[別解] 求める方程式を $y = 2x + b$ とおき，$(1,1)$を代
　　　入して b を求めてもよい。

(1)の別解

　$y = ax + b$ に
　A$(1,1)$, B$(-2,-5)$の
　座標を代入すると
　$1 = a + b$
　$-5 = -2a + b$

　この連立方程式を解いて
　a,b の値を求めてもよい。

(2) ①,②の直線の交点 C の座標を求めなさい。

$\begin{cases} y = 2x - 1 & \cdots① \\ y = x + 2 & \cdots② \end{cases}$ ⇒ $\begin{cases} y = 2x - 1 \\ y = \boxed{x + 2} \end{cases}$

この連立方程式の解が交点の座標になるので代入法
によって y を消去すると，

$$x + 2 = 2x - 1$$

$$\begin{array}{r} -2x - 2 \quad -2x - 2 \\ \hline -x = -3 \\ x = 3 \end{array}$$

②式に代入して，

$y = 3 + 2 = 5$

よって C$(3,5)$ …(答)

330 次の問いに答えなさい。

(1) ①,②の方程式のグラフにかきなさい。

(2) ①,②の直線の方程式を求めなさい。

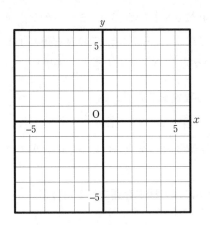
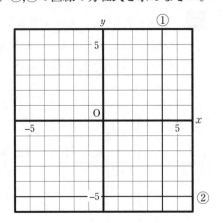

　　① $y = 2$　　　② $x = -3$　　　①(　　　　　　　) ②(　　　　　　　)

331 図の直線①はA$(-1, 2)$, B$(-3, -4)$を通る直線で，②は直線 $y = -x - 3$ であるとき，次の問いに答えなさい。

(1) 直線①の方程式を求めなさい。

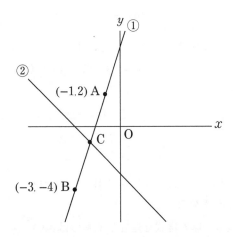

(2) ①,②の直線の交点Cの座標を求めなさい。

●放物線と直線の交点

例題 6　下の図のように，①は x 軸と平行で，②は y 軸と平行な直線で，これらの交点 A の座標は $(2,8)$ である。また放物線③の方程式は $y=\frac{1}{2}x^2$ で，この放物線と①との交点をそれぞれ左から B,C とし，②との交点を D とするとき，次の問いに答えなさい。

(1) 直線①,②の方程式を求めなさい。

　　①：$y=8$　　②：$x=2$ …(答)

(2) 直線①と放物線③との交点 B,C の座標を求めなさい。

※交点を求めるには方程式を連立して解けばよい。

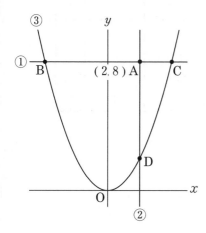

$$\begin{cases} y=8 \cdots ① \\ y=\frac{1}{2}x^2 \cdots ③ \end{cases} \Rightarrow \begin{cases} y=\boxed{8} \\ y=\frac{1}{2}x^2 \end{cases}$$

$8=\frac{1}{2}\times x^2 \rightarrow 2\times\frac{1}{2}x^2=2\times 8$

$\frac{1}{2}x^2=8$　　$x^2=16$

　　　　　　$x=\pm\sqrt{16}=\pm 4$

BC 上は y 座標がすべて 8 で，B の x 座標は負，C の x 座標は正。よって，

B$(-4,8)$　C$(4,8)$ …(答)

(3) 直線②と放物線③との交点 D の座標を求めなさい。

$$\begin{cases} x=2 \cdots ② \\ y=\frac{1}{2}x^2 \cdots ③ \end{cases} \Rightarrow \begin{cases} x=\boxed{2} \\ y=\frac{1}{2}x^2 \end{cases} \Rightarrow y=\frac{1}{2}\times 2^2=2$$

よって，D の座標は

D$(2,2)$ …(答)

例題 7　図のように放物線 $y=x^2$ と直線 $y=x+2$ との交点を右から A,B とし，原点を O とする。このとき A,B の座標をそれぞれ求めなさい。

※交点を求めるには方程式を連立して解けばよい。

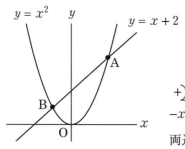

$$\begin{cases} y=x^2 \\ y=x+2 \end{cases} \Rightarrow \begin{cases} y=x^2 \\ y=\boxed{x+2} \end{cases}$$

$$\begin{array}{r} x+2=x^2 \\ +)\quad -x^2\quad -x^2 \\ \hline -x^2+x+2=0 \end{array}$$

両辺に -1 を掛けて

$x^2-x-2=0$

$(x-2)(x+1)=0$

$x=2,-1$

$x=2$ のとき $y=x+2$ に代入して
$y=2+2=4$

$x=-1$ のとき $y=x+2$ に代入して
$y=-1+2=1$

よって，$(x,y)=(2,4),(-1,1)$

A の x 座標は正，B の x 座標は負なので，

A$(2,4)$，B$(-1,1)$ …(答)

332 下の図のように，①は x 軸と平行で，②は y 軸と平行な直線で，これらの交点 A の座標は $(-2, -9)$ である。また放物線③の方程式は $y = -x^2$ で，この放物線と①との交点をそれぞれ左から B,C とし，②との交点を D とするとき，次の問いに答えなさい。

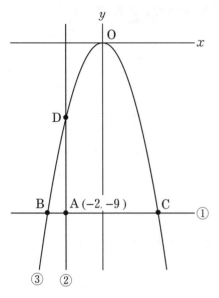

(1) 直線①，②の方程式を求めなさい。

(2) 直線①と放物線③との交点 B,C の座標を求めなさい。

(3) 直線②と放物線③との交点 D の座標を求めなさい。

20
章

333 図のように放物線 $y = 2x^2$ と直線 $y = -2x + 4$ との交点を右から A,B とし，原点を O とする。このとき A,B の座標を求めなさい。

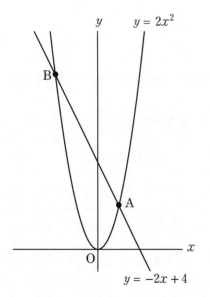

★ 章 末 問 題 ★

334 下の①〜④のグラフについて次の問いに答えなさい。

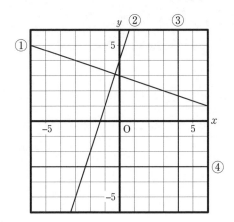

(1) ①〜④の直線の方程式を求めなさい。

①：(　　　　　　　　) ②：(　　　　　　　　)

③：(　　　　　　　　) ④：(　　　　　　　　)

(2) ②と④の交点の座標を求めなさい。

(3) ①と②の交点の座標を求めなさい。

20章

335 次の関数 $y = 3x\ \cdots①$, $y = 3x^2\ \cdots②$ について次の問いに答えなさい。

(1) ①のグラフの傾きと切片はいくらか。　傾き：(　　　　) 切片：(　　　　)

(2) ①の場合, x の値が−5 から 10 まで変化するときの x の増加量, y の増加量, 変化の割合を求めなさい。

　x の増加量：(　　　　　　) 　y の増加量：(　　　　　　) 　変化の割合：(　　　　　　)

(3) ②の場合, x の値が−5 から 10 まで変化するときの x の増加量, y の増加量, 変化の割合を求めなさい。

　x の増加量：(　　　　　　) 　y の増加量：(　　　　　　) 　変化の割合：(　　　　　　)

(4) ①, ②のグラフの交点の座標を求めなさい。

336 下図の放物線①は $y = -\dfrac{1}{2}x^2$ のグラフで，直線②は x 軸と平行で（0，−8）を通る直線である。また曲線①と直線②の交点を図のように A, B として，さらに点 A と点 C（1，−3）を通る直線を③とし，①と③の A 以外の交点を D とする。このとき次の問いに答えなさい。

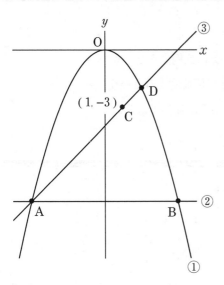

(1) 直線②の方程式を求めなさい。

(2) 点 A,B の座標をそれぞれ求めなさい。

(3) 直線③の方程式を求めなさい。

(4) D の座標を求めなさい。

337 次の問いに答えなさい。

(1) 関数 $y = ax^2$ において，x の値が 3 から 8 まで増加するときの y の増加量が 11 であるとき，a の値を求めなさい。

(2) 関数 $y = bx^2$ において，x の値が −3 から −1 まで増加するときの変化の割合が 3 であるとき，b の値を求めなさい。

(3) 関数 $y = \dfrac{12}{x}$ について，x の値が 1 から 4 まで変化するときの変化の割合を求めなさい。

21章 ‖ いろいろな事象と関数Ⅰ

●関数の復習

x, y の関係が $y = ax$ (a は定数)で表されるとき，y は x に比例するという。

x, y の関係が $y = \dfrac{a}{x}$ (a は定数)で表されるとき，y は x に反比例するという。

x, y の関係が $y = ax^2$ (a は定数)で表されるとき，y は x^2 に比例するという。

a をそれぞれ**比例定数**という。

例題 1 　次の関数について以下の問いに答えなさい。

① $y = -4x + 7$ 　② $y = x^2 - 5$ 　③ $y = -\dfrac{x}{3}$ 　④ $xy = -1$ 　⑤ $y = -x^2$

⑥ $y = \sqrt{3x}$ 　⑦ $y = \sqrt{2}x$ 　⑨ $y = -\dfrac{3}{x}$ 　⑩ $y = -\dfrac{x^2}{3}$ 　⑪ $\dfrac{y}{x} = 5$

(1) y は x に比例するものをすべて選びなさい。

$\quad$ ③ $y = -\dfrac{x}{3} \to y = -\dfrac{1}{3}x$

$\quad$ ⑪ $\dfrac{y}{x} = 5 \to x \times \dfrac{y}{x} = x \times 5 \to y = 5x$

$\qquad\qquad$ ③,⑦,⑪ …(答)

(2) y は x に反比例するものをすべて選びなさい。

$\quad$ ④ $xy = -1 \to \dfrac{1}{x} \times xy = \dfrac{1}{x} \times (-1) \to y = -\dfrac{1}{x}$

$\qquad\qquad$ ④,⑨ …(答)

(3) y は x^2 に比例するものをすべて選びなさい。

$\quad$ ⑩ $y = -\dfrac{x^2}{3} \to y = -\dfrac{1}{3}x^2$ 　　⑤,⑩…(答)

例題 2 　次の場合について y を x の式で表し，y は x の2乗に比例している場合には○，そうでない場合には×をつけなさい。

(1) 一辺の長さ x 〔cm〕の正方形の面積を y 〔cm²〕とする。

$\quad$ 正方形の面積＝縦×横　　$y = x^2$ ○ …(答)

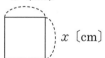

(2) 一辺が x 〔cm〕のひし形の周の長さを y 〔cm〕とする。

$\quad$ ひし形は辺の長さがすべて等しい　　$y = 4x$ × …(答)

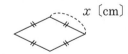

(3) 一辺が x 〔cm〕の正方形が底面で，高さが 6 cm の三角錐の体積を y 〔cm³〕とする。

$\quad$ 三角錐の体積 $= \dfrac{1}{3} \times$ 底面積×高さ

$\qquad y = \dfrac{1}{3} \times x^2 \times 6$ 　よって，$y = 2x^2$ ○ …(答)

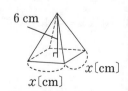

338 次の関数について以下の問いに答えなさい。

① $xy = 4$ 　　　② $y = \dfrac{x}{\pi}$ 　　　③ $y = -\dfrac{\pi}{x}$ 　　　④ $y = -\sqrt{3x}$ 　　⑤ $y = -\sqrt{2}x$

⑥ $y = \sqrt{3}x^2$ 　　⑦ $\dfrac{y}{x} = -3\pi$ 　　⑨ $y = -\dfrac{19}{x^2}$ 　　⑩ $y = -\dfrac{x^2}{41}$ 　　⑪ $y = -x + 1$

(1) y は x に比例するものをすべて選びなさい。　(2) y は x に反比例するものをすべて選びなさい。

(3) y は x^2 に比例するものをすべて選びなさい。

339 次の場合について y を x の式で表し、y は x の 2 乗に比例している場合には○、そうでない場合には×をつけなさい。

(1) 縦の長さが x〔cm〕，横の長さが y〔cm〕の長方形の面積が 30 cm^2になっている。

　　(　　　　　　)(　　　　)

(2) 底面の半径が x〔cm〕，高さが 7 cm の円柱の体積を y〔cm^3〕とする。

　　(　　　　　　)(　　　　)

(3) 半径が x〔cm〕の球の表面積が y〔cm^2〕である。

　　(　　　　　　)(　　　　)

(4) 半径が x〔cm〕の球の体積が y〔cm^3〕である。

　　(　　　　　　)(　　　　)

(5) 周りの長さが 30 cm の長方形の縦の長さを x〔cm〕とすると横の長さは y〔cm〕である。

　　(　　　　　　)(　　　　)

(6) 半径が x〔cm〕，中心角が 60°の扇形の面積を y〔cm^2〕とする。

　　(　　　　　　)(　　　　)

例題 3　振り子が1往復するのにかかる時間を周期という。振り子の周期を x〔秒〕，振り子の長さを y〔m〕とすると，おもりの重さや振れ幅に関係なく，$y = \frac{1}{4}x^2$ が成り立つことが知られている。

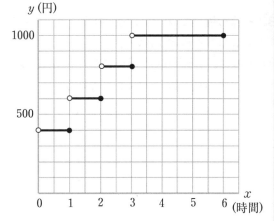

振り子
の長さ

振れ幅

(1) 周期が2秒のときの振り子の長さを求めなさい。

　　$x = 2$ のとき，$y = \frac{1}{4} \times 2^2 = 1$ であるので，1 m …(答)

(2) 長さが 0.36 m の振り子の周期を求めなさい。

　　$y = 0.36$ のとき，$0.36 = \frac{1}{4}x^2$ であるので，$x = \sqrt{4 \times 0.36} = 2 \times 0.6 = 1.2$

　　よって，1.2秒 …(答)

例題 4　右のグラフはある駐車場の駐車時間と料金の関係を表している。

(1) 2.5時間駐車したときの料金はいくらか。

　　グラフより 800円 …(答)

(2) 600円で駐車できる時間 x の変域を，不等号を用いて表しなさい。

　　○は含まない，●は含むことに注意してグラフから読み取ると，$1 < x \leqq 2$ …(答)

例題 5　パラボラアンテナの断面は放物線であり，図のように y 軸と平行に進んでくる電波は，曲面で反射した後，1点に集まる性質がある。その点を焦点という。焦点の座標を $(0, p)$ とすると，パラボラアンテナの断面は $y = \frac{1}{4p}x^2$ となることが知られている。

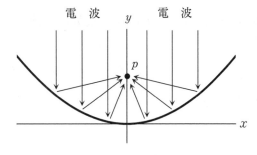

電　波　　　　電　波

(1) 焦点の座標が $(0, 2)$ であるとき，この放物線を表す式を答えなさい。

　　$p = 2$ であるので，$y = \frac{1}{4 \times 2}x^2 = \frac{1}{8}x^2$　よって，$y = \frac{1}{8}x^2$ …(答)

(2) この放物線の式が $y = \frac{1}{10}x^2$ であるとき，焦点の座標を求めなさい。

　　$y = \frac{1}{10}x^2 = \frac{1}{4p}x^2$ であるので，$\frac{1}{4p} = \frac{1}{10}$ となればよい。両辺の逆数は等しいので，

　　$4p = 10$ より，$p = \frac{5}{2} = 2.5$　よって焦点の座標は $(0, 2.5)$ …(答)

340 自動車がブレーキをかけ, 効き始めてから停止するまでの距離を制動距離という。この制動距離は, およそ自動車の時速の 2 乗に比例することが知られている。ある自動車では, 速さが時速 50 km のとき, 制動距離が 20 m であった。次の問いに答えなさい。

(1) この自動車の時速を x 〔km〕, 制動距離を y 〔m〕とするとき, y を x の式で表しなさい。

(2) この自動車の制動距離が 45 m になるのは, 時速何 km のときか。

341 右のグラフはある漫画喫茶の利用時間と料金の関係を表している。次の問いに答えなさい。

(1) この漫画喫茶を 5 時間半利用する場合の料金はいくらか。

(2) 料金が 1500 円になる利用時間 x の変域を, 不等号を用いて表しなさい。

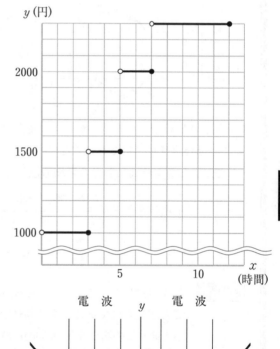

342 パラボラアンテナの断面は放物線であり, 図のように y 軸と平行に進んでくる電波は, 曲面で反射した後, 1 点に集まる性質がある。その点を焦点という。焦点の座標を $(0, p)$ とすると, パラボラアンテナの断面は $y = \dfrac{1}{4p}x^2$ となることが知られている。

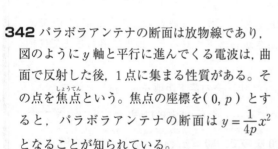

(1) 焦点の座標が $(0, 4)$ であるとき, この放物線を表す式を答えなさい。

(2) この放物線の式が $y = \dfrac{1}{50}x^2$ であるとき, 焦点の座標を求めなさい。

例題 **6**　ある斜面上でボールを静かに放すと，ボールは転がり始めた。転がり始めてから x〔秒〕の間に転がる距離を y〔m〕とすると，下の表のようになった。次の問いに答えなさい。

x	0	1	2	3	4	5
y	0	2	8	18	32	50

x〔秒〕後
y〔m〕

(1) 次の(　　)に当てはまる適切な数や式を答えなさい。

　x と y の関係は，$y =($　ア　$) x^2$ となるので y は(　イ　)に比例し，比例定数は(　ウ　)となる。

ア：2　イ：x^2　ウ：2 …(答)

(2) x の値が2倍，3倍，4倍となると，対応する y の値はそれぞれ何倍になるか。

2倍　3倍　4倍

x	0	1	2	3	4	5
y	0	2	8	18	32	50

4倍　9倍　16倍

関数 $y = ax^2$ の場合，x の値が2倍，3倍，4倍となると，y の値は，2^2倍，3^2倍，4^2倍，となる。

4倍，9倍，16倍 …(答)

(3) 転がり始めてから1秒後から3秒後までの平均の速さはいくらか。

　この場合速さが一定でないことに注意する。速さが刻々と変化する場合，速さの目安として，ある一定時間における**平均の速さ**を次のように求めることができる。

$$\text{平均の速さ} = \frac{\text{実際に進んだ距離}}{\text{進むのにかかる時間}} \quad \begin{array}{l} \rightarrow y \text{の増加量} \\ \rightarrow x \text{の増加量} \end{array}$$

$$= \frac{18 - 2}{3 - 1} = \frac{16}{2} = 8 \quad \text{よって，毎秒8 m …(答)}$$

例題 **7**　物が自然に落ちるとき，落ちる距離は，落ち始めてからの時間の2乗に比例することが知られている。ある物体が落ち始めてから4秒後の落下距離が80 mであるとき，この物体を地上500 mの高さから落下させると，地上に落ちるまでに何秒かかるか。

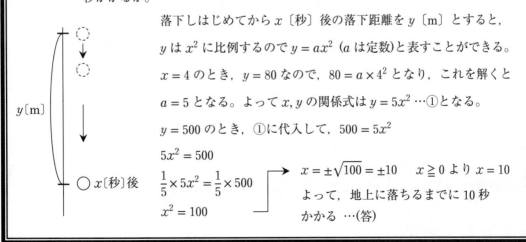

　落下しはじめてから x〔秒〕後の落下距離を y〔m〕とすると，y は x^2 に比例するので $y = ax^2$ (a は定数)と表すことができる。

　$x = 4$ のとき，$y = 80$ なので，$80 = a \times 4^2$ となり，これを解くと $a = 5$ となる。よって x, y の関係式は $y = 5x^2$ …①となる。

　$y = 500$ のとき，①に代入して，$500 = 5x^2$

$5x^2 = 500$

$\dfrac{1}{5} \times 5x^2 = \dfrac{1}{5} \times 500$

$x^2 = 100$

$x = \pm\sqrt{100} = \pm 10 \quad x \geqq 0$ より $x = 10$

よって，地上に落ちるまでに10秒かかる …(答)

343 ある斜面上でボールを静かに放すと，ボールは転がり始めた。転がり始めてから x〔秒〕の間に転がる距離を y〔m〕とすると，下の表のようになった。次の問いに答えなさい。

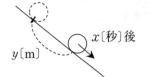

x	0	1	2	3	4	5
y	0	3	12	27	48	75

(1) 次の（　　）に当てはまる適切な数や式を答えなさい。

　x と y の関係は，$y =$ ア.（　　）x^2 となるので y はイ.（　　　　）に比例し，比例定数は

　ウ.（　　　　）となる。

(2) x の値が2倍，3倍，4倍となると，対応する y の値はそれぞれ何倍になるか。

(3) 転がり始めてから1秒後から3秒後までの平均の速さはいくらか。

(4) 転がり始めてから3秒後から5秒後までの平均の速さはいくらか。

344 物体が自然に落下するとき，落下距離は，落ち始めてからの時間の2乗に比例することが知られている。ある物体が落ち始めてから2秒後の落下距離が 20 m であるとき，この物体を地上 720 m の高さから落下させると，地上に落ちるまでに何秒かかるか。

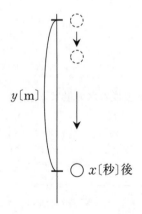

★ 章 末 問 題 ★

345 次の場合について，比例定数 a を用いて y を x の式で表しなさい。

(1) y は x に比例する。

(2) y は x の2乗に比例する。

(3) y は x に反比例する。

346 次の表は，y が x の2乗に比例する関数の対応表である。表のア～エに当てはまる数値を答えなさい。

x	$\cdots$	-3	-2	-1	0	1	2	3	$\cdots$
y	$\cdots$	27	ア	イ	0	ウ	12	エ	$\cdots$

ア(　　　　) イ(　　　　) ウ(　　　　) エ(　　　　)

347 次の場合について y を x の式で表し，y は x の2乗に比例している場合には○，そうでない場合には×をつけなさい。

(1) 1辺が x〔cm〕の立方体の体積は y〔cm^3〕である。

(　　　　　　　)(　　　　)

(2) 半径が x〔cm〕の円の面積は y〔cm^2〕である。

(　　　　　　　)(　　　　)

(3) 1Lの値段が x〔円〕のガソリンは3000円で y〔L〕買うことができる。

(　　　　　　　)(　　　　)

(4) プールに毎分5 m^{3}の割合で水を入れるとき，水を入れ始めてから x〔分〕後の水の量は y〔m^3〕である。

(　　　　　　　)(　　　　)

(5) 半径が6 cm，中心角が x°の扇形の面積を y〔m^2〕である。

(　　　　　　　)(　　　　)

348 振り子が1往復するのにかかる時間を周期という。振り子の周期をx〔秒〕，振り子の長さをy〔m〕とすると，おもりの重さや振れ幅に関係なく，振り子の長さyは振り子の周期xの2乗に比例することが知られている。次の問いに答えなさい。

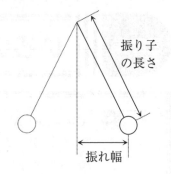

(1) 振り子の長さを1mにして実験すると，周期は2秒であった。このことからyをxの式で表しなさい。

(2) 周期を1秒にするには，振り子の長さを何mにすればよいか。小数で答えなさい。

349 右にグラフはあるタクシーの運賃と移動距離の関係を表している。次の問いに答えなさい。

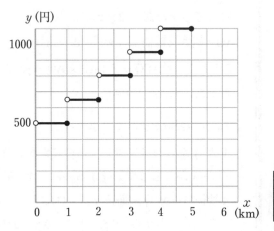

(1) 移動距離が900mのときの運賃はいくらか。

(2) 予算が1000円とすると，このタクシーで最高何km移動できるか。

(3) 1100円で移動できる距離xの範囲を，不等号を用いて表しなさい。

350 物体が自然に落下するとき，落下距離は，落ち始めてからの時間の2乗に比例することが知られている。高さ45mのビルの屋上からボールを静かに離して落下させると，ボールはちょうど3秒後に地面に到達した。このとき次の問いに答えなさい。

(1) ボールが手を離れてからx〔秒〕後のボールの落下距離をy〔m〕とするとき，yをxの式で表しなさい。

(2) ボールが手を離れてから地面に到達するまでのボールの平均の速さを求めなさい。

(3) ボールが手を離れてから2秒後までのボールの平均の速さを求めなさい。

22章 ｜｜｜ いろいろな事象と関数Ⅱ

例題 1 $AB = 4\ cm$，$AD = 8\ cm$ の長方形 ABCD がある。点 P は AD 上を毎秒 2 cm の速さで，A から D まで動き，点 Q は AB 上を毎秒 1 cm の速さで，A から B まで動く。2 点 P,Q が同時に A を出発してから x〔秒〕後の△APQ の面積を y〔cm²〕とするとき，次の問いに答えなさい。

(1) y を x 式で表しなさい。

x 秒後の AP, AQ の長さを求めると，

$AP = $ 速さ × 時間 $= 2 \times x = 2x$〔cm〕

$AQ = $ 速さ × 時間 $= 1 \times x = x$〔cm〕

このとき，$\triangle APQ = \dfrac{1}{2} \times AP \times AQ = \dfrac{1}{2} \times 2x \times x = x^2$

よって，$y = x^2$ …(答)

(2) x, y の変域をそれぞれ求めなさい。

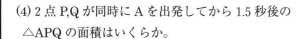
P が A から D まで到達するのにかかる時間 = 距離 ÷ 速さ = 8 ÷ 2 = 4（秒）

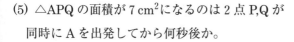
Q が A から B まで到達するのにかかる時間 = 距離 ÷ 速さ = 4 ÷ 1 = 4（秒）

4 秒後の△APQ の面積 y は，(1)より $y = 4^2 = 16$

　　以上のことから，$0 \le x \le 4$，$0 \le y \le 16$ …(答)

(3) x, y の関係をグラフに表しなさい。

右図 …(答)

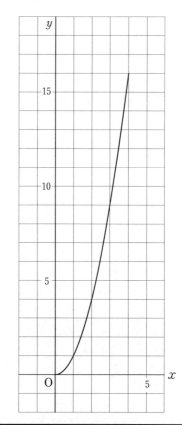

(4) 2 点 P,Q が同時に A を出発してから 1.5 秒後の
△APQ の面積はいくらか。

$y = x^2$ で $x = 1.5$ のときの y の値を求めればよい。

よって，$y = 1.5^2 = 2.25$（cm²）…(答)

(5) △APQ の面積が 7 cm² になるのは 2 点 P,Q が
同時に A を出発してから何秒後か。

$y = x^2$ で $y = 7$ のときの x の値を求めればよい。

よって，$7 = x^2$　左右の辺を入れ換えて，

　　　$x^2 = 7$

　　　$x = \pm\sqrt{7}$　$x \ge 0$ なので，

　　　$x = \sqrt{7}$ 秒後 …(答)

351 AB＝3 cm，AD＝6 cm の長方形 ABCD がある。点 P は AD 上を毎秒 1 cm の速さで，A か
ら D まで動き，点 Q は AB 上を毎秒 0.5 cm の速さで，A から B まで動く。2 点 P,Q が同時に A
を出発してから x〔秒〕後の△APQ の面積を y〔cm²〕とするとき，次の問いに答えなさい。

(1) y を x 式で表しなさい。

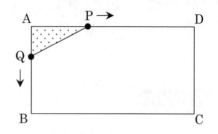

(2) x, y の変域をそれぞれ求めなさい。

(3) x, y の関係をグラフに表しなさい。

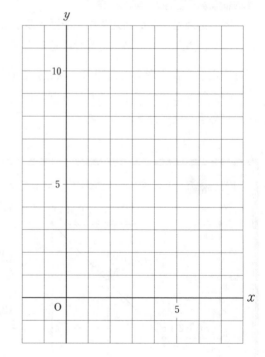

(4) 2 点 P,Q が同時に A を出発してから 3 秒後の
△APQ の面積はいくらか。

(5) △APQ の面積が 8 cm² になるのは 2 点 P,Q が
同時に A を出発してから何秒後か。

●**数直線上の2点間距離**

数直線上の2点間距離は
【大きい座標】ー【小さい座標】
で求められることを理解しよう。

① 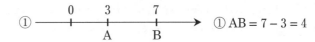 ① $AB = 7 - 3 = 4$

② ② $AB = 2 - (-3) = 5$

③ ③ $AB = -4 - (-7) = 3$

●**2点の中点**

数直線上の2点の中点の座標は

$\dfrac{2点の座標の和}{2}$ で求められる

ことを理解しよう。

① ① $\dfrac{2+8}{2} = \dfrac{10}{2} = 5$

② ② $\dfrac{-3+1}{2} = \dfrac{-2}{2} = -1$

③ ③ $\dfrac{-12+(-8)}{2} = \dfrac{-20}{2} = -10$

重要　一般に2点 $A(x_1, y_1)$，$B(x_2, y_2)$ の中点の座標は $\left(\dfrac{x_1+x_2}{2}, \dfrac{y_1+y_2}{2}\right)$ となる。

●**面積を2等分する直線**

三角形の頂点と，その対辺の中点を通る直線は三角形の面積を二等分する。
これは分割される2つの三角形の底辺と高さが一致するためである。

平行四辺形や長方形の対角線の交点を通る直線はそ
れらの面積を二等分する。これは分割される2つの
図形が必ず合同になるからである。

22章

例題 2　下の図について次の問いに答えなさい。

(1) AB，CD の長さを求めなさい。

$AB = 9 - 3 = 6$ …(答)　　$CD = 8 - 2 = 6$ …(答)

(2) AB の中点 M_x の x 座標を求めなさい。

$\dfrac{3+9}{2} = \dfrac{12}{2} = 6$ …(答)

(3) CD の中点 M_y の y 座標を求めなさい。

$\dfrac{2+8}{2} = \dfrac{10}{2} = 5$ …(答)

(4) P(3, 2)，Q(9, 8) の中点 M の座標を求めなさい。

(2),(3)の結果より M(6, 5) …(答)

例題 3　2点 A(2, -5)，B(-10, 7)の中点の座標を求めなさい。

中点の座標 → $\left(\dfrac{2+(-10)}{2}, \dfrac{-5+7}{2}\right)$ → $\left(\dfrac{-8}{2}, \dfrac{2}{2}\right)$ → $(-4, 1)$ …(答)

352 次の数直線上の2点AB間の距離を求めなさい。

(1)
$$\begin{array}{cc} 4 & 9 \\ \text{A} & \text{B} \end{array}$$ （　　　）

(2)
$$\begin{array}{cc} -3 & 8 \\ \text{A} & \text{B} \end{array}$$ （　　　）

(3)
$$\begin{array}{cc} -10 & -6 \\ \text{A} & \text{B} \end{array}$$ （　　　）

(4)
$$\begin{array}{cc} -28 & -13 \\ \text{A} & \text{B} \end{array}$$ （　　　）

353 次の数直線上の2点ABの中点の座標を書き込みなさい。

(1)
$$\begin{array}{ccc} 3 & (\quad) & 9 \\ \text{A} & & \text{B} \end{array}$$

(2)
$$\begin{array}{ccc} -8 & (\quad) & 4 \\ \text{A} & & \text{B} \end{array}$$

(3)
$$\begin{array}{ccc} -10 & (\quad) & -2 \\ \text{A} & & \text{B} \end{array}$$

(4)
$$\begin{array}{ccc} -1 & (\quad) & 4 \\ \text{A} & & \text{B} \end{array}$$

354 下の図について次の問いに答えなさい。

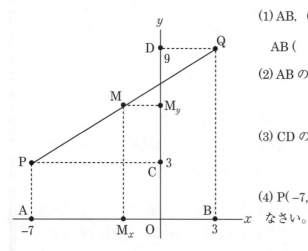

(1) AB，CD の長さを求めなさい。

　AB（　　　　　） CD（　　　　　）

(2) AB の中点 M_x の x 座標はいくらか。

(3) CD の中点 M_y の y 座標はいくらか。

(4) P(–7, 3),Q(3, 9)の中点 M の座標を求めなさい。

(5) 原点 O を通り，△OPQ を二等分する直線の方程式を求めなさい。

355 2点 A(–6, –15) , B(–8, 6)の中点の座標を求めなさい。

例題 4   図のように，放物線 $y = \dfrac{1}{2}x^2$，$y = ax^2\left(a > \dfrac{1}{2}\right)$，$x$ 軸と平行な直線①がある。図の点 A の x 座標は 4 で，B は AC の中点である。このとき次の問いに答えなさい。

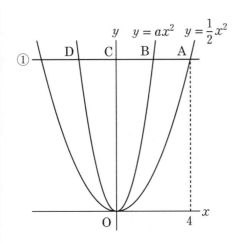

(1) 直線①の方程式を求めなさい。

A の y 座標は，$y = \dfrac{1}{2}x^2$ に $x = 4$ を代入して

$y = \dfrac{1}{2} \times 4^2 = 8$ より A$(4, 8)$

よって①の直線の方程式は $y = 8$ …(答)

(2) a の値を求めなさい。

(1)より C の座標は C$(0, 8)$ となる。

C$(0, 8)$，A$(4, 8)$ の中点 B は $\left(\dfrac{0+4}{2}, \dfrac{8+8}{2}\right)$

つまり，B$(2, 8)$ となる。$y = ax^2$ に代入すると，

$8 = a \times 2^2$　これを解くと，$a = 2$ …(答)

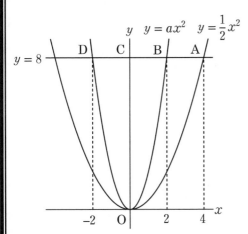

(3) D の座標を求めなさい。

(1)(2)より D は $y = 8, y = 2x^2$ との交点なので

$y = 8$ を代入すると，$8 = 2x^2$ これを解くと

$x = \pm 2$，D の x 座標は図から負なので，

D の座標は $(-2, 8)$ …(答)

(4) AD の長さを求めなさい。

A$(4, 8)$，D$(-2, 8)$ であるので，

$AD = 4 - (-2) = 6$ …(答)

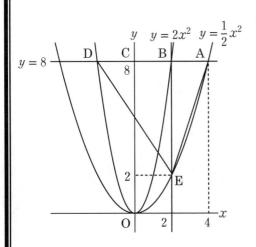

(5) B を通り y 軸と平行な直線と $y = \dfrac{1}{2}x^2$ との交点を E とするとき，△ADE の面積を求めなさい。

図から E の x 座標は 2 なので，y 座標は

$y = \dfrac{1}{2}x^2$ に代入して，$y = \dfrac{1}{2} \times 2^2 = 2$ となる。

よって E の座標は $(2, 2)$ となる。

B$(2, 8)$，E$(2, 2)$ より，$BE = 8 - 2 = 6$

また，(4)より $AD = 6$ であるので，

$\triangle AED = \dfrac{1}{2} \times AD \times BE$

$\qquad\qquad = \dfrac{1}{2} \times 6 \times 6 = 18$ …(答)

356 図のように，放物線 $y = -\dfrac{1}{3}x^2$，$y = ax^2 \left(a < -\dfrac{1}{3}\right)$，と x 軸と平行な直線①がある。図の点 A の x 座標は 6 で，B は AC の中点である。このとき次の問いに答えなさい。

(1) 直線①の方程式を求めなさい。

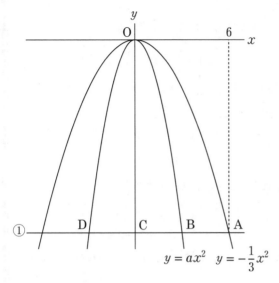

(2) a の値を求めなさい。

(3) D の座標を求めなさい。

(4) B を通り y 軸と平行な直線と $y = -\dfrac{1}{3}x^2$ との交点を E とするとき，△ADE の面積を求めなさい。

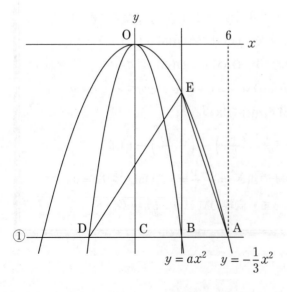

例題 5 　図のように 2 点 A,B は放物線 $y = \frac{1}{2}x^2$ と直線 $y = x+4$ との交点になっている。
このとき次の問いに答えなさい。

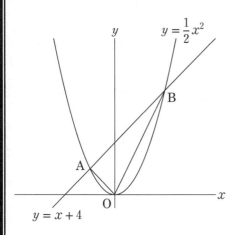

(1) 2 点 A,B の座標をそれぞれ求めなさい。

$y = \frac{1}{2}x^2, y = x+4$ の連立方程式を解く。

y を消去して，$\frac{1}{2}x^2 = x+4$

両辺を 2 倍して，$x^2 = 2x+8$

式を整理して，$x^2 - 2x - 8 = 0$

$(x-4)(x+2) = 0$　　$x = 4, -2$

これを $y = x+4$ に代入する。

$x = 4$ のとき，$y = 4+4 = 8$

$x = -2$ のとき，$y = -2+4 = 2$

図から A の x 座標は負，B の x 座標は正なので，

$A(-2, 2)$　　$B(4, 8)$ …(答)

(2) △OAB の面積を求めなさい。

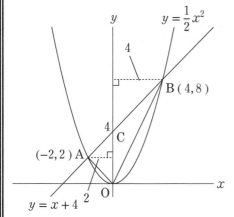

直線 $y = x+4$ と y 軸との交点を C とする。

$\triangle \text{AOC} = \frac{1}{2} \times 4 \times 2 = 4$

$\triangle \text{BOC} = \frac{1}{2} \times 4 \times 4 = 8$

よって，$\triangle \text{AOB} = \triangle \text{AOC} + \triangle \text{BOC}$

$= 4 + 8 = 12$ …(答)

(3) 原点 O を通り，△OAB の面積を 2 等分する
直線の方程式を求めなさい。

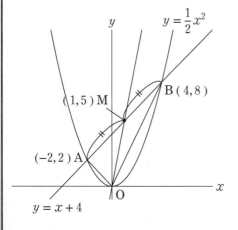

AB の中点を M とすると，AM : BM = 1 : 1
なので△OAM : △OBM = 1 : 1

つまり△OAM = △OBM　　よって，

直線 OM が△OAB を 2 等分することになる。

M の座標を求めると，

$\left(\frac{-2+4}{2}, \frac{2+8}{2} \right) \rightarrow \left(\frac{2}{2}, \frac{10}{2} \right) \rightarrow (1, 5)$

OM の傾き $= \frac{5-0}{1-0} = 5$　　OM の切片 $= 0$

よって，直線 OM は $y = 5x$ …(答)

357 図のように2点 A,B は放物線 $y = \dfrac{1}{4}x^2$ と直線 $y = -x + 3$ との交点になっている。このとき次の問いに答えなさい。

(1) 2点 A,B の座標をそれぞれ求めなさい。

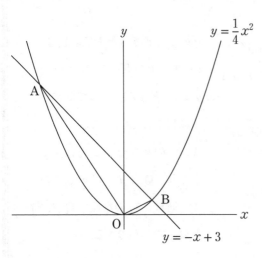

(2) △OAB の面積を求めなさい。

(3) 原点 O を通り，△OAB の面積を2等分する直線の方程式を求めなさい。

例題 6　図のように y 軸と平行な直線と $y = 3x^2, y = x^2$ との交点をそれぞれ P,Q とする。このとき次の問いに答えなさい。

(1) PQ = 32 となるとき，P の座標を求めなさい。

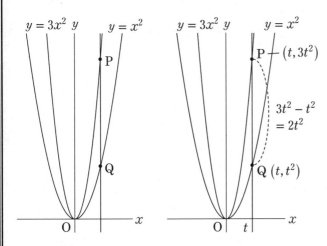

P の x 座標を t とおく。P は $y = 3x^2$ 上の点なのでこのとき $y = 3t^2$ となる。よって P の座標は P $(t, 3t^2)$ となる。またこのとき Q の x 座標も t となり，Q は $y = x^2$ の点なので，同様に Q の座標は Q (t, t^2) とおくことができる。

!注意　P $(t, 3t^2)$,Q (t, t^2) より，PQ $= 3t^2 - t^2 = 2t^2$ となる。PQ = 32 のとき $2t^2 = 32$
これを解くと $t = \pm 4$　よって P $(t, 3t^2) = (4, 48), (-4, 48)$ …(答)
一般に $y = ax^2$ 上の点は (t, at^2) とおける。このときの t を媒介変数という。

(2) 図のように PQRS が長方形となるように，点 R を $y = x^2$ 上に，S を $y = 3x^2$ 上にとる。PQ + QR = 12 となるとき，P の座標を求めなさい。ただし P の x 座標は正とする。

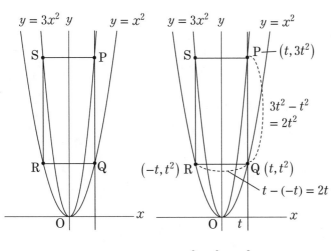

P の x 座標を t $(t > 0)$ とおくと，
P$(t, 3t^2)$,Q(t, t^2) となり，
R は Q と y 軸について対称となっているので，
R$(-t, t^2)$ となる。

PQ $= 3t^2 - t^2 = 2t^2$
QR$= t - (-t) = 2t$
PQ + QR = 12 なので，
　$2t^2 + 2t = 12$
　$2t^2 + 2t - 12 = 0$

$2(t + 3)(t - 2) = 0$
$t > 0$ なので，$t = 2$
P$(t, 3t^2) = (2, 12)$ …(答)

358 図のように y 軸と平行な直線と $y = -4x^2, y = -x^2$ との交点をそれぞれ P, Q とする。このとき次の問いに答えなさい。

(1) PQ = 12 となるとき，P の座標を求めなさい。

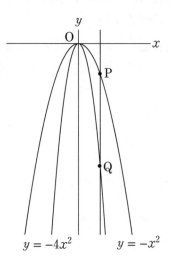

(2) 図のように PQRS が長方形となるように，点 R を $y = -x^2$ 上に，S を $y = -4x^2$ 上にとる。
PQ : QR = 9 : 2 となるとき，P の座標を求めなさい。ただし P の x 座標は正とする。

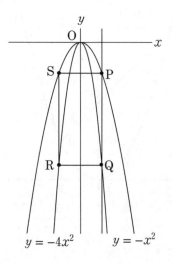

● ★章末問題★ ●

359 1辺が6cmの立方体ABCD-EFGHがある。点P，点Qは点Eを同時に出発し，それぞれH,Fに向かってEH, EF上を毎秒2cmで動くとき，次の問いに答えなさい。

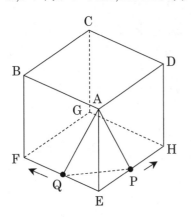

(1) 点P,Qが同時に点Eを出発してからx秒後の三角錐A-EPQの体積をy〔cm³〕とするとき，yをxの式で表しなさい。

(2) (1)に関してx,yの変域をそれぞれ求めなさい。

(3) 三角錐A-EPQの体積が立方体ABCD-EFGHの体積の12分の1になるのは，点P,Qが点Eを出発してから何秒後か。

360 図のように3点A,B,Cが関数$y=ax^2$のグラフ上にあり，Aの座標は$(-4,8)$，Bのx座標は2で，ACはx軸に平行である。このとき次の問いに答えなさい。

(1) aの値を求めなさい。

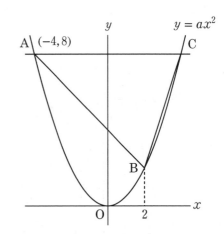

(2)△ABCの面積を求めなさい。

(3) 点Cを通り△ABCを二等分する直線の方程式を求めなさい。

361 放物線 $y = \dfrac{3}{2}x^2$ と $y = -\dfrac{1}{2}x^2$ があり，$y = \dfrac{3}{2}x^2$ 上の点 A を通り x 軸と平行な直線ともう 1 つの交点を B とする。また，点 A,B を通り y 軸と平行な直線と $y = -\dfrac{1}{2}x^2$ との交点をそれぞれ，D,C とする。点 A の x 座標は正であるとして，次の問いに答えなさい。

(1) 四角形 ABCD が正方形になるとき，点 A の座標を求めなさい。

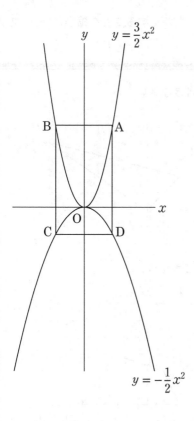

(2) AD − DC = 24 となるとき，点 A の座標を求めなさい。

23章 ▎▎▎ 相似な図形Ⅰ

●拡大・縮小

　図形の形を変えないで，一定の割合で大きくすることを**拡大**，小さくすることを縮小という。拡大した図形を**拡大図**，縮小した図形を**縮図**という。

例題 **1**　下図の△ABC，△DEF の２倍の拡大図を隣に書きなさい。

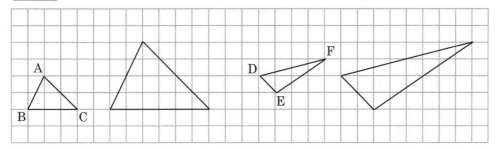

例題 **2**　下図の四角形 ABCD の２分の１の縮図を隣に書きなさい。

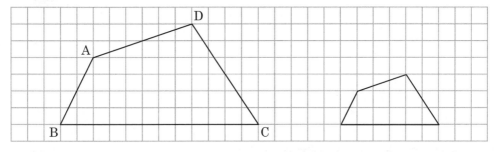

例題 **3**　S 君は池の間の PQ 間の距離を求めるために R 地点から PR，QR の距離，∠PRQ の大きさを測定した。測定結果は PR＝60 m，QR＝45 m，∠PRQ＝53°であった。さらに S 君は下図のような△PQR の縮図(△ABC)を紙に描いた。次の問いに答えなさい。

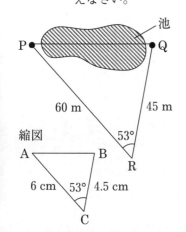

(1) △ABC は△PQR の何分の１の縮図か。

　　100 cm＝1 m であるから，

　　AC＝6 cm＝0.06 m，BC＝4.5 cm＝0.045 m

　　これらはそれぞれ PR，QR の 1000 分の１になっている。

　　　　　　　　1000 分の１ …(答)

(2) AB を定規で測ると約 4.8 cm であった。PQ 間の距離は約何 m であると考えられるか。

　　4.8 cm＝0.048 m で 1000 倍をすれば実際の距離になるので，0.048 m×1000＝48 m

　　　　　　　　　　　　　約 48 m …(答)

362 下図の△ABC, △DEF の2倍の拡大図を隣にかきなさい。

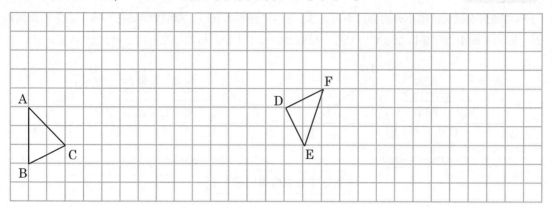

363 下図の四角形 ABCD の2分の1の縮図を隣にかきなさい。

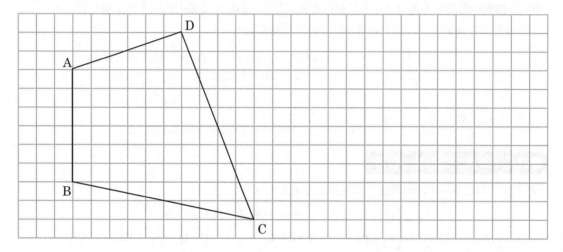

364 T君は校舎の高さを調べるために，校舎の壁から 10 m 離れて，地面から 1 m の高さから屋上を見上げると，水平方向より 64°見上げたところに屋上が見えた。さらに T君は下図のような縮図(△ABC)を紙に描いた。次の問いに答えなさい。

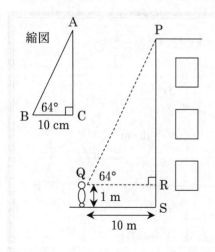

(1) △ABC は図の△PQR の何分の1の縮図か。

(2) AC を定規で測ると約 20.5cm であった。このことから地上から屋上までの高さ(PS)は約何 m であると考えられるか。

●相似とは

2つの図形が拡大，縮小の関係にあるとき，2つの図形は互いに**相似**であるという。裏返した図形が，拡大や縮小の関係になっていても，相似といってよい。相似の記号は「∽」を用いる。

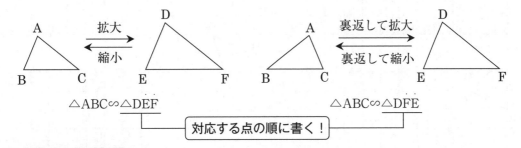

△ABC∽△DEF　　　　　　　　　　　　△ABC∽△DFE

対応する点の順に書く！

●相似の性質と相似比

相似な図形の**対応する角**の大きさはそれぞれ等しく，**対応する辺の比**はすべて等しい。

2つの相似な図形で，対応する辺の長さの比を**相似比**という。

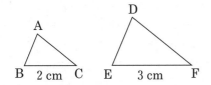

△ABC∽△DEF で，BC＝2cm, EF＝3cm のとき，

∠A＝∠D，　∠B＝∠E，　∠C＝∠F

AB：DE＝2：3，　AC：DF＝2：3

△ABC と △DEF の相似比は 2：3

●対応する点や辺の見つけ方

対応する角に印や実際の角度を書き込んで考えてみる。

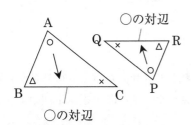

○→△→×の順に点を並べると

A→B→C　／　P→R→Q　→　△ABC∽△PRQ

○の対辺が対応　→　BC, RQ が対応

△の対辺が対応　→　AC, PQ が対応

×の対辺が対応　→　AB, PR が対応

例題 4　下図の2つの四角形が互いに相似であるとき，次の問いに答えなさい。

(1) 2つの図形が相似であることを，記号を用いて表しなさい。

　　四角形 ABCD∽四角形 SRQP …(答)

(2) ∠BAD と等しい角はどの角か。

　　　　　∠PSR …(答)

(3) AB：SR の比を求めなさい。

　　対応する辺の比は等しいので，

　　AB：SR＝DC：PQ＝10：5＝2：1 …(答)

(4) 四角形 ABCD と四角形 SRQP の相似比はいくらか。　　2：1 …(答)

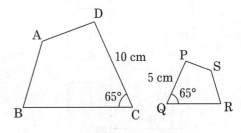

365 次の問いに答えなさい。

(1) 次の空欄に当てはまる言葉を答えなさい。

2つの図形が拡大，縮小の関係にあるとき，2つの図形は互いに①(　　　　　　　　　)で

あるといい，(　①　)な図形の対応する②(　　　　　　　　　)の大きさはそれぞれ等しく，

対応する辺の長さの③(　　　　　　　　　)はすべて等しい。

(2) 下の2つの三角形が互いに相似であるとき，空欄を埋めなさい。

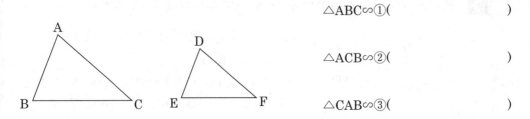

△ABC∽①(　　　　　　　　)

△ACB∽②(　　　　　　　　)

△CAB∽③(　　　　　　　　)

(3) 下の2つの三角形が互いに相似であるとき，①　②に数値を，③に記号を入れなさい。

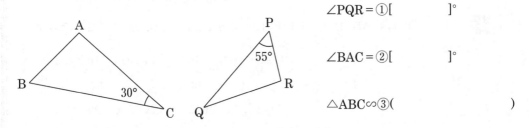

∠PQR＝①[　　　　]°

∠BAC＝②[　　　　]°

△ABC∽③(　　　　　　　　)

366 下図の2つの三角形が互いに相似であるとき，次の問いに答えなさい。

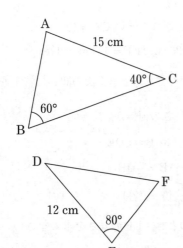

(1) 次の角の大きさを求めなさい。

∠BAC＝①[　　　　]°

∠EDF＝②[　　　　]°

∠DFE＝③[　　　　]°

(2) 2つの三角形が相似であることを，記号を用いて
表しなさい。

(3) 次の辺の長さの比をできるだけ簡単な整数の比
で答えなさい。

① AB：EF＝

② DF：BC＝

(4) △ABCと△EFDの相似比を求めなさい。

例題 5　$x > 0$ のとき，次の方程式を解きなさい。

(1) $2 : 3 = x : 5$

$3x = 2 \times 5$

$3x = 10$

$x = \dfrac{10}{3}$ …(答)

(2) $9 : (9 - x) = 3 : 2$

$3(9 - x) = 9 \times 2$

$27 - 3x = 18$

$-3x = 18 - 27$

$-3x = -9$

$x = 3$ …(答)

(3) $8 : x^2 = 4 : 3$

$4x^2 = 8 \times 3$

$4x^2 = 24$

$x^2 = 6 \quad x = \pm\sqrt{6}$

$x > 0$ より，$x = \sqrt{6}$ …(答)

例題 6　下図で，△ABC∽△DEF であるとき，EF, AC の長さを求めなさい。

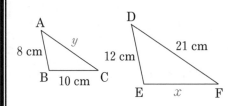

EF $= x$ とする。AB : DE = BC : EF となるので，

$8 : 12 = 10 : x$

$8x = 10 \times 12$　これを解いて，$x = 15$

AC $= y$ とする。AB : DE = AC : DF となるので，

$8 : 12 = y : 21$

$12y = 8 \times 21$　これを解いて，$y = 14$

よって，EF $= 15$ cm，AC $= 14$ cm …(答)

例題 7　下図で，四角形 ABCD∽四角形 EFGH であるとき，CD, EF の長さを求めなさい。

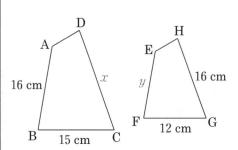

CD $= x$ とする。BC : FG = CD : GH となるので，

$15 : 12 = x : 16$

$12x = 15 \times 16$　これを解いて $x = 20$

EF $= y$ とする。AB : EF = BC : FG となるので，

$16 : y = 15 : 12$

$15y = 16 \times 12$　これを解いて $y = 12$

よって，CD $= 20$ cm，EF $= 12$ cm …(答)

例題 8　下図で，△ABC∽△DEF で，その相似比が $5 : 3$ であるとき，次の問いに答えなさい。

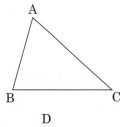

(1) AB の長さは DE の長さの何倍か。

AB : DE = 5 : 3 より，3AB = 5DE

$\dfrac{1}{3} \times 3$AB $= \dfrac{1}{3} \times 5$DE　　AB $= \dfrac{5}{3}$DE

よって AB は DE の $\dfrac{5}{3}$ 倍 …(答)

(2) BC の長さが 6 cm のとき，EF の長さを求めなさい。

BC : EF = 5 : 3 で BC = 6 より，

$6 :$ EF $= 5 : 3$　　5EF $= 18$

よって，EF $= \dfrac{18}{5}$ cm …(答)

367 $x > 0$ のとき，次の方程式を解きなさい。

(1) $6 : x = 9 : 5$ 　　　　　(2) $10 : (10 - 2x) = 6 : 5$ 　　　　　(3) $x^2 : 3 = 6 : 1$

368 下図で，△ABC∽△DEF であるとき，DF の長さを求めなさい。

(1)

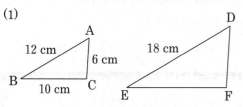

(2)

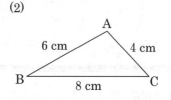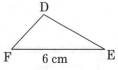

369 下図で，四角形 ABCD∽△EFGH であるとき，CD, FG の長さを求めなさい。

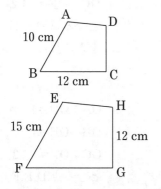

CD = (　　　　　　　) cm 　　FG = (　　　　　　　) cm

370 下図で，△ABC∽△DEF で，その相似比が $5 : 9$ であるとき，次の問いに答えなさい。

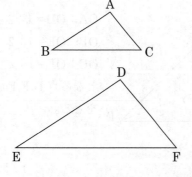

(1) DE の長さは AB の長さの何倍か。

(2) AC の長さが $8\,\text{cm}$ のとき，DF の長さを求めなさい。

●相似の位置

2つの図形の対応する点どうしを通る直線がすべて点Oに集まり，点Oから対応する点までの距離の比がすべて等しいとき，点Oを**相似の中心**といい，このとき2つの図形は「**相似の位置にある**」という。

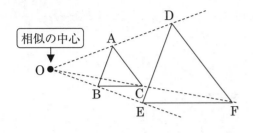

左図の場合では，

$$OA : OD = 1 : 2$$
$$OB : OE = 1 : 2$$
$$OC : OF = 1 : 2$$

点Oから対応する点までの距離の比がすべて等しい

△ABCと△DEFは相似の位置にある。

△ABC∽△DEFとなり，

△ABCと△DEFの相似比は1:2となる。

例題 9　点Oを相似の中心として，△ABCを2倍に拡大した△DEFを作図しなさい。

(1)

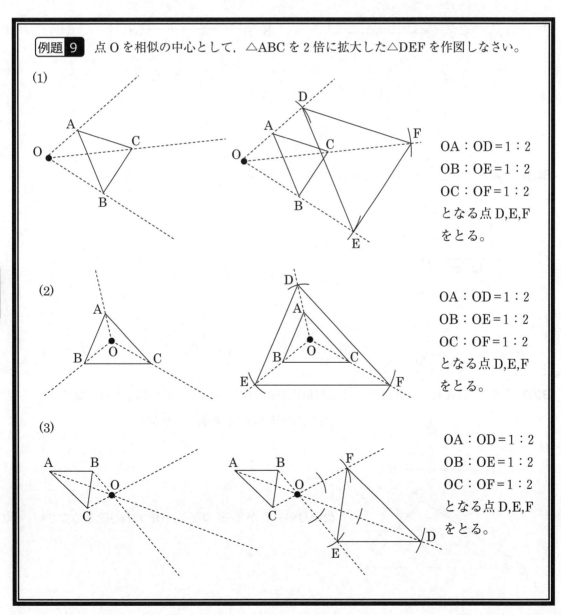

OA：OD=1：2
OB：OE=1：2
OC：OF=1：2
となる点D,E,F
をとる。

(2)

OA：OD=1：2
OB：OE=1：2
OC：OF=1：2
となる点D,E,F
をとる。

(3)

OA：OD=1：2
OB：OE=1：2
OC：OF=1：2
となる点D,E,F
をとる。

371 下の図で, OA：OD＝OC：OF＝OB：OF＝1：2であるとき，次の問いに答えなさい。

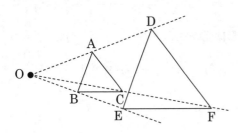

(1) △ABC と△DEF はどのような位置にあるという か。

(2) 2つの三角形が(1)の位置にあるとき，点 O を 何というか。

372 点 O を相似の中心として，△ABC を 2 倍に拡大した△DEF を作図しなさい。ただし， 図の点線上に D,E,F をとること。

(1)

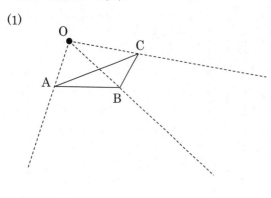

(2)

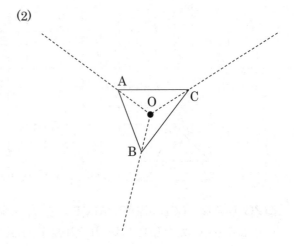

(3)

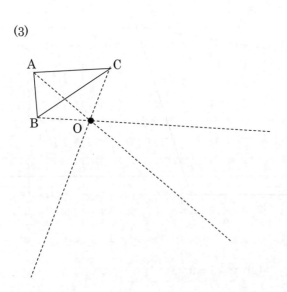

(4)

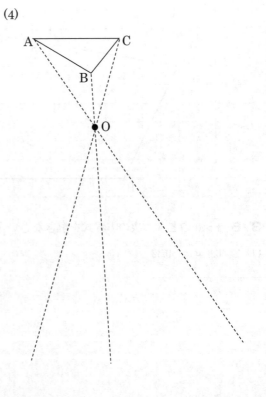

★ 章 末 問 題 ★

373 次の空欄に当てはまる言葉を答えなさい。

　2つの図形が拡大，縮小の関係にあるとき，2つの図形は互いに①(　　　　　　)で

あるといい，(①)な図形の対応する②(　　　　　　)の大きさはそれぞれ等しく，

対応する③(　　　　　)の長さの比はすべて等しい。

374 △ABC∽△DBE となり，その相似比が 1：4 となるように△DBE を作図しなさい。ただし，D,E はそれぞれ BA,BC の延長上にあるものとする。

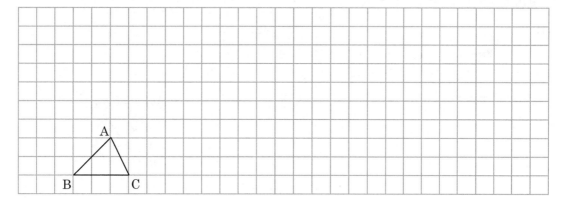

375 四角形 ABCD∽四角形 APQR となり，その相似比が 3：2 となるように四角形 APQR を作図しなさい。ただし P,R はそれぞれ線分 AB,AD 上にあるものとする。

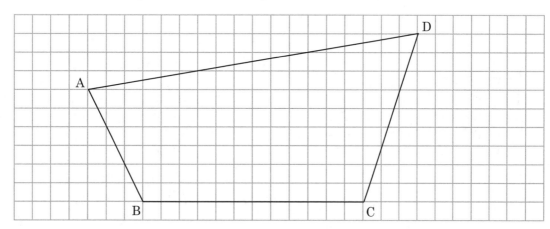

376 $x > 0$ のとき，次の方程式を解きなさい。

(1) $2 : 0.8 = x : 0.32$

(2) $x^2 : 5 = 5 : 3$

377 下の2つの三角形が相似であるとき，次の問いに答えなさい。

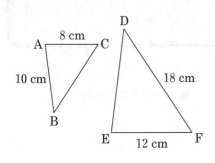

(1) 次の角と等しい角を答えなさい。

∠ABC＝①(　　　　　　　)　∠DFE＝②(　　　　　　　)

(2) 2つの三角形が相似であることを表すとき，次の空欄を埋めなさい。

△BCA∽①(　　　　　　　)　△EFD∽②(　　　　　　　)

(3) △ABC と△EDF の相似比を求めなさい。　(　　　　　　　　　　　)

(4) BC の長さを求めなさい。

(5) DE の長さを求めなさい。

378 次の問いに答えなさい。

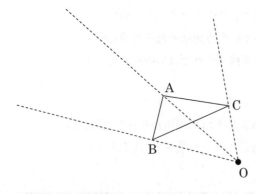

(1) 図の△ABC の2倍の拡大図が△DEF となるように，点線上に D,E,F をとり，△DEF を作図しなさい。

(2) △ABC と△DEF はどのような位置にあると言えるか。

(3) △ABC と△DEF が(2)で答えた位置にあるとき，点 O を何というか。

379 K君は地面に立てた1mの棒とその影の長さを利用して，校舎の高さを測ろうとした。測定の結果，棒の影の長さが約0.36 m，校舎の影の長さが約6.2 m であった。校舎の高さは約何m であると考えられるか。四捨五入をして小数第1位まで求めなさい。

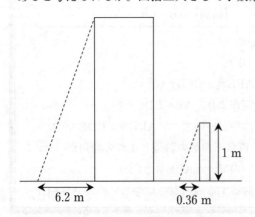

24章 ‖‖ 相似な図形Ⅱ

復習 対頂角・同位角・錯角

●対頂角は等しい

45°
45°

●平行線の同位角は等しい

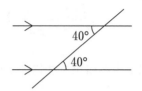

50°
50°

●平行線の錯角は等しい

40°
40°

復習 二等辺三角形の定義と定理

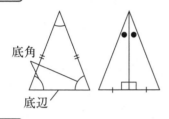

底角
底辺

・定義：2 つの辺が等しい三角形

・定理：① 二等辺三角形の底角は等しい。

② 二等辺三角形の頂角の二等分線は底辺を
垂直に二等分する

復習 平行四辺形の定義と定理

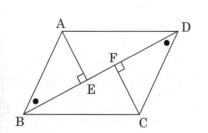

定義：2 組の向かい合う辺がそれぞれ平行である四角形

定理：① 向かい合う辺はそれぞれ等しい

② 向かい合う角はそれぞれ等しい

③ 対角線はそれぞれの中点で交わる

復習 三角形の合同条件

① 3 組の辺がそれぞれ等しい

② 2 組の辺とその間の角がそれぞれ等しい

③ 1 組の辺とその両端の角がそれぞれ等しい

復習 直角三角形の合同条件

① 斜辺と 1 つの鋭角がそれぞれ等しい

② 斜辺と他の一辺がそれぞれ等しい

24
章

例題 1 平行四辺形 ABCD の対角線 BD に垂線 AE,CF をひくと，AE＝CF となること
を証明しなさい。

【仮定】 AB//CD, AD//BC, BD⊥AE, BD⊥CF　　　【結論】 AE＝CF

【証明】

△ABE と△CDF で

仮定より，∠AEB＝∠CFD＝90°…①

平行四辺形の定理より，AB＝CD …②

平行線の錯角は等しいので，∠ABE＝∠CDF …③

①,②,③より，直角三角形の斜辺と 1 つの鋭角が

それぞれ等しいので，△ABE≡△CDF

合同な図形の対応する辺の長さは等しいので AE＝CF

380 下図で，AB//FC, DE//AC であるとき，次の角を答えなさい。

(1) ∠ABC の同位角で，大きさが等しい角（　　　　　）

(2) ∠ACB の錯角で，大きさが等しい角（　　　　　）

(3) ∠BAC の錯角で，大きさが等しい角（2つ答えなさい）

（　　　　　）（　　　　　）

381 二等辺三角形の定義と定理を書きなさい。

定義：

定理：

382 平行四辺形の定義と定理を書きなさい。

定義：

定理：

383 三角形の合同条件と，直角三角形の合同条件をすべて書きなさい。

三角形：

直角三角形：

384 下図で，AB＝AC, CD⊥AB, BE⊥AC のとき∠BCD＝∠CBE であることを証明しなさい。

【仮定】　　　　　　　　　　　　　　　　　　　　　　　【結論】

【証明】

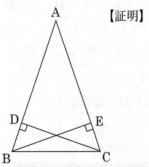

●相似条件

(1)

(2)

(3)

┌─ 相似条件 ─────────────────┐
２つの三角形が次の場合，必ず相似になる
(1) ３組の辺の比がすべて等しい
(2) ２組の辺の比とその間の角がそれぞれ等しい
(3) ２組の角がそれぞれ等しい
└──────────────────────────┘

例題 2　次の図の中から相似な三角形の組をすべて選び相似の記号を使って表しなさい。
また，そのとき使った相似条件も答えなさい。

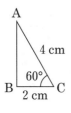 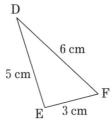

 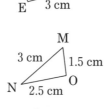

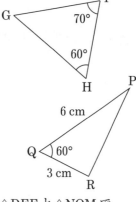

△ABC と△PRQ で，∠C＝∠Q＝60°，
AC：PQ＝4：6＝2：3
BC：QR＝2：3 なので，
△ABC∽△PRQ
２組の辺の比とその間の角がそれぞれ等しい

△DEF と△NOM で
DE：NO＝5：2.5＝50：25＝2：1
EF：OM＝3：1.5＝30：15＝2：1
DF：NM＝6：3＝2：1 なので，
△DEF∽△NOM
３組の辺の比がすべて等しい

△GHI と△LJK で∠G＝180－70－60＝50°となり，
∠G＝∠L，∠H＝∠J なので，△GHI∽△LJK　２組の角がそれぞれ等しい

例題 3　∠A＝90°の直角三角形 ABC の A から BC に垂線を下ろし，その垂線と BC との
交点を D とする。この図について次の問いに答えなさい。

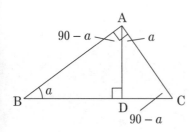

(1) ∠ABD＝a°とするとき，∠BAD，∠CAD，∠ACD
の大きさを a の式で表しなさい。

∠BAD＝90－a，∠CAD＝a，∠ACD＝90－a…(答)

(2) △ABD と相似な三角形をすべて答えなさい。

(1)より a°，90°の角を持つ三角形が相似なので，
　△CBA，△CAD …(答)
※合同条件：２組の角がそれぞれ等しい

385 三角形の相似条件を3つ書きなさい。

----

386 次の図の中から相似な三角形の組をすべて選び相似の記号を使って表しなさい。また，その とき使った相似条件も答えなさい。

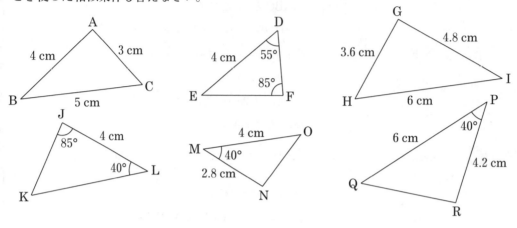

387 ∠B＝90°の直角三角形ABCのBからACに垂線を下ろし，その垂線とACとの交点をHと する。この図について次の問いに答えなさい。

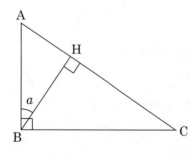

(1) ∠ABH＝a°とするとき，∠BAH，∠CBH，∠ACB の大きさをaの式で表しなさい。

　①∠BAH＝（　　　　　　　） ②∠CBH＝（　　　　　　　）

　③∠ACB＝（　　　　　　　）

(2) △ABH と相似な三角形をすべて答えなさい。

復習　命題の仮定と結論

客観的に正しいか，正しくないかを判断できる文章を**命題**という。

「○○○ならば□□□」の○○○の部分を**仮定**，□□□の部分を**結論**という。

例題 4　下の図で DE∥BC であるとき，△ABC∽△ADE であることを証明しなさい。

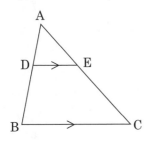

△ABC と△ADE で

共通なので，∠CAB＝∠EAD …①

平行線の同位角は等しいので，

∠ABC＝∠ADE …②

①,②より2組の角がそれぞれ等しいので，

△ABC∽△ADE

例題 5　下の図において，∠ABC＝∠ACD であるとき，△ABC∽△ACD であることを証明しなさい。

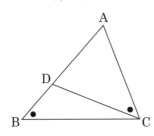

△ABC と△ACD で

仮定より，∠ABC＝∠ACD …①

共通なので，∠BAC＝∠CAD …②

①,②より2組の角がそれぞれ等しいので，

△ABC∽△ACD

例題 6　下の図において，AB∥DE であるとき，△ABC∽△EDC であることを証明しなさい。

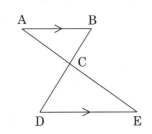

△ABC と△EDC で

対頂角は等しいので，∠ACB＝∠ECD …①

平行線の錯角は等しいので，

∠BAC＝∠DEC …②

①,②より2組の角がそれぞれ等しいので，

△ABC∽△EDC

例題 7　下の図において，△ABC∽△DEC であることを証明しなさい。

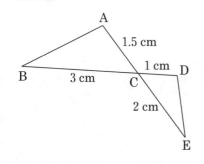

△ABC と△DEC で

対頂角は等しいので，∠ACB＝∠DCE …①

AC：DC＝1.5：1＝3：2 …②

BC：EC＝3：2 …③

①,②,③より2組の辺の比とその間の角がそれぞれ

等しいので，△ABC∽△DEC

388 三角形の相似条件を３つ書きなさい。

----

389 下の図において，AB // EC であるとき，△ABD∽△ECD であることを証明しなさい。

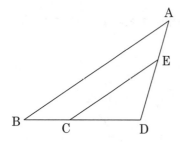

390 下の図において，∠ACB＝∠ADE であるとき，△ABC∽△AED であることを証明しなさい。

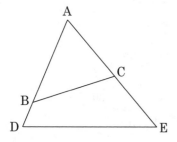

391 下の図において，AB//CD であるとき，△OAB∽△ODC であることを証明しなさい。

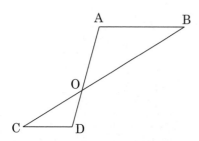

392 下の図において，△ABC∽△AED であることを証明しなさい。

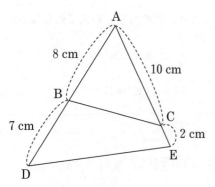

★章末問題★

393 三角形の相似条件を3つ書きなさい。

----

394 次の図の中から相似な三角形の組をすべて選び相似の記号を使って表しなさい。また，その
とき使った相似条件も答えなさい。

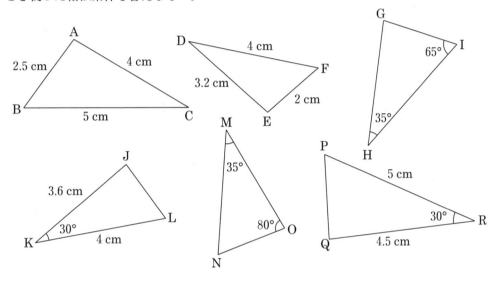

395 長方形 ABCD の AD 上に∠BEC＝90°となるような点 E をとるとき次の問いに答えなさい。

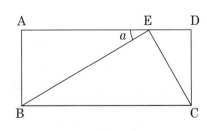

(1) ∠AEB＝a とおくとき，次の角を a の式で表しなさい。

①∠ABE＝（　　　　　　）　　②∠EBC＝（　　　　　　）

③∠BCE＝（　　　　　　）　　④∠DCE＝（　　　　　　）

⑤∠CED＝（　　　　　　）

(2) △ABE と相似な三角形をすべて挙げなさい。

396 下の図において，PQ∥BC であるとき，△ABC∽△APQ であることを証明しなさい。

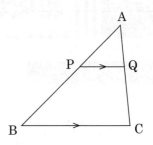

397 平行四辺形 ABCD の AD 上に E をとり，AC と EB の交点を F とする。このとき△AEF∽△CBF であることを証明しなさい。

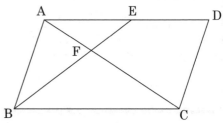

398 下の図において，△ABE∽△CDE であることを証明しなさい。

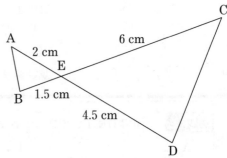

25章 ||| 相似な図形Ⅲ

●平行線と線分の比①

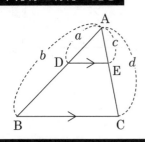

重要

左図で DE//BC であるとき，
△ADE∽△ABC であり，相似な図形の対応する
辺の比は等しいので，次のことがいえる。

$$a:b=c:d$$

例題 1　下図で DE//BC であるとき，図の x の値を求めなさい。

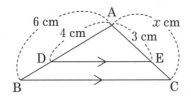

$4:6=3:x$　であるので，

$4x=18$

$x=\dfrac{18}{4}=\dfrac{9}{2}$　…(答)

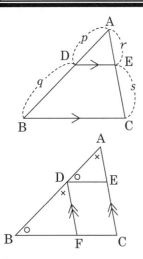

重要

左図で DE//BC であるとき，次のような性質がある

$$p:q=r:s$$

左図のように AC と平行で D を通る直線と BC との交点
を F とすると，2組の角(○と×)がそれぞれ平行線の同位角
で等しいので，△ADE∽△DBF となる。よって
AD：DB＝AE：DF …①
一方，四角形 DECF は平行四辺形であるので，
DF＝EC …② (※平行四辺形の向かい合う辺は等しい)
①,②より，AD：DB＝AE：EC

例題 2　下図で DE//BC であるとき x,y の値を求めなさい。

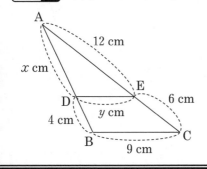

$x:4=12:6$

　→右辺を約分

$x:4=2:1$

$1\times x=4\times2$

　$x=8$ …(答)

△ADE∽△ABC で対応
する辺の比は等しいので，

$y:9=12:(12+6)$

$y:9=12:18$ →右辺を約分

$y:9=2:3$

　$3y=18$

　$y=6$ …(答)

399 下図で BC//DE であるとき，図の x〔cm〕の値を求めなさい。

(1)

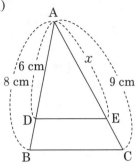

(2)

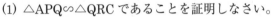

400 △ABC の AB, AC,BC 上にそれぞれ P,Q,R があり，PQ//BC,QR//AB であるとき，次の問いに答えなさい。

　　　　　(1) △APQ∽△QRC であることを証明しなさい。

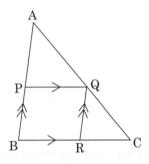

(2) 下の文は AP：PB＝AQ：QC となることを証明したものである。この文中の空欄を埋めなさい。ただしウ.には平行四辺形の定理を答えること。

　　(1)より△APQ∽△QRC であるので，対応する辺の比は等しいので，

　　AP：ア.[　　　　　　]＝イ.[　　　　　]：QC …①

　　仮定より PQ//BC, QR//AB で，2 組の向かい合う辺がそれぞれ平行であるので，

　　四角形 PBRQ は平行四辺形である。よって，

　　ウ.[　　　　　　　　　　　　　　　　　　　　　　　　] ので，

　　PB＝エ.[　　　　　　　　] …②

　　①,②より AP：オ.[　　　　]＝AQ：QC

401 下図で DE//BC であるとき x,y の値を求めなさい。

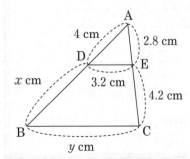

●平行線と線分の比②

$l//m//n$

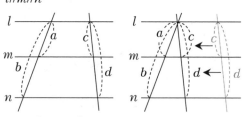

$a : b = c : d$

図のように直線を平行移動させると，
相似な三角形ができる。

$l//m//n$

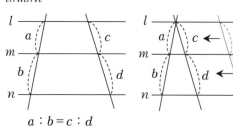

$a : b = c : d$

図のように直線を平行移動させると，
相似な三角形ができる。

$l//m//n$

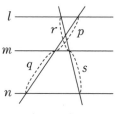

$p : q = r : s$

図のように直線を平行移動させると，
相似な三角形ができる。

$l//m//n//o$

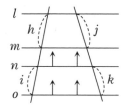

図のように直線 n, o を上につめれば
$h : i = j : k$ となる。

例題 **3**　直線 l, m, n, o が互いに平行であるとき，x の値を求めなさい。

(1)

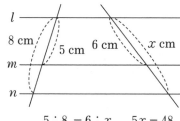

$5 : 8 = 6 : x$　　$5x = 48$

$x = \dfrac{48}{5}$ …(答)

(2)

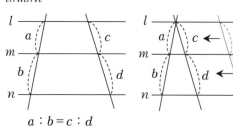

$x : 10 = 6 : 9$　　$9x = 60$

$x = \dfrac{60}{9} = \dfrac{20}{3}$ …(答)

(3)

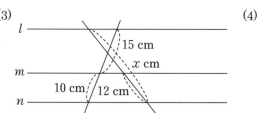

$15 : 10 = x - 12 : 12$　　→　$2x = 36 + 24$

$3 : 2 = x - 12 : 12$　　　　$2x = 60$

$2(x - 12) = 3 \times 12$　　　　　$x = 30$ …(答)

$2x - 24 = 36$

(4)

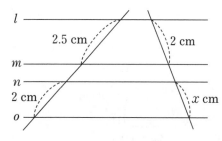

$2.5 : 2 = 2 : x$　　$2.5x = 4$

$25x = 40$　　$x = \dfrac{40}{25} = \dfrac{8}{5}$ …(答)

402 直線 l,m,n,o が互いに平行であるとき，x,y の値を求めなさい。

(1)

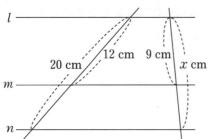

(2)

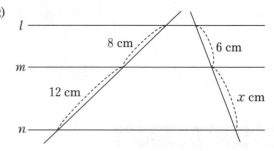

(3)

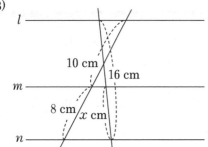

(4)

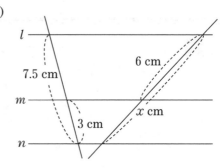

(5)

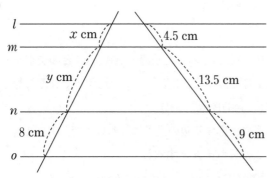

●分割した三角形の面積比

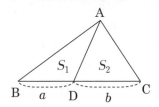

△ABC の底辺 BC を $a:b$ に分ける点を D とするとき，

△ABD，△ACD の面積をそれぞれ S_1, S_1 とすると，

重要　$S_1 : S_2 = a : b$

●角の二等分線と線分の比

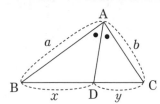

△ABC の∠A の二等分線と BC との交点を D とし，

$AB = a$，$AC = c$，$BD = x$，$CD = y$ とすると，

重要　$a : b = x : y$

例題 5　(1) △ABC の BC 上の点を D とするとき，△ABD：△ACD＝BD：CD となることを証明しなさい。

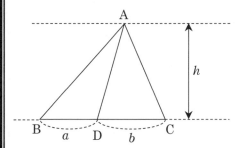

【証明】

$BD = a, CD = b$，BC を底辺とする△ABC の高さを h とすると，

$$\triangle ABD = \frac{1}{2}ah, \quad \triangle ACD = \frac{1}{2}bh \quad \text{よって，}$$

$$\triangle ABD : \triangle ACD = \frac{1}{2}ah : \frac{1}{2}bh$$

$$= a : b$$

$$= BD : CD$$

(2) △ABC の∠A の二等分線と BC との交点を D とし，$AB = a, AC = b$ とするとき，(1)を利用して BD：CD＝$a:b$ であることを証明しなさい。

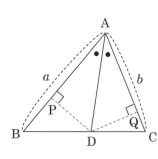

【証明】

D から AB, AC に下ろした垂線と AB, AC との交点をそれぞれ P,Q とすると，斜辺と一つの鋭角がそれぞれ等しいので，△ADP ≡ △ADQ

合同な図形の対応する辺の長さは等しいので，DP＝DQ であり，この長さを h とすると，

$$\triangle ABD : \triangle ACD = \frac{1}{2}ah : \frac{1}{2}bh = a : b \quad \cdots ①$$

一方，(1)より

$$\triangle ABD : \triangle ACD = BD : CD \quad \cdots ②$$

①,②より，$BD : CD = a : b$

例題 6 △ABC の BC 上に BD：CD＝3：2 となる点 D をとり，AD 上に AE：ED＝5：4 となる点 E をとる。△ADC の面積が 10 cm² であるとき，△ABE の面積を求めなさい。

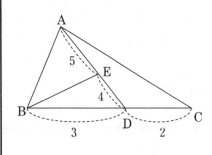

△ABD の面積を x〔cm²〕とすると，

$$x：10＝3：2$$
$$2x＝30$$

$$\frac{1}{2} \times 2x = \frac{1}{2} \times 30$$
$$x＝15$$

△ABE の面積を y〔cm²〕とすると，

△BDE＝$15－y$〔cm²〕となるので，

$$y：(15－y)＝5：4$$
$$4y＝5(15－y)$$
$$4y＝75－5y$$

$$9y＝75$$
$$\frac{1}{9} \times 9y = \frac{1}{9} \times 75$$
$$y = \frac{25}{3} \text{ cm}^2 \ \cdots(答)$$

403 △ABC の BC 上に BD：CD＝2：1 となる点 D をとり，AB 上に AE：BE＝3：2 となる点 E をとる。△ADC の面積が 15 cm² であるとき，△ADE の面積を求めなさい。

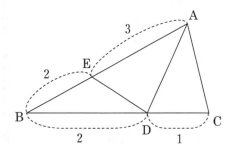

404 図中の x の値を求めなさい。

(1)

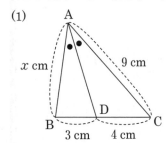

(2)

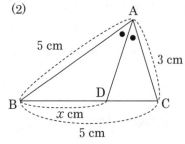

(3)

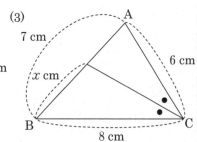

●相似な三角形と線分の比

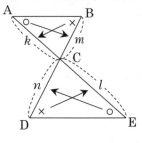

AB//DE→△ABC∽△EDC

２つの相似な三角形で比の式を立てる場合，対応する角の対辺が対応する辺になることに注目するとよい。

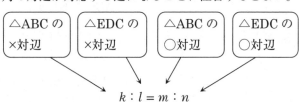

| △ABC の ×対辺 | △EDC の ×対辺 | △ABC の ○対辺 | △EDC の ○対辺 |

$$k : l = m : n$$

例題 4　次の図の x, y の値を求めなさい。

(1) AB//DE

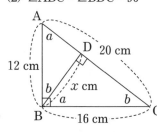

△ABC∽△EDC であるので，

○対辺　×対辺

$4 : 6 = x : 4.5$

$2 : 3 = x : 4.5$

$3x = 2 \times 4.5$

$3x = 9$

$x = 3$ …(答)

○対辺　△対辺

$4 : 6 = 5 : y$

$2 : 3 = 5 : y$

$2y = 15$

$y = \dfrac{15}{2}$ …(答)

(2) ∠ABC = ∠BDC = 90°

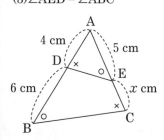

∠BAC = a，∠BCA = b とすると，$a + b = 90°$ であるので，

∠DBC = a，∠ABD = b となる。

△ABC∽△BDC であるので，

∠b 対辺　直角対辺

$12 : x = 20 : 16$　これを解くと，$x = \dfrac{48}{5}$ …(答)

(3) ∠AED = ∠ABC

△ADE∽△ACB であるので，

○対辺　×対辺

$4 : (5 + x) = 5 : 10$　→右辺を約分

$4 : (5 + x) = 1 : 2$

$5 + x = 8$　これを解いて，$x = 3$ …(答)

405 次の図の x, y の値を求めなさい。

(1) AB//DE

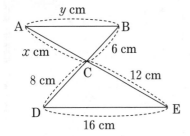

(2) ∠ACB＝∠ADC＝90°

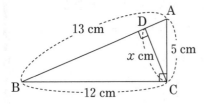

(3) ∠BAC＝∠ADB＝90°

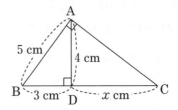

(4) ∠ACB＝∠ADE

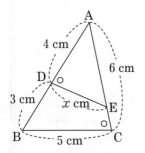

(5) ∠ABC＝∠ACD

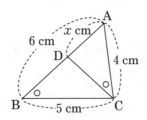

●平行線と線分の比③

例題 5　直線 l,m,n が互いに平行であるとき，x の値を求めなさい。

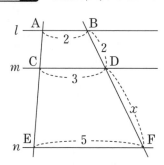 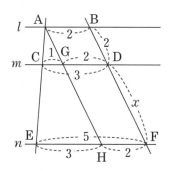 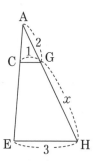

図のように AH//BF となるように補助線 AH を引くと，△ACG∽△AEH となる。

AG：AH＝CG：EH であるので，$2:(2+x)=1:3$　これを解くと $x=4$

例題 6　次の図で AB//CD//EF であるとき，x の値を求めなさい。

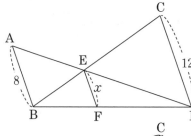 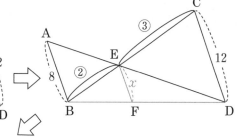

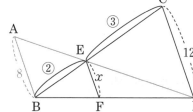

上図より AB：CD＝8：12＝2：3 なので

BE：EC＝2：3

左図より BE：BC＝EF：CD なので

$2:5=x:12$ となる。これを解くと $x=\dfrac{24}{5}$ …(答)

例題 7　下図で，ABCD は平行四辺形で，AB＝AE であるとき AF と EF の長さを求めなさい。

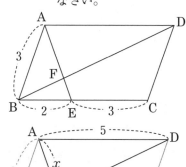

AF＝x とすると，AB＝AE より EF＝$3-x$ となる。

△AFD∽△EFB であるので AD：BE＝AF：EF

よって，　$5:2=x:(3-x)$

$2x=5(3-x)$

$2x=15-5x$

$2x+5x=15$

$7x=15$

$x=\dfrac{15}{7}$

EF＝$3-x$

$=3-\dfrac{15}{7}=\dfrac{6}{7}$

AF＝$\dfrac{15}{7}$，　EF＝$\dfrac{6}{7}$ …(答)

406 直線 l, m, n, o が互いに平行であるとき，x の値を求めなさい。

(1)
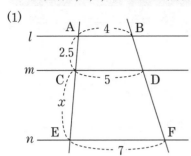

(2)
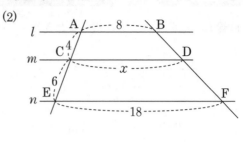

407 次の図で AB//CD//EF が平行であるとき，x の値を求めなさい。

(1)
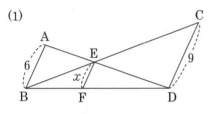

(2)
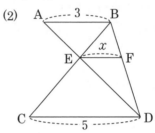

408 下図で，ABCD が平行四辺形で，DC＝DE であるとき DF, EF の長さを求めなさい。

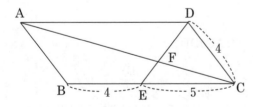

25
章

★ 章 末 問 題 ★

409 直線 l, m, n が互いに平行であるとき x, y の値を求めなさい。

(1)

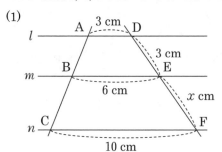

(2)

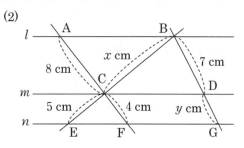

410 次の図の x, y の値を求めなさい。

(1) $\angle ABC = \angle ADB = 90°$

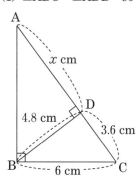

(2) $\angle ABC = \angle CAD$

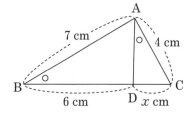

(3) AD//BC//EF

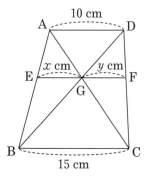

(4) AC//DE

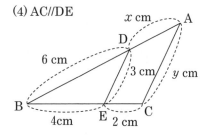

(5) ∠BAD＝∠CAD

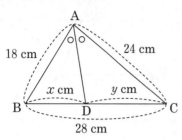

(6) ∠AED＝∠AEC＝∠EAC

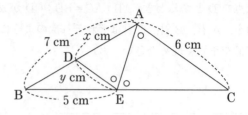

411 図のように平行四辺形 ABCD の BC の延長上に CE＝2 cm となる点 E をとり，AE と BD，CD との交点をそれぞれ F, G とする。この図について次の問いに答えなさい。

(1) 線分 DG の長さを求めなさい。

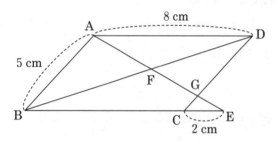

(2) △ABF と△ADF の面積比を求めなさい。

412 △ABC の AB 上に AD：BD＝3：2 となる点 D をとり，AC 上に AE：CE＝4：5 となる点 E をとる。△ADE の面積が 8 cm² であるとき，△ABC の面積を求めなさい。

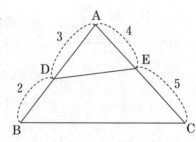

413 右図のような△ABC において，∠A の二等分線と BC との
交点を D とするとき，AB：AC＝BD：CD が成り立つ。この理
由を，A君，B君，C君はそれぞれ次のように考えた。文中の
空欄を正しく埋めなさい。

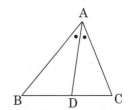

──────────────── A君の考え方 ────────────────

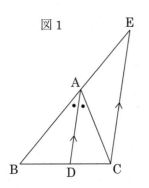

図1

図1のように BA の延長線と，C を通り DA に平行な直線との
交点を E とする。

仮定より，∠BAD＝∠CAD…①

平行線の同位角は等しいので，∠(ア　　　)＝∠AEC…②

平行線の錯角は等しいので，∠CAD＝∠(イ　　　)…③

①,②,③より，∠AEC＝∠(ウ　　　)

△ACE の 2 つの角の大きさが等しいので，△ACE は二等辺三
角形である。よって，AE＝AC…④

一方，△BCE で DA∥CE であるので，

(エ　　　)：(オ　　　)＝BD：DC…⑤

④,⑤より，AB：AC＝BD：DC

──────────────── B君の考え方 ────────────────

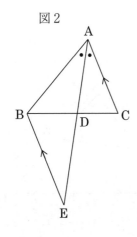

図2

図2のように AD の延長線と，B を通り AC に平行な直線との
交点を E とする。

仮定より，∠BAD＝∠CAD…①

平行線の錯角は等しいので，∠CAD＝∠(カ　　　)…②

①,②より，∠BAD＝∠(　カ　)

△BAE の 2 つの角の大きさが等しいので，△BAE は二等辺三
角形である。よって，AB＝BE…③

一方，AC∥BE であるので，△EBD∽△ACD

よって対応する辺の比はそれぞれ等しいので，

(キ　　　)：(ク　　　)＝BD：DC…④

③,④より，AB：AC＝BD：DC

———————— C君の考え方 ————————

図3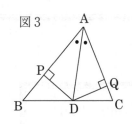

図3のように D から AB，AC に下ろした垂線と AB，AC との交点をそれぞれ P,Q とする。

斜辺と一つの鋭角がそれぞれ等しいので，△ADP ≡ △ADQ

合同な図形の対応する辺の長さは等しいので，DP=(ケ　　　)

であり，この長さを h とすると，

$$△ABD : △ACD = \frac{1}{2} \times (コ　　) \times h : \frac{1}{2} \times (サ　　) \times h$$

$$= (コ) : (サ) \cdots ①$$

一方，△ABC で，BC を底辺とする高さを l とすると，

$$△ABD : △ACD = \frac{1}{2} \times (シ　　) \times l : \frac{1}{2} \times (ス　　) \times l$$

$$= (コ) : (サ) \cdots ②$$

①,②より，AB : AC = BD : CD

414 次の問いに答えなさい。

(1) 点 O を相似の中心として，△ABC を 3 倍に拡大した△A'B'C'を作図しなさい。ただし A と A'，B と B'，C と C'がそれぞれ対応する点となるように作図すること。

(2) 下の文は△ABC と△A'B'C'が相似であることを証明したものである。空欄に当てはまる記号や数値，および三角形の相似条件を答えなさい。

△OAB と△OA'B'で，

OA : OA' = ア.[　　:　　] (仮定) …①

OB : OB' = イ.[　　:　　] (仮定) …②

∠AOB = ウ.[　　　　] (共通) …③

①,②,③よりエ.[＿＿＿＿＿＿＿＿＿

＿＿＿＿＿＿＿＿＿＿＿＿＿＿＿]

ので△OAB∽オ.[　　　　]

よって相似な三角形の対応する辺の比は

等しいので AB : A'B' = カ.[　　:　　] …④

同様に △OBC∽キ.[　　　　]，△OAC∽ク.[　　　　] であり，

どちらも相似比はケ.[　　:　　] であるので，

BC : B'C' = コ.[　　:　　] …⑤　　AC : A'C' = サ.[　　:　　] …⑥

④,⑤,⑥よりシ.[＿＿＿＿＿＿＿＿＿＿＿＿＿＿＿＿＿＿＿＿]ので，

△ABC∽△A'B'C'となり，この相似比はス.[　　:　　]となる。

26章 ‖‖ 相似な図形Ⅳ

●中点連結定理

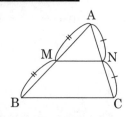

---中点連結定理---

△ABCで M, N がそれぞれ AB,AC の中点であれば，

$$MN // BC , MN = \frac{1}{2}BC$$

●中点連結定理の証明

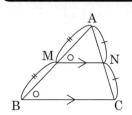

△AMN と△ABC で，

　AM：AB＝1：2（仮定）

　AN：AC＝1：2（仮定）

　∠A＝∠A（共通）

　よって△AMN∽△ABC

となり，その相似比は1：2

よって対応する角が等しいので，

　∠AMN＝∠ABC

同位角が等しいので MN//BC

また，対応する辺の比は等しい

ので MN：BC＝1：2

つまり，MN＝$\frac{1}{2}$BC となる。

復習 平行四辺形になる条件

以下のいずれかの条件に当てはまる四角形は平行四辺形であるといえる。

① 2組の向かい合う辺がそれぞれ平行　　② 2組の向かい合う辺がそれぞれ等しい

③ 2組の向かい合う角がそれぞれ等しい　　④ 対角線がそれぞれ中点で交わる

⑤ 1組の向かい合う辺が平行で長さが等しい

例題 1 　下の図の△ABCで，D, E, F はそれぞれ AB, BC, CA の中点であるとき，次の問いに答えなさい。

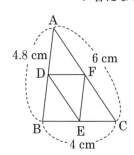

(1) DF, DE, EF の長さを求めなさい。

　△ABC で中点連結定理を用いると，

　D,F は AB,AC の中点なので DF＝$\frac{1}{2}$BC＝$\frac{1}{2}$×4＝2 cm …（答）

　D,E は AB,BC の中点なので DE＝$\frac{1}{2}$AC＝$\frac{1}{2}$×6＝3 cm …（答）

　E,F は BC,AC の中点なので EF＝$\frac{1}{2}$AB＝$\frac{1}{2}$×4.8＝2.4 cm …（答）

(2) 四角形 DBEF は平行四辺形であることを証明しなさい。

　△ABC で，D,F はそれぞれ AB,AC の中点なので中点連結定理より，DF//BC …①

　△CBA で，E,F はそれぞれ BC,AC の中点なので中点連結定理より EF//AB …②

　①,②より，2組の向かい合う辺がそれぞれ平行であるので，

　四角形 DBEF は平行四辺形である。

415 下の図の△ABCで，P, Q はそれぞれ BC, CA の中点であるとき，中点連結定理によって成り立つ条件を2つ答えなさい。

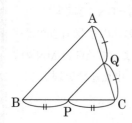

416 四角形が平行四辺形になるための条件を5つ挙げるとき，以下の空欄を埋めなさい。

① 2組の向かい合う _____

② 2組の向かい合う _____

③ 2組の向かい合う _____

④ 対角線が _____

⑤ 1組の向かい合う _____

417 下の図の△ABCで，D, E, F はそれぞれ AB, BC, CA の中点であるとき，次の問いに答えなさい。

(1) AB, DE, DF の長さを求めなさい。

AB =（　　　　）cm ， DE =（　　　　）cm ， DF =（　　　　）cm

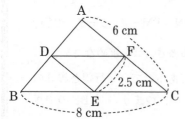

(2)「2組の向かい合う辺がそれぞれ平行である」ことを示すことによって，四角形 ADEF は平行四辺形であることを証明しなさい。

26章

例題 2　AD と BC が平行である台形 ABCD の辺 AB, DC の中点をそれぞれ M, N とするとき, x を求めなさい。

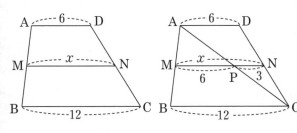

AD//BC, AM : MB = DN : NC = 1 : 1
より**平行線と線分の比の性質** (p260) から, AD//MN//BC　よって AC と MN の交点を P とすると, 中点連結定理より,

$$MP = \frac{1}{2}BC = \frac{1}{2} \times 12 = 6$$

$$PN = \frac{1}{2}AD = \frac{1}{2} \times 6 = 3 \quad よって,$$

$$x = MP + PN = 6 + 3 = 9 \quad \cdots(答)$$

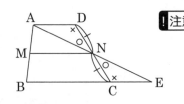

! 注意　左図のように AN,BC の延長線の交点を E とすると, △AND≡△ENC となるので, AN=EN。よって, △ABE に注目すると, M,N は AB,AE の中点なので, 中点連結定理により, MN//BE。仮定より AD//BC であるので, AD//BC//MN がいえる。

例題 3　次の図で, AD と BC は平行で, M, N はそれぞれ辺 AC, BD の中点であるとき, x を求めなさい。

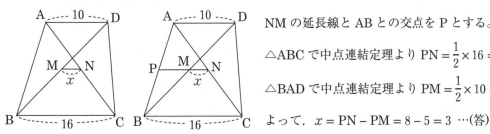

NM の延長線と AB との交点を P とする。

△ABC で中点連結定理より $PN = \frac{1}{2} \times 16 = 8$

△BAD で中点連結定理より $PM = \frac{1}{2} \times 10 = 5$

よって, $x = PN - PM = 8 - 5 = 3 \quad \cdots(答)$

例題 4　次の図で, AC//FD, AF = EF, BC = CD = DE であるとき, x を求めなさい。

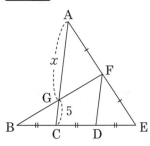

AC//FD で BC : CD = 1 : 1 であるので, 平行線と線分の比の性質から, BG : GF も 1 : 1, つまり G は BF の中点である。よって,
△BDF で中点連結定理より DF = 2 × 5 = 10
△EAC で中点連結定理より AC = 2DF
よって, $x + 5 = 2 \times 10$　これを解くと, $x = 15 \quad \cdots(答)$

例題 5　下図で, D, E は AB, AC の中点であり, BE = 6 cm であるとき, GE の長さを求めなさい。

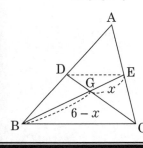

D,E を結ぶと, 中点連結定理より, DE//BC であるので △DGE∽CGB となる。また, DE : BC = 1 : 2 であるので 相似比は 1 : 2 となる。よって, EG = x とすると
EG : GB = 1 : 2 = x : 6 - x
$2x = 6 - x$　これを解くと, $x = 2$ (cm) $\cdots(答)$
※三角形の各点と対辺の中点を結んで交わった点を**重心**という。

418 AD と BC が平行である台形 ABCD の辺 AB, DC の中点をそれぞれ M, N とするとき, x を求めなさい。

(1)

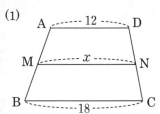

(2)

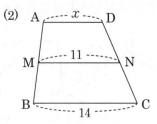

419 次の図で, AD と BC は平行で, M, N はそれぞれ辺 AC, BD の中点であるとき, x を求めなさい。

(1)

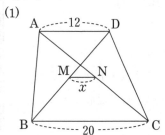

(2)

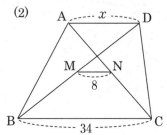

420 次の図で, BE//CF, AE＝EF, AB＝BC＝CD であるとき, x を求めなさい。

(1)

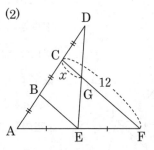

(2)

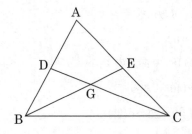

421 下図で, D, E は AB, AC の中点であり, CD＝12 cm であるとき, DG の長さを求めなさい。

例題 **6**　四角形 ABCD の辺 AB, BC, CD, DA の中点をそれぞれ E, F, G, H とすると, 四角形 EFGH は平行四辺形であることを証明しなさい。

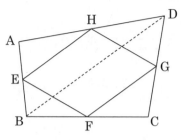

△ABD において

E, H はそれぞれ AB, AD の中点なので,

中点連結定理より,

BD//EH …①　　EH $=\dfrac{1}{2}$BD …②

同様に△CBD において,

F, G はそれぞれ BC, CD の中点なので,

中点連結定理より,

BD//FG …③　　FG $=\dfrac{1}{2}$BD …④

①, ③より, EH//FG …⑤

②, ④より, EH = FG …⑥

⑤, ⑥より, 1組の向かい合う辺が平行で長さが

等しいので四角形 EFGH は平行四辺形である。

BD を結び, △ABD, △CBD に注目する。

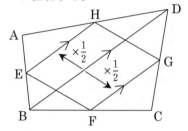

例題 **7**　下図で AB = CD で, M, N, P はそれぞれ AD, BC, BD の中点であるとき, 次の問いに答えなさい。

(1) △PMN が二等辺三角形であることを証明しなさい。

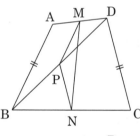

△DAB において, M, P はそれぞれ DA, DB の中点なので,

中点連結定理より, MP $=\dfrac{1}{2}$AB …①

同様に△BCD において, NP $=\dfrac{1}{2}$CD …②

仮定より, AB = CD …③

①,②,③より MP = NP　よって

2 辺の長さが等しいので△PMN は二等辺三角形である。

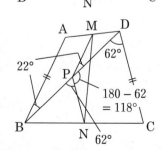

(2) ∠ABD = 22°, ∠BDC = 62°であるとき, ∠PNM の大きさを求めなさい。

平行線の同位角は等しいので,

∠DPM = 22°, ∠BPN = 62°

∠NPD = 180 − 62 = 118° であるので,

∠MPN = 118 + 22 = 140°　よって,

∠PNM = (180 − 140) ÷ 2 = 20° …(答)

422 図の四角形 ABCD において，AD, BC の中点をそれぞれ P, Q とし，また対角線 AC, BD の中点をそれぞれ R, S とするとき，四角形 PSQR は平行四辺形であることを証明しなさい。

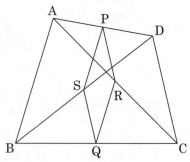

423 下図で AB＝CD で，M, N, P はそれぞれ AD, BC, AC の中点であるとき，次の問いに答えなさい。

(1) △PMN が二等辺三角形であることを証明しなさい。

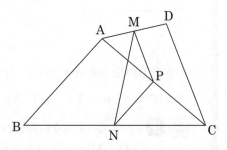

(2) ∠ACD＝30°, ∠BAC＝94° であるとき，∠PNM の大きさを求めなさい。

●相似な図形の面積比と体積比

相似な図形の相似比が $a:b$ ならば，**面積比は $a^2:b^2$，体積比は $a^3:b^3$**

相似比→ 2:3　　　　　　　　　相似比→ 2:3

　　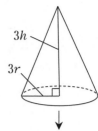

面積比　　　　　　　　　　　　　　体積比

$$\frac{1}{2}\times 2x\times 2h:\frac{1}{2}\times 3x\times 3h \qquad \frac{1}{3}\times\pi\times(2r)^2\times 2h:\frac{1}{3}\times\pi\times(3r)^2\times 3h$$

$$\frac{1}{2}\cancel{hx}\times 2^2:\frac{1}{2}\cancel{hx}\times 3^2 \qquad \frac{1}{3}\cancel{\pi hr^2}\times 2^3:\frac{1}{3}\cancel{\pi hr^2}\times 3^3$$

$$2^2:3^2 \qquad\qquad\qquad\qquad 2^3:3^3$$

例題 8　　下の図で，DE//BC で AD：DB＝1：2 であるとき，次の問いに答えなさい。

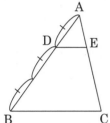

(1) △ADE：△ABC の面積比を求めなさい。

　　△ADE∽△ABC で AD：AB＝1：3，つまり相似比が 1：3

　　なので面積比は $1^2:3^2=1:9$ …(答)

(2) △ADE と台形 DBCE の面積比を求めなさい。

　　△ADE：△ABC＝1：9 であるので

　　△ADE：台形 DBCE＝△ADE：（△ABC－△ADE）

　　　　　　　　　　　　＝1：（9－1）＝1：8 …(答)

(3) 台形 DBCE の面積が 24 cm² であるとき，△ADE の面積を求めなさい。

　　△ADE＝x cm² とすると，1：8＝x：24　　これを解くと $x=3$ cm² …(答)

例題 9　　下の図のような円錐形の容器に水が入っている。水面が図の A の位置にあり，
　　　　　OA：AB＝2：1 であるとき，次の問いに答えなさい。

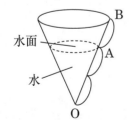

水面
水

(1) 容器の容積と水の体積の比はいくらか。

　　円錐形の容器と円錐形の水は相似であり，

　　OB：OA＝3：2 であるので

　　体積比は $3^3:2^3=27:8$ …(答)

(2) 円錐の容器の体積が 100 cm³ であるとき，水の体積を求めなさい。

　　水の体積を x cm³ とすると，(1)の結果より，

　　27：8＝100：x

　　$27x=800$　　　　　$x=\dfrac{800}{27}$ cm³ …(答)

424 次の空欄を埋めなさい。

相似な図形の相似比が $x:y$ ならば，面積比は①(　　　：　　　)，体積比は②(　　　：　　　)

425 図のように2辺の長さが3cm，5cmの直角二等辺三角形をそれぞれ S_1，S_2 とする。さらに S_1，S_2 を底面として高さが3cm，5cmである三角柱をそれぞれ V_1，V_2 とするとき，次の問いに答えなさい。ただし，比はできるだけ簡単な整数の比で答えること。

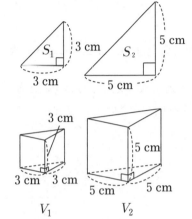

S_1 と S_2 の相似比はア.[　　　：　　　]

S_1 の面積 ＝ イ.[　　　] cm² 　S_2 の面積 ＝ ウ.[　　　] cm²

このことから，S_1 と S_2 の面積比はエ.[　　　：　　　]と

なり，この比はオ.[　　]² : カ.[　　]² となっている。

V_1 と V_2 の相似比はキ.[　　　：　　　]

V_1 の体積 ＝ ク.[　　　] cm³ 　V_2 の体積 ＝ ケ.[　　　] cm³

このことから，V_1 と V_2 の体積比はコ.[　　　：　　　]と

なり，この比はサ.[　　]³ : シ.[　　]³ となっている。

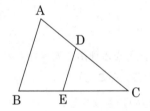

V_1　　　　　V_2

426 下の図で，AB//DE で AD：DC＝2：3であるとき，次の問いに答えなさい。

(1) △ABC：△DEC の面積比を求めなさい。

(2) 台形 ABED と△DEC の面積比を求めなさい。

(3) 台形 ABED の面積が 32 cm² であるとき，△DEC の面積を求めなさい。

427 下の図のような円錐形の容器に水が入っている。水面が図の A の位置にあり，OA：AB＝1：2であるとき，次の問いに答えなさい。

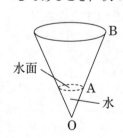

(1) 容器の容積と水の体積の比はいくらか。

(2) 円錐の容器の体積が 135 cm³ であるとき，水の体積を求めなさい。

★ 章 末 問 題 ★

428 四角形が平行四辺形になるための条件を5つ挙げるとき，以下の空欄を埋めなさい。

① 2組の向かい合う _____

② 2組の向かい合う _____

③ 2組の向かい合う _____

④ 対角線が _____

⑤ 1組の向かい合う _____

429 AD と BC が平行である台形 ABCD の辺 AB，DC の中点をそれぞれ M，N とするとき，次の問いに答えなさい。

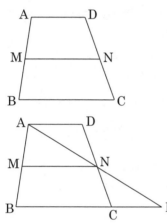

(1) 左下図のように AN と BC の延長線の交点を E とするとき，△AND ≡ △ENC であることを証明しなさい。

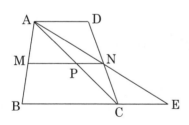

(2) AC と MN の交点を P とするとき，以下は MN//BC 及び AP = CP となる理由を述べたものである。以下の空欄を埋めなさい。（比はできるだけ簡単な整数の比で答えること）

(1)より，合同な図形の対応する辺の長さは等しいので，

$$AN = [ア.　　　　　]$$

仮定より，AM = [イ.　　　　　]　よって，

△ABE で M,N はそれぞれ[ウ.　　　　]，[エ.　　　　]

の中点なので，[オ.　　　　　　　]定理により，

MN//BC がいえる。これにより平行線と線分の比の性質から，

AM : BM = [カ.　　:　　]　なので，

AP : CP = [キ.　　:　　]　よって，AP = CP となる。

(3) 辺の長さが下図のようになっているとき，図の x, y, z の長さを求めなさい。

$$x = (　　　　　), y = (　　　　　), z = (　　　　　)$$

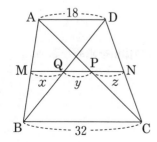

430 △ABC∽△DEF でこの相似比が 3：4 で，△ABC の底辺は 6 cm，高さは 3 cm，△DEF の底辺は x cm，高さは y cm であるとき，次の問いに答えなさい。

(1) x, y の値をそれぞれ求めなさい。

$x=($ 　　　　　)， $y=($ 　　　　　)

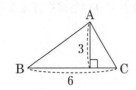

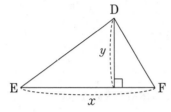

(2) △ABC と △DEF の面積を求めなさい。

△ABC＝(　　　　　) △DEF＝(　　　　　)

(3) 次の空欄に当てはまる数値を答えなさい。

(2)の結果より相似比が 3：4 の三角形の面積比は[ア.　　　]² ：[イ.　　　]² となっていることがわかる。

431 2つの球 A_1, A_2 の半径の比が 3：4 であり，A_1 の体積が 90π cm³ であるとき，A_2 の体積を求めなさい。

432 下の図で，2点 P，Q はそれぞれ辺 AB，AC の中点であり，点 R は 2 つの線分 BQ と CP との交点である。PR＝5 cm，QR＝4 cm のとき，次の問いに答えなさい。

(1) BR の長さを求めなさい。

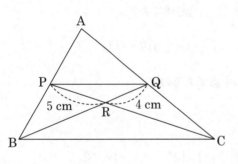

(2) △PQR と △RBC の面積比を求めなさい。

26章

433 下の図は AB：BC＝3：2，$l \perp$ BD，$l \perp$ CE であり，△ACE，△ABD，四角形 BCDE を，直線 l を軸に回転してできる回転体をそれぞれ V_1, V_2, V_3 とするとき，次の問いに答えなさい。

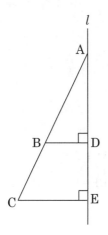

(1) 回転体 V_1, V_2 は何という立体か。立体の名前を答えなさい。

(2) V_1 と V_2 の体積比を答えなさい。

(3) V_2 と V_3 の体積比を答えなさい。

(4) $V_2 = 300 \, \text{cm}^3$ であるとき，V_3 の体積を求めなさい。

434 図のように△ABC の辺 AB の中点を M，辺 BC を 3 等分する点を D，E とし，AE と CM の交点を F とする。MD＝4cm であるとき，線分 AF の長さを求めなさい。

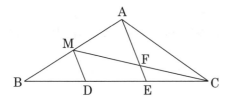

435 △ABC の AB，BC，CA の中点をそれぞれ D，F，E とするとき，以下は四角形 DBFE が平行四辺形であることを証明したものである。空欄を埋めなさい。

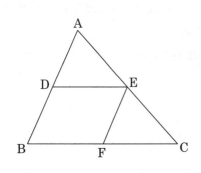

D,E はそれぞれ AB,AC の中点なので，

ア.[　　　　　　　　]定理により，

DE//イ.[　　　　] …① 　　DE＝ウ.[　　　　] …②

また，F は BC の中点であるので，

BF＝$\frac{1}{2}$BC …③

②,③より [エ.　　　]＝[オ.　　　] …④

①,④より，

[カ. ....

....]

ので，四角形 DBFE は平行四辺形である

436 平行四辺形 ABCD の AB を 2：3 に分けた点を E とし，AC と ED の交点を G とする。さらに E を通り BC と平行な線と AC との交点を F とするとき，次の問いに答えなさい。

(1) 次の面積比を求めなさい。

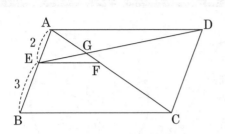

① △ABC：△AEF

② △AEF：四角形 EBCF

③ △AEG：△DCG

(2) △AEF＝7 cm² のとき四角形 EBCF の面積を求めなさい。

(3) △AEG＝5 cm² のとき△CDG の面積を求めなさい。

437 図のように AB を直径とする円 O の円周上に C があり，D,E はそれぞれ OC,BC の中点で，AE と OC の交点を F とする。次の問いに答えなさい。

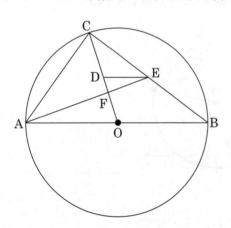

(1) △COB で，中点連結定理によって成り立つ条件を 2 つ答えなさい。

(2) DF：FO の比を求めなさい。

(3) AB＝24 cm であるとき，DE，DF,FO の長さを求めなさい。

DE ＝（　　　　　　），　DF ＝（　　　　　　），　FO ＝（　　　　　　）

27章 ||| 円周角と中心角

●円周角とは

右図のように，
∠APB を $\overset{\frown}{AB}$ に対する**円周角**，
∠AOB を $\overset{\frown}{AB}$ に対する**中心角**
という。

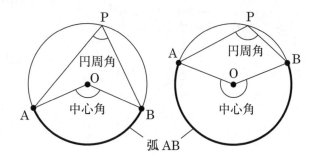

●円周角の定理

・同じ弧に対する円周角の大きさは等しい

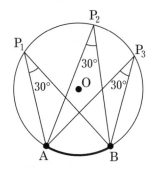
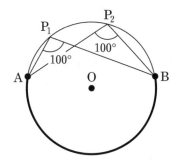

・1つの弧に対する中心角の大きさは，その弧に対する円周角の大きさの2倍である

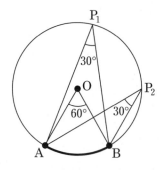
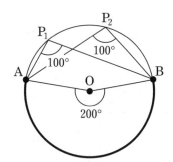

●直径に対する円周角

円周角の定理より，
中心角が180°のとき，円周角は90°になる。
よって左図のように，直径 AB に対する円周角
∠AP₁B, ∠AP₂B, ∠AP₃B はすべて直角(90°)
になることがわかる。

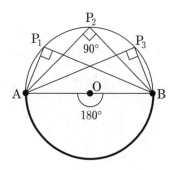

438 下の図に関する次の文中の空欄を埋めなさい。

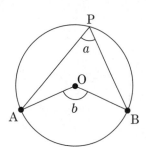

∠APB は弧①(　　　　　)に対する②(　　　　　　)である。

∠AOB は弧③(　　　　　)に対する④(　　　　　　)である。

円周角の定理より，a,b の関係を式で表すと，

a＝⑤(　　　　　)×bとなる。

439 次の(1)〜(4)角は下図の∠a〜∠d のどの角か答えなさい。

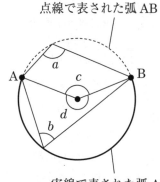

点線で表された弧 AB

実線で表された弧 AB

(1) 図の実線で表された弧 AB に対する円周角

(2) 図の実線で表された弧 AB に対する中心角

(3) 図の点線で表された弧 AB に対する円周角

(4) 図の点線で表された弧 AB に対する中心角

440 下図について，次の問いに答えなさい。

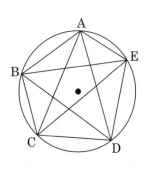

(1) ∠BAC と大きさが等しい角をすべて答えなさい。

(2) ∠ACE と大きさが等しい角をすべて答えなさい。

(3) ∠BDE と大きさが等しい角をすべて答えなさい。

441 次の図の∠a〜∠h の大きさを求めなさい。

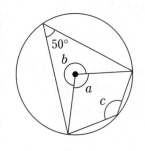
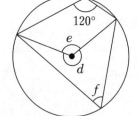
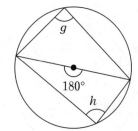

a：(　　　)b：(　　　)c：(　　　)d：(　　　)e：(　　　)f：(　　　)g：(　　　)h：(　　　)

27章

例題 **1**　次の図の∠x の大きさを求めなさい。

(1)

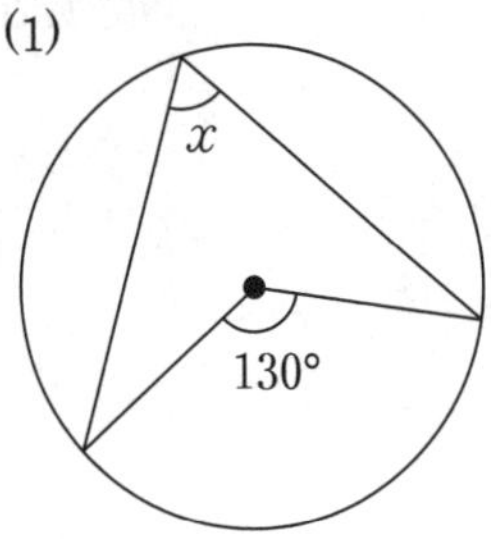

円周角＝中心角÷2
$x = 130 \div 2$
$x = 65°$ …(答)

(2)

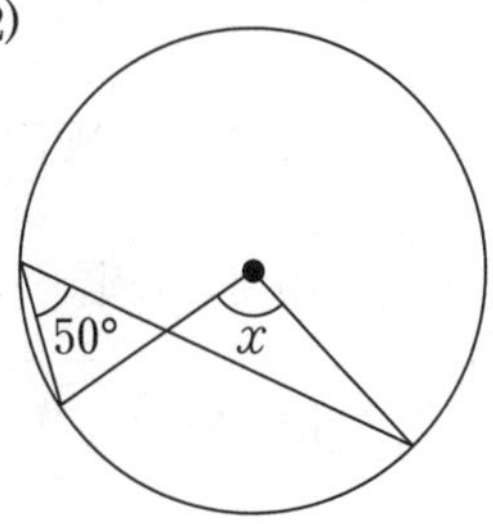

中心角＝2×円周角
$x = 2 \times 50$
$x = 100°$ …(答)

(3)

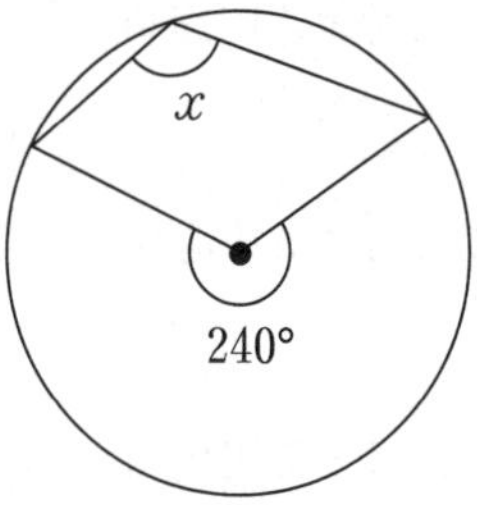

円周角＝中心角÷2
$x = 240 \div 2$
$x = 120°$ …(答)

(4)

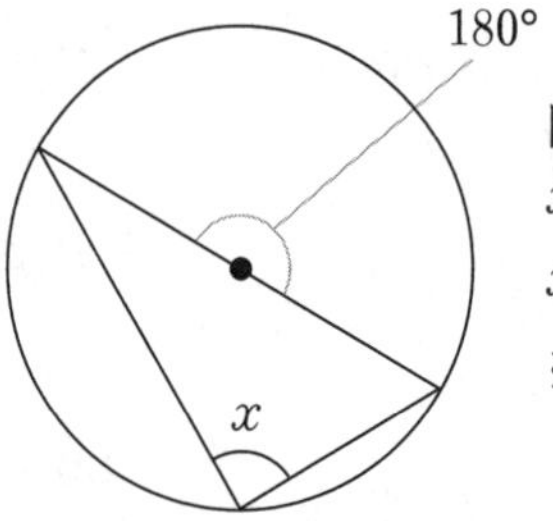

円周角＝中心角÷2
$x = 180 \div 2$
$x = 90°$ …(答)

※直径に対する
　円周角は 90°

(5)

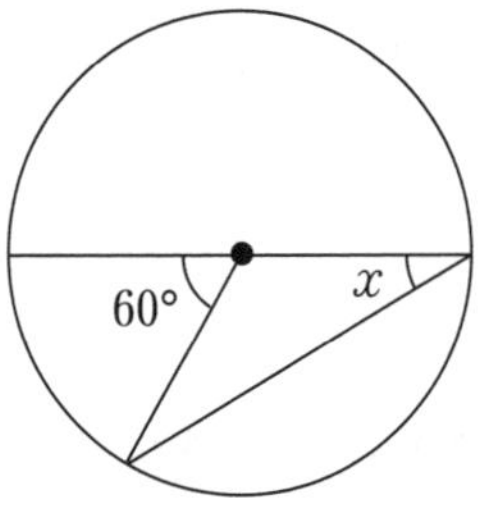

円周角＝中心角÷2
$x = 60 \div 2$
$x = 30°$ …(答)

(6)

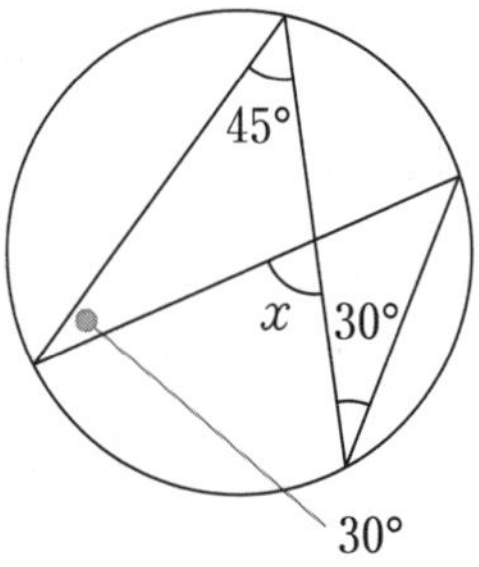

2つの内角の和
＝他の角の外角
$30 + 45 = x$
$x = 75°$ …(答)

(7)

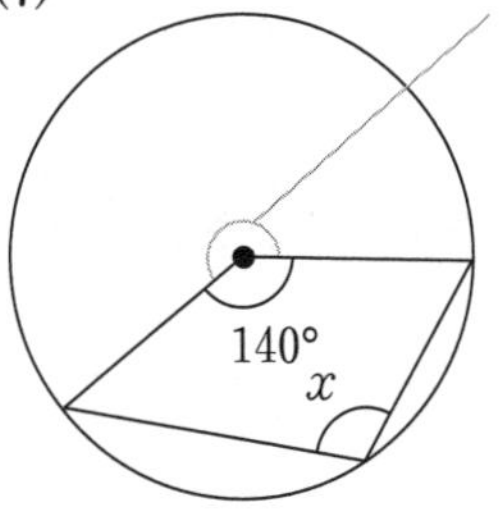

$360 - 140 = 220°$

2×円周角＝中心角
$2x = 220$
$x = 110°$ …(答)

(8)

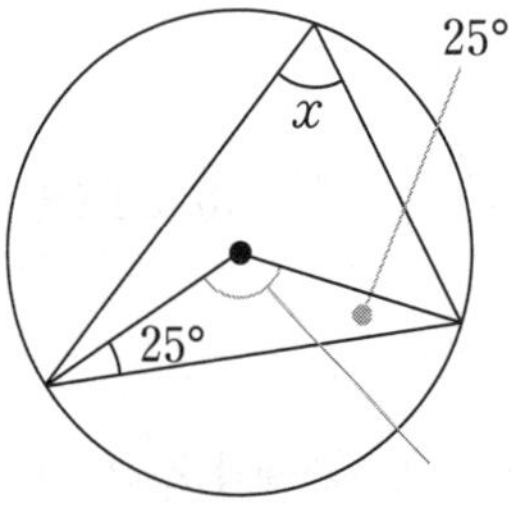

※二等辺三角形の
　底角は等しい
$2x = 130$
$x = 65°$ …(答)

$180 - 25 \times 2 = 130°$

(9)

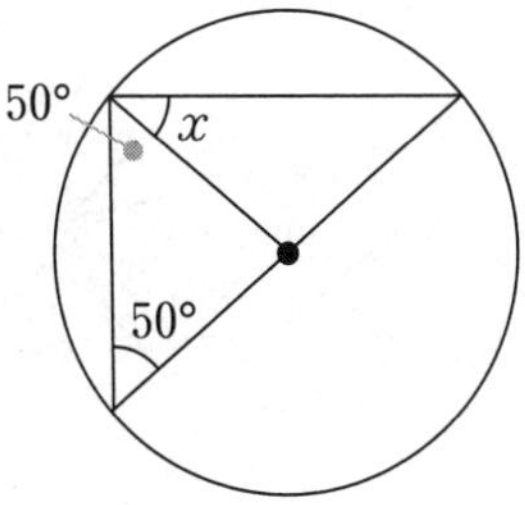

※直径に対する
　円周角は 90°

$50 + x = 90$
$x = 40°$ …(答)

(10)

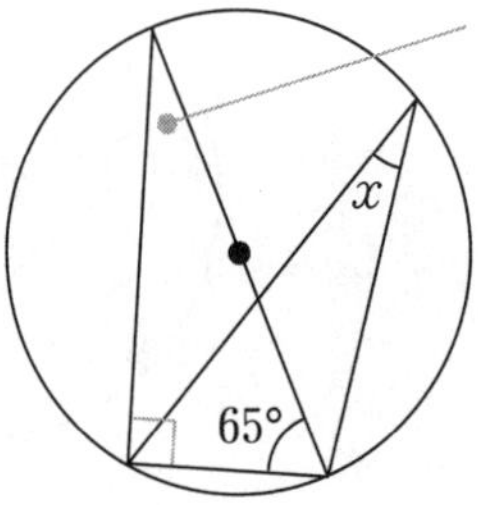

$180 - 90 - 65 = 25°$

※同じ弧に対する
　円周角は等しい
$x = 25°$…(答)

442 次の図の∠x の大きさを求めなさい。

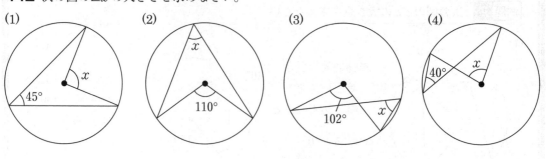

(1) 45°　x

(2) x　110°

(3) 102°　x

(4) 40°　x

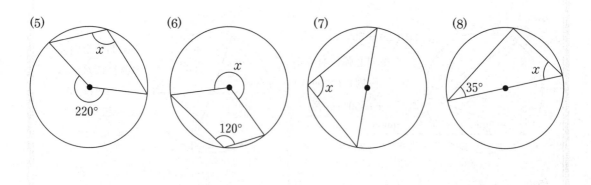

(5) x　220°

(6) x　120°

(7) x

(8) 35°　x

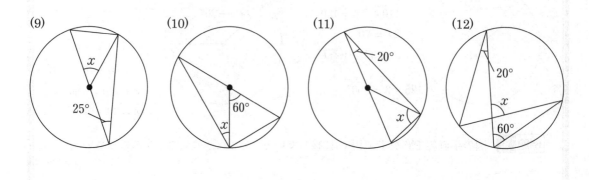

(9) x　25°

(10) 60°　x

(11) 20°　x

(12) 20°　x　60°

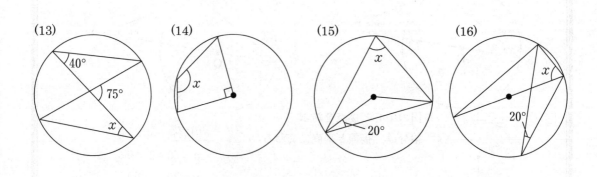

(13) 40°　75°　x

(14) x

(15) x　20°

(16) x　20°

27章

例題 2　次の図の∠xの大きさを求めなさい。

(1)

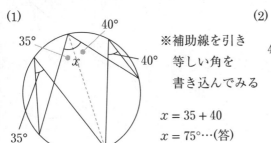

※補助線を引き
　等しい角を
　書き込んでみる

$x = 35 + 40$
$x = 75°\cdots$(答)

(2)

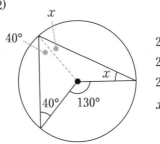

$2(x + 40) = 130$
$2x + 80 = 130$
$2x = 50$
$x = 25°\cdots$(答)

(3)

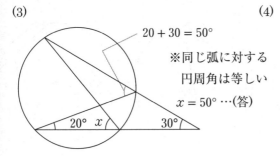

$20 + 30 = 50°$

※同じ弧に対する
　円周角は等しい

$x = 50°\cdots$(答)

(4)

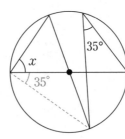

※補助線を引く
※直径に対する
　円周角は90°

$x + 35 = 90$
$x = 55°\cdots$(答)

(5)

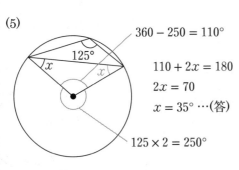

$360 - 250 = 110°$

$110 + 2x = 180$
$2x = 70$
$x = 35°\cdots$(答)

$125 \times 2 = 250°$

(6)

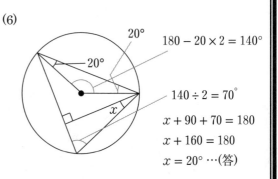

$180 - 20 \times 2 = 140°$

$140 \div 2 = 70°$

$x + 90 + 70 = 180$
$x + 160 = 180$
$x = 20°\cdots$(答)

例題 3　図の半直線 PT が T で円 O に接しているとき，∠xの大きさを求めなさい。

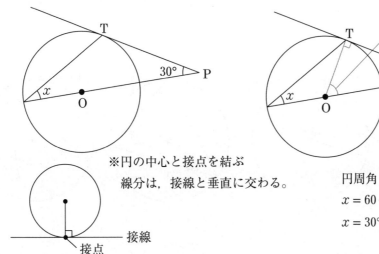

$180 - 30 - 90 = 60°$

※円の中心と接点を結ぶ
　線分は，接線と垂直に交わる。

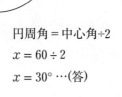

円周角＝中心角÷2
$x = 60 \div 2$
$x = 30°\cdots$(答)

443 次の図の∠xの大きさを求めなさい。

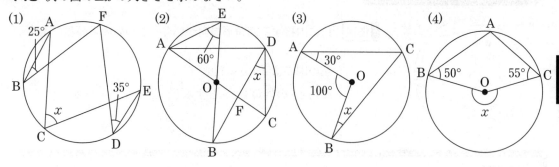

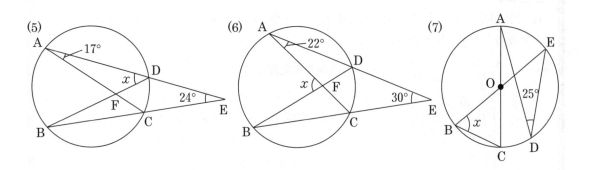

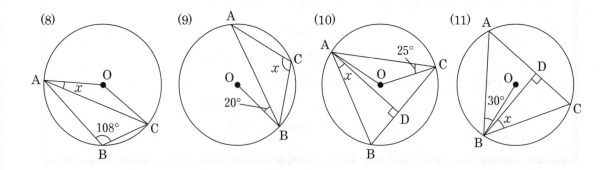

444 次の問いに答えなさい。

(1) 図の半直線 PT が T で円 O に接して
いるとき，∠x の大きさを求めなさい。

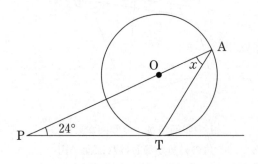

(2) 図の半直線 PT,PS がそれぞれ T,S で円 O に
接しているとき，∠x の大きさを求めなさい。

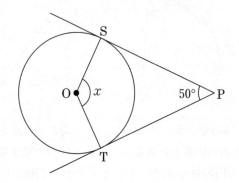

●円に内接する四角形の性質

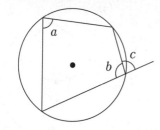

性質 　円に内接する四角形の向かい合う2つの内角の和は180°

左の図では $a + b = 180°$

また∠b の外角を∠c とすると，∠a = ∠c となる。

例題 4 　　次の問いに答えなさい。

(1) 円に内接する四角形 ABCD の∠BAD = a, ∠BCD = b とするとき，$a + b = 180°$
　　となることを証明しなさい。

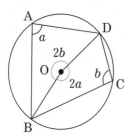

円周角の定理より，

小さい方の∠BOD = ∠BAD×2 = 2a

大きい方の∠BOD = ∠BCD×2 = 2b

図より，$2a + 2b = 360°$ となり，両辺を2で割ると，

$a + b = 180°$ となる。

(2) 図の BC の延長線上に T をとるとき，∠BAD = ∠DCT となることを証明しなさい。

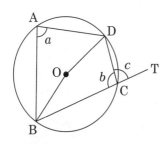

(1)より，∠BAD + ∠BCD = 180°

よって，∠BAD = 180° − ∠BCD　…①

また，図より∠DCT + ∠BCD = 180°

よって，∠DCT = 180° − ∠BCD　…②

①，②より∠BAD = ∠DCT

簡単に考えると
$a + b = 180°$
$c + b = 180°$
辺々を引くと
$a − c = 0$
　↓
$a = c$

●同一円周上にある四角形の条件

以下のような条件にあるとき，四角形は同一円周上にある。

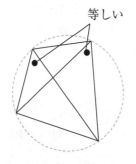

●の角が等しければ
同一円周上にある。
(円周角の定理の逆)

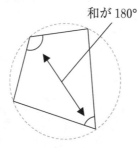

向かい合う2つの
内角の和は180°なら
同一円周上にある。

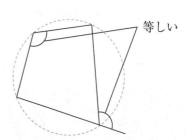

1つの内角と，その向かい合う
角の外角が等しければ同一円
周上にある。

445 次の図の∠x, ∠y の大きさを求めなさい。

(1)

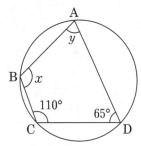

(2)

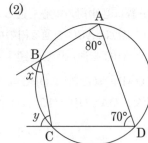

(3)

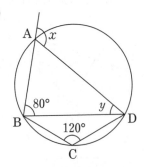

(4)

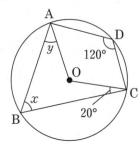

446 ア〜カの図で4点 A, B, C, D が同一円周上にあるものを選び，記号で答えなさい。

ア

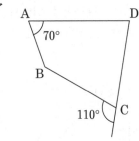

イ

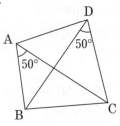

ウ

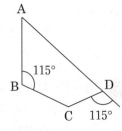

エ

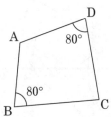

オ

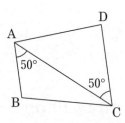

カ

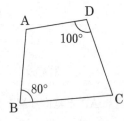

キ

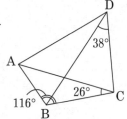

ク

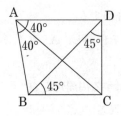

ケ

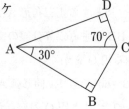

●3点を通る円の作図

円の弦の垂直二等分線は必ず円の中心を通るので，2つの弦 AB，
BC の垂直二等分線の交点は ABC を通る円の中心になる。この性
質を利用すれば，3点 ABC を通る円を作図することができる。

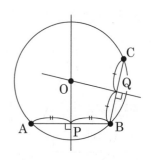

※右図において，△OAP≡△OBP，△OBQ≡△OCQ（二辺とその間
　の角が等しい）ので，OA＝OB＝OC　よって O は ABC を通る
　円の中心になる。

例題 5　図のように点 A と円がある。円の中心 O を作図し，A を通る円 O の接線を作図
しなさい。

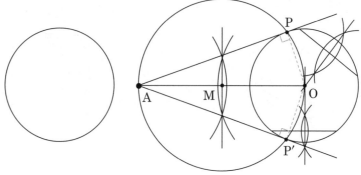

円に適当な弦を2本かき，それぞれの弦の垂直二等分線をかく。交点が円の中心 O である。
線分 AO をかき，この垂直二等分線をかいて AO の中点を求める。AO を直径とする円 M
と円 O との交点を P，P′ とする。直径に対する円周角は90°であるので，∠OPA＝∠OP′A
＝90°となる。よって AP，AP′ が接線となる。

例題 6　図のように3点 ABC がある。直線 AB につ
いて点 C と反対側に AB⊥CP，∠APB＝60°と
なるような点 P を作図しなさい。

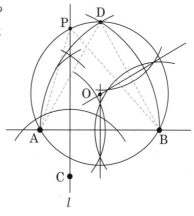

C を通り AB と垂直な線 l をかく。P はこの l 上の点
であることに注意する。

AB を一辺とする正三角形 ADB を作図する。

AB と BD の垂直二等分線の交点 O を作図し，A，B，
D を通る円 O をかく。

∠ADB＝60°であり，同じ弧 AB に対する円周角も60°
であるので，l と円 O の交点が P となる。

447 3点P,Q,Rを通る円Oを作図し，点Aを通る円Oの接線を作図しなさい。

448 図のように3点ABCがあ
る。直線ABについて点Cと反
対側にAB⊥CP，∠APB＝30°と
なるような点Pを作図しなさい。

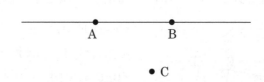

449 点A，Bを通る円において，線分ABの上側の円周上の点をPとしたとき，∠APBが次の大
きさになるような円Oを作図しなさい。

(1) 45°　　　　　　　　　　　　(2) 150°

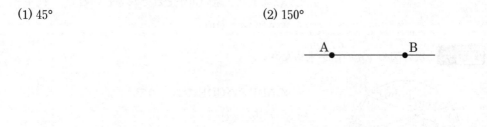

27
章

例題 7　下の図のように円周上に点 A,B,C,D があるとき，△ABE∽△CDE であることを
証明しなさい。

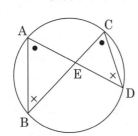

△ABE と△CDE で，

弧 BD に対する円周角は等しいので，

∠BAE＝∠DCE …①

対頂角は等しいので，∠AEB＝∠CED …②

①,②より 2 組の角がそれぞれ等しいので，

△ABE∽△CDE

例題 8　下の図のように円周上に点 A, B, C, D があり，弧 BC ＝弧 CD であるとき，△
ABC∽△AED であることを証明しなさい。

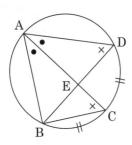

△ABC と△AED で，

同一の弧に対する円周角は等しいので，

∠BAC＝∠DAC…①

弧 AB に対する円周角は等しいので，

∠ADB＝∠ACB　…②

①,②より 2 組の角がそれぞれ等しいので，

△ABC∽△AED

例題 9　下の図のように，円 O の円周上に点 A, B, C, D がある。∠DEC＝90°で AC は直
径であるとき，△ABC∽△DEC であることを証明しなさい。

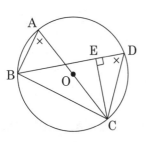

△ABC と△DEC で，

弧 BC に対する円周角は等しいので，

∠BAC＝∠CDE …①

仮定より，∠DEC＝90°

直径に対する円周角より，∠ABC＝90°　よって，

∠ABC＝∠DEC …②

①,②より 2 組の角がそれぞれ等しいので，

△ABC∽△DEC

例題 10　次の図の x, y の値を求めなさい。

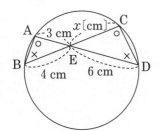

△ABE∽△CDE であるので，

○対辺　×対辺

$4 : 6 = 3 : x$ →左辺を約分

$2 : 3 = 3 : x$　　$2x = 9$　　$x = \dfrac{9}{2}$ …(答)

450 下の図のように円周上に点 A,B,C,D があるとき，△ADP∽△BCP であることを証明しなさい。

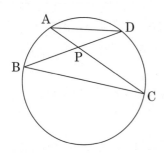

451 下の図のように円周上に点 A, B, C, D があり，弧 AB＝弧 AD であるとき，△ABC∽△DPC であることを証明しなさい。

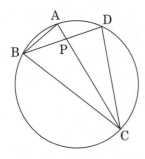

452 下の図のように，円 O の円周上に点 A, B, C, D がある。∠AHB＝90°で AC は直径であるとき，△ABH∽△ACD であることを証明しなさい。

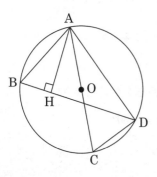

453 次の図の x,y の値を求めなさい。

(1) A,B,C,D は円周上の点

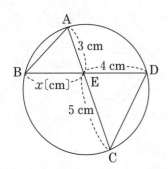

(2) A,B,C,D は円周上の点

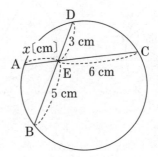

27
章

★章末問題★

454 下の図について，次の問いに答えなさい。

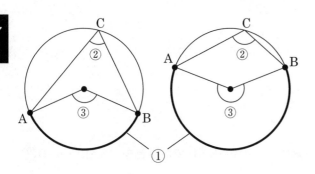

(1) 図の①の曲線をどのように表すか。
A,B を用いて答えなさい。

(2) ②の角を①に対する何というか。

(3) ③の角を①に対する何というか。

455 図の円に内接する四角形について，次の空欄を埋めなさい。

円周角の定理から，図の x の大きさを a, y の大きさを b を用い

て表すと，$x =$ ア.(　　　　　　), $y =$ イ.(　　　　　　)

さらに $x + y = 360°$ であることから，x と y を消去すると，

ウ.(　　　　　　) $= 180°$ が得られる。

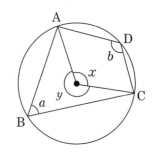

456 下の図について，次の問いに答えなさい。

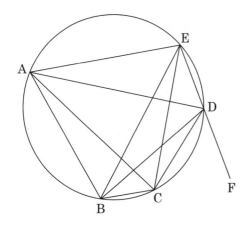

(1) ∠CAD と等しい角をすべて答えなさい。

(2) ∠ACD と等しい角をすべて答えなさい。

(3) ∠CDF と等しい角を2つ答えなさい。

(　　　　　　) (　　　　　　)

(4) 下の①に当てはまる角を2つ答えなさい。

∠ABC + (　①　) = 180°

(　　　　　　) (　　　　　　)

457 次の図の ∠x の大きさを求めなさい。

(1)

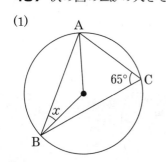

(2)

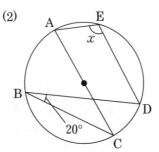

(3)

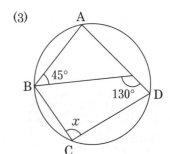

458 図中の A,B,C,D,E は円周を 5 等分した点である。図の∠x の大きさを求めなさい。

(1)

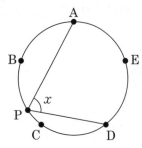

(2)

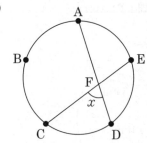

459 次の問いに答えなさい。

(1) 下の①,②の四角形のうち，同一円周上にある四角形はどちらか。

(2) 次①,②の 3 つの頂点 A,B,C を通る円を作図しなさい。※コンパスを用い，コンパスで描いた線は消さないこと

①

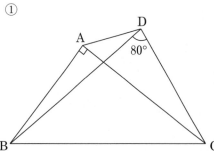

②

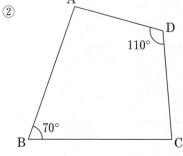

460 次の作図をしなさい。

(1) 点 A を通る円 O の接線（2 本）

(2) 半直線 AX 上にあり，∠APB＝120°となるような点 P

461 次の図の x, y の値を求めなさい。

(1) A,B,C,D は円周上の点

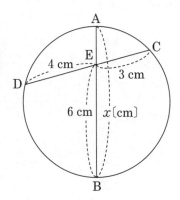

(5) A,B,C は円 O の円周上の点, DO⊥BC

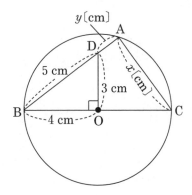

462 下の図は AC が円の直径で BD⊥CE となっている。このとき△APE∽△BEQ であることを証明しなさい。

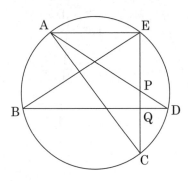

463 図のように円に内接する四角形 ABCD の BC と AD の延長線の交点を E とするとき，以下は△EDC∽△EBA となる理由を述べたものである。文中の空欄を埋めなさい。

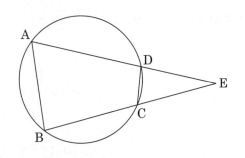

△EDC と△EBA で，

∠DEC = ∠BEA（共通）…①

内接する四角形の向かい合う2つの内角の和は

[ア.　　　　]°なので

∠BAD + ∠DCB = [イ.　　　　]°なので

∠BAD = [イ]° − ∠DCB …②

また∠DCB + ∠DCE = [ウ.　　　　]°なので

∠DCE = [ウ]° − ∠DCB …③

②,③より∠BAD = ∠[エ.　　　　　]…④

①,④より

[オ.　　　　　　　　　　　　　　]

ので，△EDC∽△EBA

27
章

★中心角が円周角の2倍になる理由

【図1】

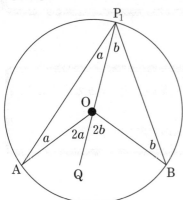

$OP_1 = OA$ より，$\angle OP_1A = \angle OAP_1 = a$ とすると，

$\angle AOQ = \angle OP_1A + \angle OAP_1 = 2a$

$OP_1 = OB$ より，$\angle OP_1B = \angle OBP_1 = b$ とすると，

$\angle BOQ = \angle OP_1B + \angle OBP_1 = 2b$

$\angle AP_1B = a + b$　　$\angle AOB = 2a + 2b = 2(a+b)$

よって，$\angle AOB = 2\angle AP_1B$

【図2】

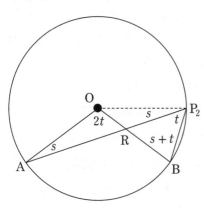

$OA = OP_2$ より，$\angle OAP_2 = \angle OP_2A = s$ とする。

また $\angle AP_2B = t$ とすると，$OB = OP_2$ であるので，

$\angle OP_2B = \angle OBP_2 = s + t$

$\angle OAR + \angle AOR = \angle ORP_2$

$\angle RP_2B + \angle RBP_2 = \angle ORP_2$　であるので

$\angle OAR + \angle AOR = \angle RP_2B + \angle RBP_2$　よって，

$\angle OAR + s = t + (s + t)$

$\angle OAR + s = 2t + s$

$\angle OAR = 2t$

よって，$\angle AOB = 2\angle AP_2B$

　【図1】，【図2】のどちらの場合も 中心角＝2×円周角 となることがわかる。

★同じ弧に対する円周角の大きさは等しい理

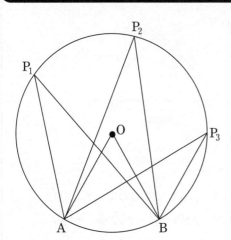

中心角＝2×円周角であるので，

円周角＝$\dfrac{1}{2}$×中心角　よって左図では，

$\angle AP_1B = \dfrac{1}{2}\angle AOB$

$\angle AP_2B = \dfrac{1}{2}\angle AOB$

$\angle AP_3B = \dfrac{1}{2}\angle AOB$　となる。

どの円周角も中心角の半分になるので，

$\angle AP_1B = \angle AP_2B = \angle AP_3B$

このように考えると，円周角はどの位置に
あっても等しいことになる。

28章 三平方の定理Ⅰ

28章

● 三平方の定理

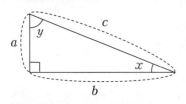

┏━ 三平方の定理 ━┓
直角三角形の直角の斜辺を c，他の２辺を a,b とするとき，
$$a^2 + b^2 = c^2$$
※三平方の定理はピタゴラスの定理とも呼ばれる

● 三平方の定理の証明

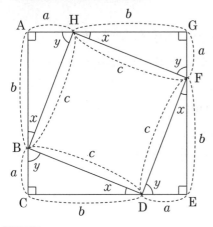

!注意　$x + y = 90$ であるので，
$180 - x - y = 180 - (x + y) = 90$
となり，四角形 BDFH の角は
すべて直角となることがわかる。

　左上図の直角三角形を４枚組み合わせて，左図のような図形を作る。四角形 HBDF に注目すると，４つの辺がすべて c で等しく，４つの角もすべて $(180 - x - y)°$ で等しいので，正方形であることがわかる。ここで正方形 ACEG の面積を２通りの方法で求めてみると，

正方形 $\text{ACEG} = \text{AC} \times \text{CE} = (a + b)^2$ …①

正方形 $\text{ACEG} = \triangle \text{ABH} \times 4 + $ 正方形 BDFH

$\qquad = \dfrac{1}{2}ab \times 4 + c^2 = 2ab + c^2$ …②

①,②より，$(a + b)^2 = 2ab + c^2$　左辺を展開して

$a^2 + 2ab + b^2 = 2ab + c^2$　両辺から $2ab$ を引くと，

$a^2 + b^2 = c^2$

例題 **1**　次の図の x の値を求めなさい。

(1)

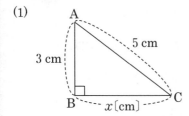

$3^2 + x^2 = 5^2$

$9 + x^2 = 25$

$x^2 = 16$　$x > 0$ であるので，

$x = \sqrt{16} = 4$　よって，BC $= 4$ cm …(答)

(2) AB $=$ AC

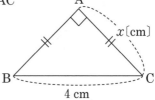

$x^2 + x^2 = 4^2$

$2x^2 = 16$

$x^2 = 8$　$x > 0$ であるので，$x = 2\sqrt{2}$

よって，AB $=$ AC $= 2\sqrt{2}$ cm …(答)

464 図1の直角三角形を4つ組み合わせて図2のような図形を作った。この図について次の問い
に答えなさい。

[図1]

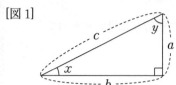

[図2]

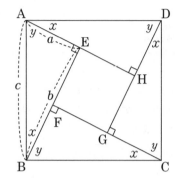

(1) 下記は四角形ABCD，四角形EFGHが正方形であるこ
とを証明したものである。文中の空欄を埋めなさい。

図1より，$x + y =$ ①(　　　　)°であり，

図2より，AB＝BC＝CD＝DA＝②(　　　　)で，

四角形ABCDの4つの角はすべて $x + y$ となる。

よって③(　　　　　　)がすべて等しく，4つの角が

すべて④(　　　)°なので，四角形ABCDは正方形である。

さらに四角形EFGHの4つの辺を a と b のみで表すと，

すべて⑤(　　　)で，4つの角はすべて直角であるので，

四角形EFGHは正方形である。

(2) 下記は図2を用いて三平方の定理を証明したものである。文中の空欄を埋めなさい。

正方形ABCD $= c^2$ …①

正方形ABCDの面積を a と b のみで表すと，

正方形ABCD $= \triangle$ABE $\times 4 +$ 正方形EFGH $= \boxed{\text{ア}} \times 4 + (\boxed{\text{イ}})^2$

$= \boxed{\text{ウ}}$ …②

①，②はどちらも同じ正方形の面積を表しているので，$a^2 + b^2 = c^2$ が成り立つ。

ア.(　　　　　　)　イ.(　　　　　　)　ウ.(　　　　　　)

465 次の図の x の値を求めなさい。

(1)

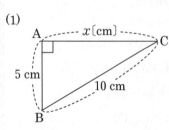

(2)

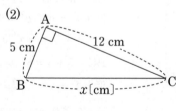

(3) 四角形ABCDは正方形

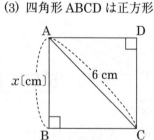

28
章

例題 2　次の三角形，台形の高さ h を求めなさい。

(1)

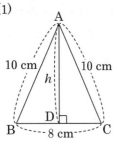

二等辺三角形の頂角の二等分線は底辺を二等分するので，

BD = CD = 4 cm　よって，

$4^2 + h^2 = 10^2$

$h^2 = 100 - 16 = 84$　　$h > 0$ より

$h = \sqrt{84} = 2\sqrt{21}$ cm　…(答)

(2)

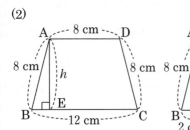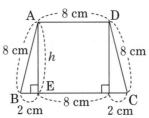

BE = $(12 - 8) \div 2 = 2$ となるので，

$2^2 + h^2 = 8^2$　　$h^2 = 64 - 4 = 60$

$h > 0$ より

$h = \sqrt{60} = 2\sqrt{15}$ cm　…(答)

例題 3　次の図の x の値を求めなさい。

(1)

AD = a とおくと，△ADC に注目して，

$1^2 + a^2 = \left(\sqrt{5}\right)^2$　➡　$a^2 = 4$　　$a > 0$ より

$1 + a^2 = 5$　　　　　　$a = \sqrt{4} = 2$

さらに△ABD に注目して，

$x^2 + 2^2 = \left(\sqrt{13}\right)^2$　➡　$x > 0$ より

$x^2 = 13 - 4 = 9$　　　　$x = \sqrt{9} = 3$　…(答)

(2) AD = BD

AD = a とおくと，△ADC に注目して，

$3^2 + 4^2 = a^2$　　$a^2 = 9 + 16 = 25$

$a > 0$ より $a = \sqrt{25} = 5$　　AD = BD = 5 なので，

BC = $5 + 3 = 8$　　△ABC に注目して，

$8^2 + 4^2 = x^2$　　$x^2 = 64 + 16 = 80$

$x > 0$ より $x = \sqrt{80} = 4\sqrt{5}$　…(答)

(3)

BD = a とおくと，△ABD に注目して，

$5^2 + 6^2 = a^2$　　$a^2 = 25 + 36 = 61$

$a > 0$ より $a = \sqrt{61}$

△BCD に注目して，

$7^2 + x^2 = \left(\sqrt{61}\right)^2$　　$x^2 = 61 - 49 = 12$

$x > 0$ より $x = 2\sqrt{3}$　…(答)

466 次の三角形，台形の高さ h を求めなさい。

(1)

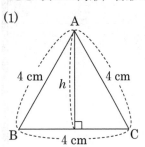

(2)

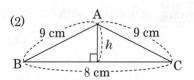

(3)

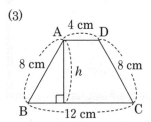

(4)

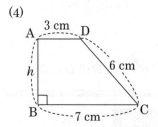

467 次の図の x の値を求めなさい。

(1)

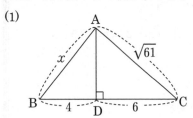

(2)

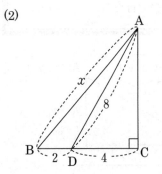

(3)

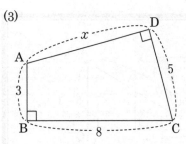

例題 4　次の図の x の値を求めなさい。

(1)

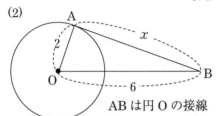

円の中心から弦におろした垂線は弦を２等分するので，
AH＝BH となる。AH＝a とおくと，

$$a^2 + (\sqrt{21})^2 = 5^2$$

$$a^2 = 25 - 21 = 4 \quad a > 0 \text{ より } a = 2$$

よって，　$x = 2a = 2 \times 2 = 4$　…(答)

(2)

AB は円 O の接線

AB は円 O の接線なので，OA⊥AB である。

よって，$2^2 + x^2 = 6^2$

$x^2 = 36 - 4 = 32$

$x > 0$ より，$x = \sqrt{32} = 4\sqrt{2}$　…(答)

●三平方の定理の逆　三角形の３辺を a, b, c（$c > a, c > b$）とするとき，$a^2 + b^2 = c^2$ ならば，三角形は直角三角形になる。

例題 5　次の長さを３辺とする三角形のうち，直角三角形はどれか。

ア. 5 cm，6 cm，8 cm　　　　イ. 2 cm，$\sqrt{5}$ cm，3 cm　　　　ウ. 1.5 cm，2.5 cm，3.5 cm

※斜辺が必ず１番長い辺になることに注意

ア：$8^2 = 64$，$5^2 + 6^2 = 61$，$8^2 \neq 5^2 + 6^2$　…直角三角形ではない

イ：$3^2 = 9$，$2^2 + (\sqrt{5})^2 = 9$，$3^2 = 2^2 + (\sqrt{5})^2$　…直角三角形である

ウ：$3.5^2 = 12.25$，$1.5^2 + 2.5^2 = 8.5$，$3.5^2 \neq 1.5^2 + 2.5^2$　…直角三角形ではない　　イ …(答)

●座標の２点間距離

２点 A(x_1, y_1)，B(x_2, y_2) 間の距離は，
三平方の定理によって次の式で表される。

$$\mathbf{AB} = \sqrt{(x_1 - x_2)^2 + (y_1 - y_2)^2}$$
※$\sqrt{(x_2 - x_1)^2 + (y_2 - y_1)^2}$ でも同じ

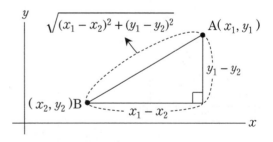

例題 6　２点 A($3, 5$)，B($-4, 1$)の距離を求めなさい。

AB $= \sqrt{\{3 - (-4)\}^2 + (5 - 1)^2}$
　　$= \sqrt{49 + 16} = \sqrt{65}$　…(答)

※右図で，$AB^2 = BC^2 + AC^2$ であるので，
AB $= \sqrt{BC^2 + AC^2}$ となることを確認しよう。

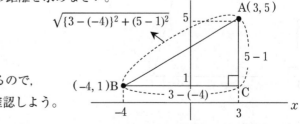

468 次の図の x の値を求めなさい。

(1)

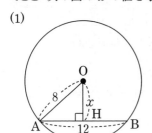

(2)

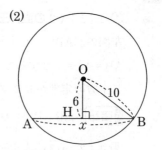

(3) AT は円 O の接線（H は接点）

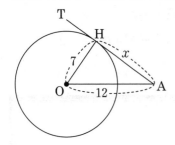

(4) AT は円 O の接線（H は接点）

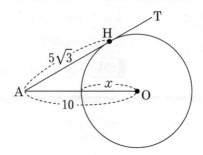

469 次の長さを3辺とする三角形のうち，直角三角形であるものをすべて選びなさい。

ア．6 cm, 8 cm, 10 cm　　イ．4 cm, 6 cm, 8 cm　　ウ．3 cm, 6 cm, $3\sqrt{3}$ cm　　エ．7 cm, 25 cm, 24 cm

470 次の問いに答えなさい。

(1) 2点 P (a, b), Q (c, d) の距離を式で表しなさい。PQ = [　　　　　　　　　　　　　]

(2) (1)で答えた式を利用して，次の2点 AB の距離を求めなさい。

① A$(2, 2)$, B$(4, 3)$

② A$(2, 8)$, B$(2, -5)$

③ A$(-3, 3)$, B$(4, -3)$

●特別な直角三角形

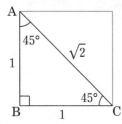

① 1：1：$\sqrt{2}$ の直角三角形

左図の△ABC は正方形の2辺と対角線でできた三角形である。

AB＝AC＝1とすると，AC＝$\sqrt{2}$ となる。

三平方の定理が成り立つことを確認しよう。→$1^2+1^2=(\sqrt{2})^2$

暗記　AB：BC：AC＝1：1：$\sqrt{2}$

② 1：2：$\sqrt{3}$ の直角三角形

左図の△ABC は正三角形を半分にした三角形である。

AC は頂角の2等分線であるので，底辺を2等分する。

よって AB＝2，AC＝1とすると，AC＝$\sqrt{3}$ となる。

三平方の定理が成り立つことを確認しよう。→$1^2+(\sqrt{3})^2=2^2$

暗記　BC：AB：AC＝1：2：$\sqrt{3}$

例題 7　次の図の x,y の値を求めなさい。

(1)

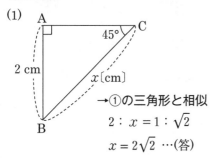

→①の三角形と相似

$2:x=1:\sqrt{2}$

$x=2\sqrt{2}$ …(答)

(2)

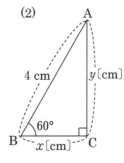

→②の三角形と相似

$x:4=1:2$

$2x=4$　$x=2$ …(答)

$4:y=2:\sqrt{3}$

$2y=4\sqrt{3}$　$y=2\sqrt{3}$ …(答)

(3)

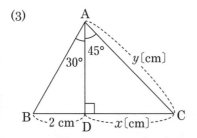

△ABD→②の三角形と相似

△ACD→①の三角形と相似

$2:AD=1:\sqrt{3}$

$AD=2\sqrt{3}$　AD＝DC より，

$x=2\sqrt{3}$ …(答)

$2\sqrt{3}:y=1:\sqrt{2}$

$y=2\sqrt{3}\times\sqrt{2}=2\sqrt{6}$ …(答)

(4)

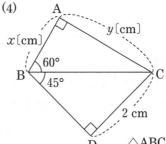

△ABC→②の三角形と相似

△BCD→①の三角形と相似

$2:BC=1:\sqrt{2}$

$BC=2\sqrt{2}$

$x:2\sqrt{2}=1:2$

$2x=2\sqrt{2}$

$x=\sqrt{2}$ …(答)

$x:y=1:\sqrt{3}$

$\sqrt{2}:y=1:\sqrt{3}$

$y=\sqrt{2}\times\sqrt{3}$

$=\sqrt{6}$ …(答)

471 次の三角形の3辺の比を求めて，空欄に適切な数値を入れなさい。（分数は用いないこと）

(1)

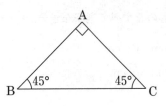

AB：BC：CA＝[　　]：[　　]：[　　]

(2)

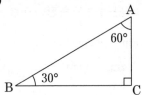

AB：BC：CA＝[　　]：[　　]：[　　]

472 次の図の x，y の値を求めなさい。

(1)

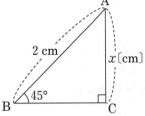

(2)

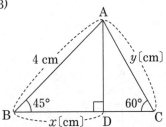

(3)

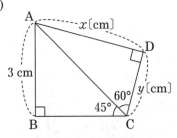

(4)

★章末問題★

473 次の長さを3辺とする三角形のうち，直角三角形であるものをすべて選びなさい。

ア　5 cm, 6 cm, 8 cm　　　　　イ　0.3 cm, 0.4 cm, 0.5 cm

ウ　2 cm, $\sqrt{5}$ cm, 3 cm　　　　エ　$\sqrt{2}$ cm, 2 cm, $\sqrt{5}$ cm

474 次の2点ABの距離を求めなさい。

(1)　$(1, 4)$，$(7, 1)$　　　　　　　(2)　$(-2, 3)$，$(1, 5)$

475 次の図の x の値を求めなさい。

(1)

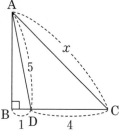

(2) Hは直線ATと円Oの接点

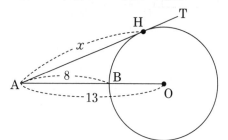

(3)

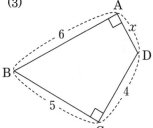

(4)

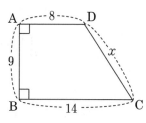

(5)

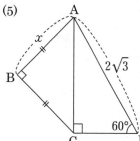

(6)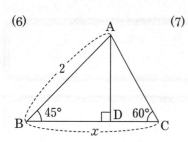

(7)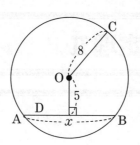

(8)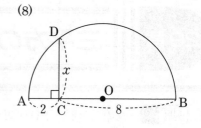

28
章

476 次の三角形，台形の面積を求めなさい。

(1)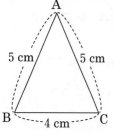

(2)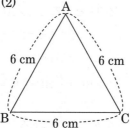

(3)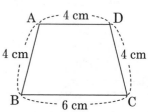

477 図のように，正三角形 ABC とその 3 つの頂点を通る円 O がある。この円の半径が 6 cm のとき，辺 BC の長さを求めなさい。

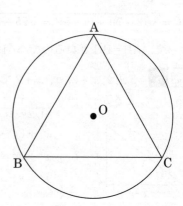

29章 三平方の定理Ⅱ

例題 1 次の三角形，平行四辺形の面積を求めなさい。

(1)

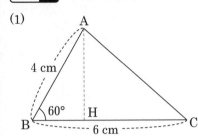

A から BC に下ろした垂線と BC との交点を H とすると，$4 : AH = 2 : \sqrt{3}$

$2AH = 4\sqrt{3}$　よって，$AH = 2\sqrt{3}$

$\triangle ABC = \dfrac{1}{2}BC \times AH = \dfrac{1}{2} \times 6 \times 2\sqrt{3} = 6\sqrt{3}\ \text{cm}^2$ …(答)

(2)

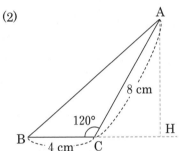

A から直線 BC に下ろした垂線と直線 BC との交点を H とすると，$\angle ACH = 180 - 120 = 60°$なので，

$$8 : AH = 2 : \sqrt{3}$$
$$2AH = 8\sqrt{3}\quad \text{よって，}\ AH = 4\sqrt{3}$$
$$\triangle ABC = \dfrac{1}{2}BC \times AH = \dfrac{1}{2} \times 4 \times 4\sqrt{3} = 8\sqrt{3}\ \text{cm}^2 \ \text{…(答)}$$

(3)

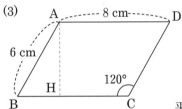

A から BC に下ろした垂線と BC との交点を H とすると，$\angle ABC = 60°$なので，

$$6 : AH = 2 : \sqrt{3}$$
$$2AH = 6\sqrt{3}\quad \text{よって，}\ AH = 3\sqrt{3}$$

平行四辺形 ABCD $= BC \times AH = 8 \times 3\sqrt{3} = 24\sqrt{3}\ \text{cm}^2$ …(答)

例題 2 3点 A$(2, 0)$，B$(-3, 10)$，C$(7, 5)$を頂点とする三角形はどのような三角形か。3辺の長さを調べて答えなさい。

$AB = \sqrt{(2+3)^2 + (0-10)^2} = \sqrt{25 + 100} = \sqrt{125} = 5\sqrt{5}$

$BC = \sqrt{(-3-7)^2 + (10-5)^2} = \sqrt{100 + 25} = \sqrt{125} = 5\sqrt{5}$

$AC = \sqrt{(2-7)^2 + (0-5)^2} = \sqrt{25 + 25} = \sqrt{50} = 5\sqrt{2}$

よって，AB＝BC となるので△ABC は二等辺三角形 …(答)

※三平方の定理が成り立っているかどうかも確認しよう。

$AB^2 = 125$, $BC^2 = 125$, $AC^2 = 50$

となり，明らかに三平方の定理は成り立っていない。

例題 3 3辺が $x-2$, x, $x+2$ で表される三角形が直角三角形になるのは，x がいくらのときか。

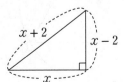

斜辺の長さが一番長いので $x+2$ が斜辺になる。

$$x^2 + (x-2)^2 = (x+2)^2$$
$$x^2 + x^2 - 4x + 4 = x^2 + 4x + 4$$
$$x^2 - 8x = 0$$

$\longrightarrow$ $x(x-8) = 0$　$x = 0, 8$

各辺の長さは正であるので，$x \neq 0$

よって $x = 8$ …(答)

478 次の三角形，平行四辺形の面積を求めなさい。

(1)

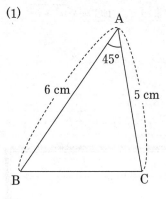

(2)

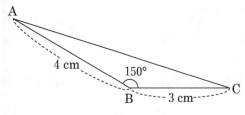

(3)

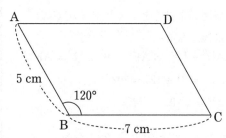

479 3点 A(2, 2), B(−4, −1), C(4, −2) を頂点とする三角形はどのような三角形か。次の中から最も適切なものを記号で1つ選びなさい。

　　ア. 直角三角形　　イ. 二等辺三角形　　ウ. 直角二等辺三角形　　エ. 正三角形

480 3辺が $x, x+3, x+6$ で表される三角形が直角三角形になるのは，x がいくらのときか。

●**直方体の対角線の長さ**

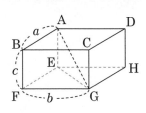

左の直方体の対角線 AG は次のように求められる。

△EFG において，$a^2 + b^2 = EG^2$　よって，$EG = \sqrt{a^2 + b^2}$

さらに△AEG において，

$$AG^2 = EG^2 + AE^2 = \left(\sqrt{a^2 + b^2}\right)^2 + c^2 = a^2 + b^2 + c^2$$

よって，$AG = \sqrt{a^2 + b^2 + c^2}$

> 縦，横，高さが a, b, c の立方体の対角線の長さは $\sqrt{a^2 + b^2 + c^2}$

29章

例題 4　下図の直方体 ABCD－EFGH の対角線 AG の長さを求めなさい。

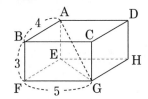

$$AG = \sqrt{4^2 + 5^2 + 3^2}$$
$$= \sqrt{16 + 25 + 9}$$
$$= \sqrt{50} = 5\sqrt{2} \quad \cdots(答)$$

例題 5　下図の三角柱 ABC－DEF の点 A から F にひもをかけるとき，最短のひもの長さを求めなさい。

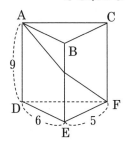
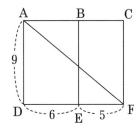

側面 ADEB と側面 BEFC をつなげた展開図を書くと，A と F を結ぶ線が最短になる。

$AD^2 + DF^2 = AF^2$　　$9^2 + 11^2 = AF^2$

$AF^2 = 81 + 121 = 202$

$AF = \sqrt{202}$　$\cdots$(答)

例題 6　下の図は円錐とその展開図である。この図について次の問いに答えなさい。

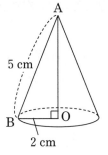

(1) 円錐の体積 V と表面積 S を求めなさい。

△AOB で，$2^2 + AO^2 = 5^2$ となるので

$AO^2 = 5^2 - 2^2 = 25 - 4 = 21$　よって，$AO = \sqrt{21}$

$V = \dfrac{1}{3} \times$（底面積）$\times$（高さ）

$= \dfrac{1}{3} \times \pi \times 2^2 \times \sqrt{21} = \dfrac{4\sqrt{21}}{3}\pi$ cm^3 $\cdots$(答)

展開図の弧 BC の長さは底面の円周と等しいので

弧 BC $=$（直径）$\times \pi = 4\pi$

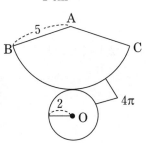

復習　扇形の面積 $= \dfrac{1}{2} \times$（弧の長さ）$\times$（半径）

$S = $（扇形 ABC）$+$（底面積）

$= \dfrac{1}{2} \times 4\pi \times 5 + \pi \times 2^2 = 10\pi + 4\pi = 14\pi$ cm^2 $\cdots$(答)

(2) 展開図の∠BAC の大きさを求めなさい。

$\angle BAC = 360 \times \dfrac{4\pi}{10\pi} = 144° \cdots$(答)

481 下図の立方体及び直方体 ABCD－EFGH の対角線 AG の長さを求めなさい。

(1)
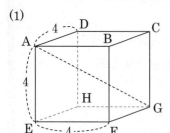

(2)
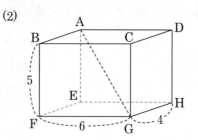

482 下図の正三角柱 ABC－DEF の点 A から D にひもをかけるとき，最短のひもの長さを求めなさい。

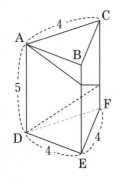

483 下の図は円錐とその展開図である。この図について次の問いに答えなさい。

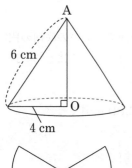

(1) 円錐の体積 V と表面積 S を求めなさい。

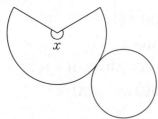

(2) 展開図の∠x の大きさを求めなさい。

例題 7 次の正四角錐の体積 V と表面積 S を求めなさい。

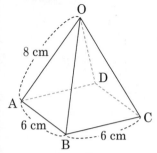

O から底面に下ろした垂線は底面の対角線
の交点と交わる。その交点を H とすると，
　△ABH で，AB：AC $= 1 : \sqrt{2}$
　　よって，$6 : \text{AC} = 1 : \sqrt{2}$
　　　　　　　　$\text{AC} = 6\sqrt{2}$
　　$\text{AH} = \dfrac{1}{2}\text{AC} = \dfrac{1}{2} \times 6\sqrt{2} = 3\sqrt{2}$

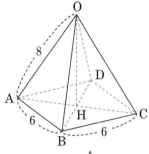

△OAH で，$\text{AH}^2 + \text{OH}^2 = \text{OA}^2$ であるので，
　$(3\sqrt{2})^2 + \text{OH}^2 = 8^2$
　$\text{OH}^2 = 8^2 - (3\sqrt{2})^2 = 64 - 18 = 46$　　$\text{OH} = \sqrt{46}$
$V = \dfrac{1}{3} \times (底面積) \times (高さ)$
　$= \dfrac{1}{3} \times 6 \times 6 \times \sqrt{46} = 12\sqrt{46}\ \text{cm}^3$ …(答)

展開図

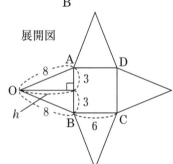

左図のように，△OAB の AB を底辺とした
ときの高さを h とすると，$h^2 + 3^2 = 8^2$
　$h^2 = 64 - 9 = 55$　　よって，$h = \sqrt{55}$
$S = △\text{OAB} \times 4 + 正方形\ \text{ABCD}$
　$= \dfrac{1}{2} \times 6 \times \sqrt{55} \times 4 + 6 \times 6$
　$= 12\sqrt{55} + 36\ \text{cm}^2$ …(答)

例題 8 下図のように底面の半径が 4 cm，高さが 10 cm の円柱がある。1 つの底面の円
の中心を O とし，円 O の円周上に点 A,B を $\angle \text{AOB} = 120°$ となるようにとる。次
の問いに答えなさい。

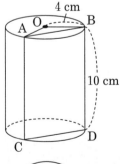

(1) A, B からもう 1 つの底面へ垂線 AC,BD を引くとき，
　四角形 ACDB の面積を求めなさい。

　△OAB の O から AB に垂線 OH を引くと，
　OA：AH $= 2 : \sqrt{3}$ より，$4 : \text{AH} = 2 : \sqrt{3}$
　$2\text{AH} = 4\sqrt{3}$　$\text{AH} = 2\sqrt{3}$　よって，$\text{AB} = 2\text{AH} = 4\sqrt{3}$
　四角形 ACDB $= 4\sqrt{3} \times 10 = 40\sqrt{3}\ \text{cm}^2$ …(答)

(2) △OAB の面積を求めなさい。

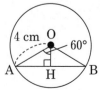

　OA：OH $= 2 : 1$ より，$4 : \text{OH} = 2 : 1$
　$2\text{OH} = 4$　　$\text{OH} = 2$
　△OAB $= \dfrac{1}{2} \times \text{AB} \times \text{OH} = \dfrac{1}{2} \times 4\sqrt{3} \times 2 = 4\sqrt{3}\ \text{cm}^3$ …(答)

484 次の正四角錐の体積 V と表面積 S を求めなさい。

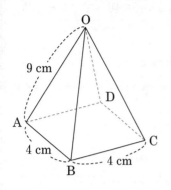

29
章

485 下図のように底面の半径が 6 cm，高さが 12 cm の円柱がある。1 つの底面の円の中心を P とし，円 P の円周上に点 A,B を∠APB＝60°となるようにとる。さらに点 P,A,B からもう 1 つの底面へ垂線 PQ,AC,BD を下ろすとき，次の問いに答えなさい。

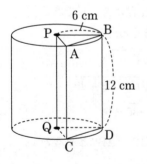

(1) 四角形 ACDB の面積を求めなさい。

(2) 三角柱 PAB－QCD の体積を求めなさい。

例題 9 一辺が 6 cm の立方体 ABCD － EFGH の D,B,E を通る平面で切ってできる三角錐 ABDE について次の問いに答えなさい。

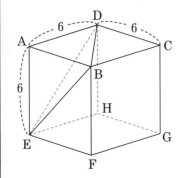

(1) 三角錐 ABDE の体積 V を求めなさい。

$$V = \frac{1}{3} \times \triangle ABD \times AE = \frac{1}{3} \times \left(\frac{1}{2} \times 6 \times 6\right) \times 6 = 36 \text{ cm}^3 \cdots (答)$$

(2) $\triangle BDE$ の面積 S を求めなさい。

AE：BE ＝ 1：$\sqrt{2}$ であるので，6：BE ＝ 1：$\sqrt{2}$

つまり BE ＝ $6\sqrt{2}$ で，DB,DE も同様に $6\sqrt{2}$ なので，

BE ＝ BD ＝ DE ＝ $6\sqrt{2}$ で，$\triangle BDE$ は正三角形になる。

その高さを h とすると，$6\sqrt{2}：h = 2：\sqrt{3}$

これを解くと，$h = 3\sqrt{6}$

$$S = \frac{1}{2} \times 6\sqrt{2} \times 3\sqrt{6} = 18\sqrt{3} \text{ cm}^2 \cdots (答)$$

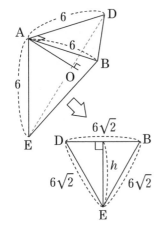

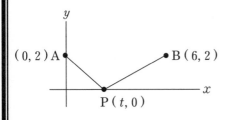

(3) A から $\triangle BDE$ に下ろした垂線 AO の長さを求めなさい。

$\frac{1}{3} \times \triangle BDE \times AO =$ 三角錐 ABDE であり，

(1),(2)より $\frac{1}{3} \times 18\sqrt{3} \times AO = 36$

AO について解くと，$AO = 2\sqrt{3}$ cm $\cdots (答)$

例題 10 座標平面上に A$(0, 2)$，B$(6, 2)$ があり，点 P は x 軸上動く点とする。$\angle APB = 90°$ となるとき，P の座標をすべて求めなさい。

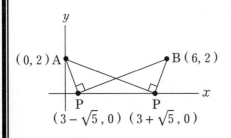

点 P は x 軸上の点なので y 座標は常に 0 である。

よって P の座標を $(t, 0)$ とおくと，

$AP = \sqrt{(0-t)^2 + (2-0)^2} = \sqrt{t^2 + 4}$

$BP = \sqrt{(6-t)^2 + (2-0)^2} = \sqrt{t^2 - 12t + 40}$

$AB = \sqrt{(6-0)^2 + (2-2)^2} = \sqrt{36} = 6$

$\angle APB = 90°$ ならば，$AP^2 + BP^2 = AB^2$ となるので，

$(t^2 + 4) + (t^2 - 12t + 40) = 36$

$2t^2 - 12t + 8 = 0$　両辺を 2 で割って，

　$t^2 - 6t + 4 = 0$　解の公式をより，

$t = \dfrac{6 \pm \sqrt{6^2 - 4 \times 1 \times 4}}{2} = \dfrac{6 \pm \sqrt{20}}{2} = \dfrac{6 \pm 2\sqrt{5}}{2} = 3 \pm \sqrt{5}$

よって，P の座標は $(3 + \sqrt{5}, 0)$，$(3 - \sqrt{5}, 0)$ $\cdots (答)$

486 一辺が8cmの立方体 ABCD－EFGH の AE の中点を M とする。この立方体の D,B,M を通る平面で切ってできる三角錐 ABDM について次の問いに答えなさい。

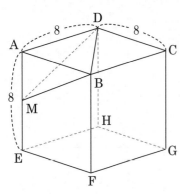

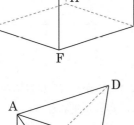

(1) 三角錐 ABDM の体積 V を求めなさい。

(2) △BDM の面積 S を求めなさい。

(3) A から△BDM に下ろした垂線 AO の長さを求めなさい。

487 座標平面上に A($1,5$), B($4,-3$)があり，点 P は y 軸上動く点とする。∠APB＝90°となるとき，P の座標をすべて求めなさい。

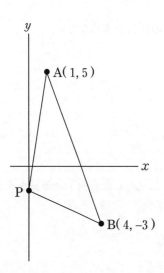

★章末問題★

488 下図の △ABC の面積を求めなさい。

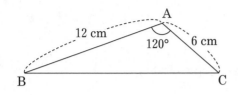

489 下の直方体 ABCD－EFGH について次の問いに答えなさい。

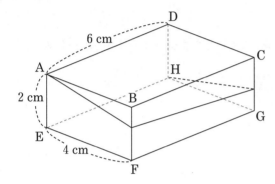

(1) 左図のように点 A から H にひもをかけるとき，最短のひもの長さを求めなさい。

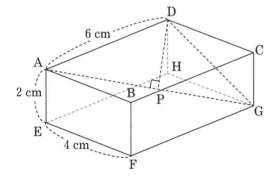

(2) ∠ADG の大きさを求めなさい。

(3) △ADG の面積を求めなさい。

(4) 対角線 AG の長さを求めなさい。

(5) D から AG に下ろした垂線 DP の長さを求めなさい。

490 次の3点 A(2,−6), B(−2,6), C(6,2) を頂点とする三角形はどのような三角形か。次の中から最も適切なものを記号で1つ選びなさい。

　　ア. 直角三角形　　　イ. 二等辺三角形　　　ウ. 直角二等辺三角形　　　エ. 正三角形

491 図の扇形 OPQ の内部にある長方形 OABC の面積を求めなさい。

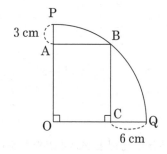

492 下の図は長方形 ABCD を PQ で折り曲げた図で, 図の∠PRQ＝45°であった。この図について次の問いに答えなさい。

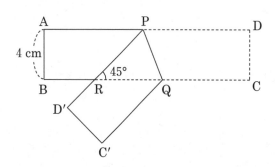

(1) ∠DPQ と大きさが等しい角を2つ答えなさい。

(2) △PQR はどのような三角形か。

(3) PR の長さを求めなさい。

(4) △PQR の面積を求めなさい。

493 次の正四角錐の体積を求めなさい。

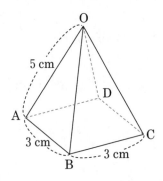

494 図のように座標平面の2点A(0,3), B(1,−2)を直径とする円が, x 軸と交わる点を左から P₁, P₂とするとき, P₁, P₂ の座標をそれぞれ求めなさい。

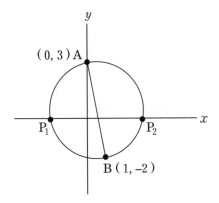

495 図1の円錐の展開図が図2に示してある。この円錐と展開図について次の問いに答えなさい。

図1

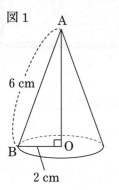

6 cm

B　　O

2 cm

(1) 図2の∠BAB′の大きさを求めなさい。

図2

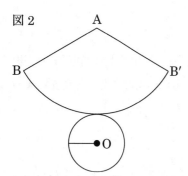

(2) この円錐の体積 V と表面積 S を求めなさい。

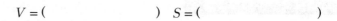

$V = ($　　　　　　　　　　$)$　$S = ($　　　　　　　　　　$)$

(3) 図3のように，点Bを出発して円錐の側面を一周してもとの点に戻る経路で，最短となる経路をたどったとき，展開図ではどのような経路をたどることになるか。その経路を図4に書き入れ，その経路の長さも求めなさい。

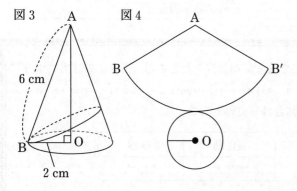

図3　　　　　　図4

6 cm

B　　O

2 cm

30章 ‖‖‖ 標本調査

●母集団と標本

調査の対象となる集団全体を**母集団**といい，母集団から取り出した一部の資料を**標本**という。

●全数調査と標本調査

母集団すべてを調査することを**全数調査**といい，母集団から標本を取り出し，それについて調べた結果から母集団の傾向を推定することを**標本調査**という。

●無作為抽出

無作為抽出とは母集団から標本を偏りなく選び出すこと。例えば日本の中学生の 50m 走の平均記録を調査するとき，運動神経のよい生徒だけを選んで調査することは作為的であり，調査結果の信頼性が大きく下がるため，この場合無作為抽出が行われる。

●実際の標本調査の例

テレビの視聴率を調べる場合，日本の全世帯の視聴状況を調べるのは膨大な時間と経費がかかるため不可能である。よって実際には全世帯(母集団)から，無作為に選んだ世帯(標本)の視聴率を調査し，それによって全世帯の視聴状況を推定している。

●全数調査と標本調査の適性

学校内で行う学力テスト	自分自身の学力を知ることも目的の1つなので，普通は**全数調査**を行う。
国別で行う世界の中学生の学力調査	国別での学力状況の比較が目的で，母集団も大きいため普通は**標本調査**を行う。

例題 1　日本人 3 千人を無作為に選んで血液型を調査したところ，調査結果は表のようになった。日本人の A 型，B 型，AB 型，O 型の割合はそれぞれどのように推定できるか答えなさい。ただし割合は%で答えること。

A 型	B 型	AB 型	O 型
1146 人	657 人	282 人	915 人

A 型 $\cdots \dfrac{1146}{3000} = 0.382 \rightarrow 38.2\%$ …(答)　　　B 型 $\cdots \dfrac{657}{3000} = 0.21.9 \rightarrow 21.9\%$ …(答)

AB 型 $\cdots \dfrac{282}{3000} = 0.094 \rightarrow 9.4\%$ …(答)　　　O 型 $\cdots \dfrac{915}{3000} = 0.305 \rightarrow 30.5\%$ …(答)

496 以下の文は政党支持率の調査について述べたものである。この文について次の問いに答えなさい。

　　ある新聞社が国民の政党支持率を調べるために電話によるアンケート調査を実施した。

　　国民全員に電話をかけることは不可能であるので，5000人に絞って調査を行うことにした。

　　選ぶ5000人の電話番号は，地域に偏りがないようにコンピューターが自動で選び出すようにした。アンケートに答えてくれた人が5000人に達した時点で調査を終了すると，各政党を支持する人数は以下の表のようになった。

解答人数	A党	B党	C党	D党	その他の党	支持政党なし
5000人	1322人	1205人	384人	223人	490人	1376人

(1) この調査では国民全体が調査の対象となるが，このときの国民全体を何というか。

(2) アンケート調査を実施した5000人を何というか。

(3) 下線部のような選び方を何というか。

(4) この調査のように，一部分を調査して全体の状況を推定する調査を何というか。

(5) (4)の調査とは逆に，調査対象となる集団すべてを調査することを何というか。

(6) 電卓を用いて以下の政党支持率の表を完成させなさい。　ただし四捨五入して小数第1位まで求めること。

	A党	B党	C党	D党	その他の党	支持政党なし
支持率(%)						

497 次の調査のうち，標本調査と全数調査でどちらが適切であるか。それぞれを分類して記号で答えなさい。

①学校で行われる体力測定　　　　②ある工場で作られる電球の耐久時間の調査
③ある高校の生徒の睡眠時間の調査　④日本に住む中学生の平均体重の調査
⑤果物の甘さの指標となる糖度の測定　⑥航空機に乗る前の乗客の手荷物検査

　　標本調査：（　　　　　　　　　　　）　　全数調査：（　　　　　　　　　　　　　）

★章末問題★

498 ある工場で生産した製品Aを1000個抜き出して調査をしたところ，3個の不良品があった。この検査について次の問いに答えなさい。

(1) このような調査を何というか。

(2) 1000個の製品Aを選び出すときの必要な選び方を何というか。

(3) 母集団と標本にあたるものを次の中から選び，記号で答えなさい。

　　ア. 3個の不良品　　　イ. 調査した1000個の製品A　　　ウ. 工場で作られるすべての製品A

　　　　　　　　　　　　　　　　　　　　母集団：[　　　　　] 標本：[　　　　　]

(4) 製品 A にはおよそ何%の不良品があると考えられるか。

(5) この工場で6万個の製品をつくったら，何個の不良品が出ると推定できるか。

499 ある市で市長選挙が行われた。出口調査をすると表のような結果が得られたという。この結果について次の問いに答えなさい。

※出口調査とは選挙結果を予測するため，投票所の出口で，投票した人に直接投票行動を尋ねて調べること。

調査人数	A候補	B候補	C候補
200人	130人	40人	30人

(1) 各候補は投票をした有権者の何%の票を得たと推測できるか。それぞれ答えなさい。

　　A候補：①[　　　　　]%　B候補：②[　　　　　]%　C候補：③[　　　　　]%

(2) 調査人数を300人に増やして(1)の割合を求めたとき，推測の信頼性はどちらが高いといえるか。次の中から選び，記号で答えなさい。

　　　　ア. 調査人数200人の場合　　　イ. 調査人数300人の場合　　　ウ. 信頼性は変わらない

★ ★ ★ 微風出版の中学英語シリーズ ★ ★ ★

基礎から英文法を講義・豊富な練習問題
YouTube で短い英文を反復してリスニング！

中学英語必修ワーク（上）　　中学英語必修ワーク（下）
B5 判／1900 円＋税　　　　　B5 判／1900 円＋税

※内容に関するお問い合わせ，誤植のご連絡は微風出版ウェブサイトからお願い致します。
※最新情報，訂正情報も微風出版ウェブサイトでご確認下さい。
※ご注文・在庫に関するお問い合わせは（株）星雲社へお願い致します。

中学数学 必修ワーク（下）第3版　　2023 年 4 月 10 日　第 3 版発行

著者　児保祐介　　監修　田中洋平　　印刷所　モリモト印刷株式会社

発行所 合同会社 微風出版
〒283 - 0038 千葉県東金市関下 348
 tel：050 - 5359 - 4325
mail：rep@soyo-kaze.biz

発売元 （株）星雲社（共同出版社・流通責任出版社）
〒112 - 0005 東京都文京区水道 1 - 3 - 30
 tel：03 - 3868 - 3275
fax：03 - 3868 - 6588

微風出版

中学数学

必修ワーク

第3版

下

塾の現場がたどり着いた学習システム

●講義・例題を見ながら書き込んで覚える
●精選した良問で効率よく基礎が身につく

1章 図形と角の性質

1 (1) 鋭角　(2) 直角　(3) 鈍角
(4) 平行：AB//CD　垂直：AB⊥CD

2 (1) $x = 60°$　(2) $x = 80°$　(3) $x = 107°$　(4) $60°$
(5) $20°$

3 (1) $∠e$　(2) $∠g$　(3) $∠f$　(4) $∠c$　(5) $∠w$　(6) $∠s$
(7) $∠x$　(8) $∠r$

4 (1) $∠x = 65°$　(2) $∠x = 145°$
(3) $∠x = 85°$　$∠y = 60°$　(4) $∠x = 102°$
(5) $∠x = 45°$　$∠y = 85°$　(6) $∠x = 55°$　$∠y = 140°$
(7) $∠x = 80°$　(8) $∠x = 70°$　(9) $∠x = 40°$
(10) $∠x = 130°$

5 (1) ①$∠ADB$　②$∠CDE$　③$∠DCE$　④$∠ADC$
⑤$∠BDE$　⑥$∠DEC(∠AEC)$　⑦$∠ADE = 180°$
(2) ①$∠CED$　②$∠CED$　③$∠ACB$　④$∠DCE$

6 ア.錯角　イ.y　ウ.180

7 ア.180　イ.$180 - c$　ウ.180　エ.$180 - c$　オ.z

8 (1) 鋭角三角形　(2) 直角三角形　(3) 鋭角三角形
(4) 鈍角三角形　(5) 直角三角形　(6) 鈍角三角形

9 2つの鈍角の和は180°より大きくなるため，三角形を成すことができない。

10 (1) 55°　(2) 65°　(3) 28°　(4) 96°

11 140°

12 (1) 対頂角　(2) 同位角　(3) 錯角

13 (1) 25°　(2) 50°　(3) 56°　(4) 65°　(5) 25°
(6) 50°　(7) 145°

14 (1) 鋭角　(2) 鈍角　(3) 直角

15 (1) $x + z$　(2) ①,②　$∠a, ∠c$（順不同）

16 (1) $∠x = 46°, ∠y = 32°$　(2) $∠x = 110°, ∠y = 40°$

【解説】
(1) 平行線の錯角は等しいので，$∠x = 46°$
　△ABD の内角の和は180°であるので，
　$46 + 102 + ∠ADB = 180°$　よって，$∠ADB = 32°$
　平行線の錯角は等しいので，$y = ∠ADB = 32°$
(2) $45 + 65 = x$ より，$x = 110°$
　$70 + y = x$ より，$y = x - 70 = 110 - 70 = 40°$

17 (1) $∠D'PQ$，$∠PQB$　(2) 105°

【解説】
(1) 平行線の錯角は等しいので，$∠DPQ = ∠PQB$
　また，四角形 PQCD と四角形 PQC'D'はぴったり重なる図形（合同）であるので$∠DPQ = ∠D'PQ$
(2) 線分 BC と線分D'P の交点を E とすると，(1)より，
　$∠DPQ = ∠PQB = ∠D'PQ$ であるので，△EPQ は2

つの角の大きさが等しいので二等辺三角形。
一方，対頂角が等しいので，$∠PEQ = 30°$
よってこの二等辺三角形の底角は，
$(180 - 30) ÷ 2 = 75°$ より，$∠PQB = 75°$ …①
平行線の同位角は等しいので，$∠BQC' = 30°$ …②
①,②より，$x = ∠PQB + ∠BQC' = 75 + 30 = 105°$

＜別の解法＞
平行線の同位角は等しいので，$∠APD' = 30°$
(1)より，$∠DPQ = ∠D'PQ = y$ とおくと，
APD は一直線であるので，$30 + 2y = 180$
これを解くと，$y = 75°$ であるので，(1)より，
$∠DPQ = ∠PQB = 75°$…①
平行線の同位角は等しいので，$∠BQC' = 30°$ …②
①,②より，$x = ∠PQB + ∠BQC' = 75 + 30 = 105°$

2章 多角形の内角・外角

18 ① 180　② 180　③ 180　④ 540　⑤ 540
⑥ 180

角の数	4	5	6	7	…	n
分割できる三角形の数	2	3	4	5	…	$n - 2$
内角の和	360	540	720	900	…	$180(n - 2)$

19 ① 720　② 720　③ 120　④ 120　⑤ 60　⑥ 60
⑦ 360　⑧ 720　⑨ 180　⑩ 180　⑪ 1080　⑫ 1080
⑬ 720　⑭ 360

20 (1) 135°　(2) 144°　(3) 30°　(4) 24°
(5) 九角形　(6) 十一角形　(7) 正五角形
(8) 正二十角形　(9) 18

【解説】
(1) 内角の和 $= 180(8 - 2) = 1080$ より，
　1つの内角 $= 1080 ÷ 8 = 135°$

＜別の解法＞
　1つの外角 $= 360 ÷ 8 = 45°$ より，
　1つの内角 $= 180 - 45 = 135°$
(2) 内角の和 $= 180(10 - 2) = 1440$ より，
　1つの内角 $= 1440 ÷ 10 = 144°$

＜別の解法＞
　1つの外角 $= 360 ÷ 10 = 36°$ より，
　1つの内角 $= 180 - 36 = 144°$
(3) 1つの外角 $= 360 ÷ 12 = 30°$
(4) 1つの外角 $= 360 ÷ 15 = 24°$
(5) $180(n - 2) = 1260$ を解くと，$n = 9$
(6) $180(n - 2) = 1620$ を解くと，$n = 11$
(7) $360 ÷ 72 = 5$ より，正五角形
(8) 1つの外角 $= 180 - 162 = 18°$
　$360 ÷ 18 = 20$ よって，正に十角形となる。
(9) 1つの外角を x とおくと，1つの内角は $8x$ となる。

内角＋外角＝180°より，$x + 8x = 180$
$9x = 180$ より $x = 20°$　よって，
この正多角形は $360 \div 20 = 18$ 角形。

21 (1) 50°　(2) 113°　(3) 45°　(4) 71°

【解説】

(1) $115 + 115 + 125 + 110 + 125 = 590$
六角形のわかっていない 1 つの角 $= 180 - x$
よって，$180(6 - 2) = (180 - x) + 590$
これを解くと，$x = 50$

(2) $70 + 93 + 60 + 70 = 293$
内角 x に対応する外角は $180 - x$ であるので，
$293 + (180 - x) = 360$　よって，$x = 113$

(3)

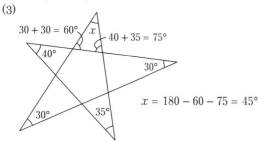

$x = 180 - 60 - 75 = 45°$

(4)

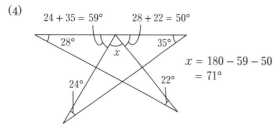

$x = 180 - 59 - 50$
$= 71°$

22 (1) 115°　(2) 68°　(3) 72°　(4) 40°

【解説】

(1) ○$=a$，●$=b$ とする。
$a + b + x = 180 \cdots$①
$2a + 2b + 50 = 180$ より，$2a + 2b = 130$
両辺に $\frac{1}{2}$ を掛けると，$a + b = 65$
これを①に代入すると，$65 + x = 180$
よって，$x = 115°$

(2) ○$=a$，●$=b$ とする。
$a + b + 128 + 150 = 360 \cdots$①
$2a + 2b + 128 + x = 360 \cdots$②
①→ $a + b = 82 \cdots$③
②→ $2(a + b) + x = 232 \cdots$④
③を④に代入すると，
$2 \times 82 + x = 232$　よって，$x = 68°$

(3)

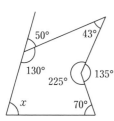

五角形の内角の和は
$180(5 - 2) = 540°$
$130 + 43 + 225 + 70 = 468$
であるので，
$x = 540 - 468 = 72°$

(4)

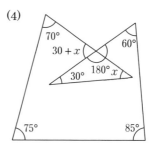

五角形の内角の和は
$180(5 - 2) = 540°$
$(30 + x) + 180 + 60 + 85$
　　$+ 75 + 70 = 540$
であるので，
$x = 540 - 500 = 40°$

23 ア.180　イ.180　ウ.180　エ.3　オ.540

24 (1) ① $n - 2$　② 180　③ $180(n - 2)$
(2) A.180　B.180　C.180　D.3　E.540　F.180
G.360　H.180n　I.180$(n - 2)$　J.180n
K.180$(n - 2)$　L.360

25 (1) 十三角形　(2) 正十八角形　(3) 140°
(4) 45°　(5) 正六角形　(6) 30°

【解説】

(1) この多角形を n 角形とすると，
$180(n - 2) = 1980$　これを解くと，$n = 13$

(2) $360 \div 20 = 18$

(3) 1 つの外角の大きさ $= 360 \div 9 = 40°$　よって，
1 つの内角の大きさ $= 180 - 40 = 140°$

(4) $360 \div 8 = 45°$

(5) 1 つの外角の大きさ $= 180 - 120 = 60$
$360 \div 60 = 6$　よって，正六角形

(6) $\angle A = x$ とすると，$\angle B = 2x$，$\angle C = 3x$
$x + 2x + 3x = 180$ であるので，$6x = 180$
よって，$x = 30$

26 (1) 80°　(2) 80°　(3) 45°

【解説】

(1)
$55 + 80 + 70 + 75 + x = 360$
$280 + x = 360$
$x = 80°$

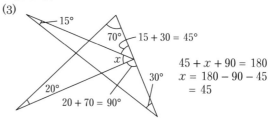

(2) ○$=a$，●$=b$ とする。
$a + b + 105 = 180$　よって，$a + b = 75 \cdots$①
$2a + 2b + 130 + x = 360$　よって，
$2(a + b) + x = 230 \cdots$②
①を②に代入すると，$2 \times 75 + x = 230$
よって，$x = 80$

(3)

$15 + 30 = 45$
$20 + 70 = 90$
$45 + x + 90 = 180$
$x = 180 - 90 - 45$
$= 45$

27 (1) 16°　(2) 20°

【解説】

(1) 正5角形の1つの内角は，$\frac{180(5-2)}{5} = 108°$

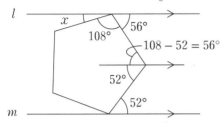

図より，$x = 180 - 108 - 56 = 16°$

【別解】

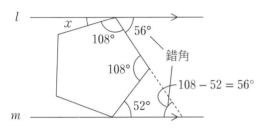

図より，$x = 180 - 108 - 56 = 16°$

(2) 正6角形の1つの内角は，$\frac{180(6-2)}{6} = 120°$

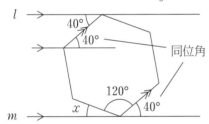

図より，$x = 180 - 120 - 40 = 20°$

【別解】

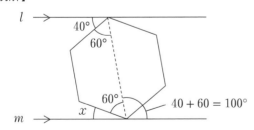

図より，$x = 180 - 60 - 100 = 20°$

3章　三角形の合同

28 (1) 合同　(2) ① △DEF　② △DFE　③ △FDE
　　(3) ① △PRQ　② ∠PQR　③ AB

29 (1) 40°　(2) △ABC≡△FDE　(3) 辺 DF
　　(4) 辺 DE

30　3組の辺がそれぞれ等しい
　　2組の辺とその間の角がそれぞれ等しい
　　1組の辺とその両端の角がそれぞれ等しい

31 (1)　　　　　　　　　　(2)

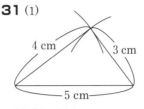 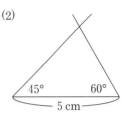

(3) (1)の場合：できない
　　(2)の場合：できない

32　①と④　1組の辺とその両端の角がそれぞれ等しい
　　③と⑤　2組の辺とその間の角がそれぞれ等しい
　　⑥と⑧　3組の辺がそれぞれ等しい

33 (1) △ACD　1組の辺とその両端の角がそれぞれ等しい
　　(2) △DCA　3組の辺がそれぞれ等しい
　　(3) △ACD　2組の辺とその間の角がそれぞれ等しい
　　(4) △COD　1組の辺とその両端の角がそれぞれ等しい

34　3組の辺がそれぞれ等しい
　　2組の辺とその間の角がそれぞれ等しい
　　1組の辺とその両端の角がそれぞれ等しい

35 (1) 四角形 ABCD≡四角形 HGFE
　　(2) 70°　(3) 辺 HG

36 (1)

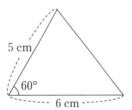

(2) かくことはできない

37 △ABC≡△UST：3組の辺がそれぞれ等しい
　　△GHI≡△ONM：1組の辺とその両端の角がそれぞれ等しい
　　△JKL≡△WVX：2組の辺とその間の角がそれぞれ等しい

38 △ABC≡△ADE
　　2組の辺とその間の角がそれぞれ等しい

39 (1) ∠ADE=35°　∠ABC=35°
　　(2) △ADE≡△ABC
　　1組の辺とその両端の角がそれぞれ等しい

4章　合同と証明

40 【仮定】$l /\!/ m$　【結論】∠a＝∠b

41 【仮定】AB＝CD，AD＝CB
　　【結論】△ABD≡△CDB

【証明】△ABD と△CDB で，
　仮定より，AB＝CD …①　AD＝CB …②
　共通の辺なので，BD＝DB …③
　①,②,③より 3 組の辺がそれぞれ等しいので，
　△ABD≡△CDB

42【仮定】OA＝OB，∠OAC＝∠OBD＝90°
【結論】△OAC≡△OBD
【証明】△OAC と△OBD で，
　仮定より，OA＝OB …①　∠OAC＝∠OBD …②
　共通の角なので，∠COA＝∠DOB …③
　①,②,③より，1 組の辺とその両端の角がそれぞれ等
　しいので，△OAC≡△OBD

43【仮定】AB∥CD，OA＝OD
【結論】△OAB≡△ODC
【証明】△OAB と△ODC で，
　仮定より，OA＝OD …①
　平行線の錯角は等しいので，∠BAO＝∠CDO …②
　対頂角は等しいので，∠AOB＝∠DOC …③
　①,②,③より，1 組の辺とその両端の角がそれぞれ等
　しいので，△OAB≡△ODC

44【仮定】AO⊥CO，AO＝CO，DO＝BO
【結論】△OAB≡△OCD
【証明】△OAB と△OCD で，
　仮定より，AO＝CO …①　BO＝DO …②
　共通の角なので，∠AOB＝∠COD＝90° …③
　①,②,③より，2 組の辺とその間の角がそれぞれ等し
　いので，△OAB≡△OCD

45【仮定】AM⊥BC，BM＝CM
【結論】△ABM≡△ACM
【証明】△ABM と△ACM で，
　仮定より，BM＝CM …①
　∠AMB＝∠AMC＝90° …②
　共通の辺なので，AM＝AM …③
　①,②,③より，2 組の辺とその間の角がそれぞれ等し
　いので，△ABM≡△ACM

46(1) 正しい
逆：n が偶数ならば n は 4 の倍数である。
→正しくない
(2) 正しい
　逆：$a＝1－b$ ならば $a＋b＝1$ である→正しい
(3) 正しくない
　逆：$x＝3$，$y＝1$ ならば $x＋y＝4$ である。→正しい
(4) 正しい
　逆：∠C＝∠F ならば△ABC≡△DEF である。
　→正しくない
(5) 正しい
　逆：∠a＝∠b ならば $l∥m$ である。→正しい

47【仮定】AB＝CD，AD＝CB
【結論】∠ADB＝∠CBD
【証明】△ABD と△CDB で，

仮定より，AB＝CD …①　AD＝CB …②
共通の辺なので，BD＝DB …③
①,②,③より，3 組の辺がそれぞれ等しいので，
△ABD≡△CDB
合同な図形の対応する角の大きさは等しいので，
∠ADB＝∠CBD

48【仮定】∠ABE＝∠ACD，AB＝AC
【結論】CD＝BE
【証明】△ABE と△ACD で，
　仮定より，∠ABE＝∠ACD …①　AB＝AC …②
　共通の角なので，∠BAE＝∠CAD …③
　①,②,③より，1 組の辺とその両端の角が
　それぞれ等しいので，△ABE≡△ACD
　合同な図形の対応する辺の長さは等しいので，
　CD＝BE

49【仮定】OA＝OD，OB＝OC
【結論】AB∥CD
【証明】△OAB と△ODC で，
　仮定より，OA＝OD …①　OB＝OC …②
　対頂角は等しいので，∠AOB＝∠DOC …③
　①，②，③より，2 組の辺とその間の角がそれぞれ等
　しいので，△OAB≡△ODC
　合同な図形の対応する角の大きさは等しいので，
　∠OAB＝∠ODC（∠OBA＝∠OCD でも可）
　よって錯角が等しいので AB∥CD

50【仮定】OT＝OS，TR＝SR
【結論】∠XOR＝∠YOR
【証明】△TOR と△SOR で，
　共通の辺なので，OR＝OR …①
　仮定より，OT＝OS …②　TR＝SR …③
　①,②,③より，3 組の辺がそれぞれ等しいので，
　△TOR≡△SOR
　合同な図形の対応する角の大きさは等しいので，
　∠XOR＝∠YOR

51(1) 仮定：$x＞0$，$y＞0$　結論：$xy＞0$
(2) 正しい　(3) $xy＞0$ ならば，$x＞0$，$y＞0$ である
(4) 正しくない（例）$x＝-1$，$y＝-2$（x,y が共に負の
数なら何でもよい）

【解説】
(4) $xy＞0$ ならば必ず $x＞0$，$y＞0$ であるとは限らな
い。$x＝-1$，$y＝-2$ ならば $xy＞0$ の仮定を満たして
いるが，$x＜0$，$y＜0$ であり，結論と一致しない。

52【仮定】AB⊥CD，OA＝OC，OB＝OD
【結論】∠ABC＝∠ADC
【証明】△OCB と△OAD で，
　仮定より，OC＝OA …①　OB＝OD …②
　∠COB＝∠AOD＝90° …③
　①，②，③より，2 組の辺とその間の角がそれぞれ等
　しいので，△OCB≡△OAD
　合同な図形の対応する角の大きさは等しいので，

∠ABC＝∠ADC

53【仮定】AB＝CD, AB∥CD
【結論】O は AD の中点（OA＝OD）
【証明】△OAB と△ODC で,
　仮定より, AB＝DC …①
　平行線の錯角は等しいので,
　∠OAB＝∠ODC …②
　∠OBA＝∠OCD …③
　①, ②, ③より, 1組の辺とその両端の角がそれぞれ
　等しいので, △OAB≡△ODC
　合同な図形の対応する辺の長さは等しいので,
　OA＝OD　よって O は AD の中点になる。

54【仮定】AB＝CD, AD＝BC
【結論】AB∥CD
【証明】△ABD と△CDB で,
　仮定より, AB＝CD …①　AD＝CB …②
　共通の辺なので, BD＝DB …③
　①, ②, ③より, 3組の辺がそれぞれ等しいので,
　△ABD≡△CDB
　合同な図形の対応する角の大きさは等しいので,
　∠ABD＝∠CDB
　よって錯角が等しいので AB∥CD

55(1)【仮定】AP＝BP, AQ＝BQ
【結論】∠APQ＝∠BPQ
【証明】△APQ と△BPQ で,
　仮定より, AP＝BP …①　AQ＝BQ …②
　共通の辺なので, PQ＝PQ …③
　①, ②, ③より, 3組の辺がそれぞれ等しいので,
　△APQ≡△BPQ
　合同な図形の対応する角の大きさは等しいので,
　∠APQ＝∠BPQ
(2)　ア. 180　イ. 90　ウ. 90

5章　二等辺三角形

56(1) 二等辺三角形　(2) 底角　(3) 頂角
(4) 二等分線

57 定義：2つの辺の長さが等しい三角形
　定理：二等辺三角形の底角は等しい。／二等辺三角形
　の頂角の二等分線は底辺を垂直に二等分する

58(1)【仮定】AB＝AC, BM＝CM
【結論】∠ABM＝∠ACM, ∠BAM＝∠CAM
【証明】△ABM と△ACM で,
　仮定より, AB＝AC …①　BM＝CM …②
　共通の辺なので, AM＝AM …③
　①, ②, ③より, 3組の辺がそれぞれ等しいので,
　△ABM≡△ACM
　合同な図形の対応する角の大きさは等しいので,
　∠ABM＝∠ACM, ∠BAM＝∠CAM
(2)(1)より△ABM≡△ACM で, 合同な図形の対応する

角の大きさは等しいので, ∠AMB＝∠AMC …①
また, B, M, C は同じ線分上の点なので,
　∠AMB＋∠AMC＝180° …②
①, ②より∠AMB＝∠AMC＝90°　よって, AM⊥BC
(3) 二等辺三角形の底角は等しい。

59(1) 35°　(2) 65°　(3) 88°　(4) 78°

60【仮定】AB＝AC, ∠BAD＝∠CAE
【結論】AD＝AE
【証明】△ABD と△ACE で,
　仮定より, AB＝AC …①　∠BAD＝∠CAE …②
　二等辺三角形の定理より, ∠ABD＝∠ACE …③
　①, ②, ③より1組の辺とその両端の角がそれぞれ等し
　いので, △ABD≡△ACE
　合同な図形の対応する辺の長さは等しいので,
　AD＝AE

61 二等辺三角形の底角は等しい。二等辺三角形の頂
　角の二等分線は底辺を垂直に二等分する

62【仮定】AB＝AC, AD＝AE
【結論】BE＝CD
【証明】△ABE と△ACD で,
　仮定より, AB＝AC …①　AE＝AD …②
　共通の角なので, ∠BAE＝∠CAD …③
　①, ②, ③より2組の辺とその間の角がそれぞれ等しい
　ので, △ABE≡△ACD
　合同な図形の対応する辺の長さは等しいので,
　BE＝CD

63【仮定】AB＝AC, ∠BAM＝∠CAM
【結論】△PBM≡△PCM
【証明】△PBM と△PCM で,
　共通の辺なので, PM＝PM …①
　二等辺三角形の定理より, BM＝CM …②
　∠PMB＝∠PMC＝90° …③
　①, ②, ③より2組の辺とその間の角がそれぞれ等しい
　ので, △PBM≡△PCM

64(1) 2つの辺が等しい三角形
(2)　① 2つの辺の長さが等しい
　② 2つの角の大きさが等しい

65【仮定】∠ABC＝∠ACB, AH⊥BC
【結論】△ABH≡△ACH, AB＝AC
【証明】△ABH と△ACH で,
　仮定より, ∠ABC＝∠ACB …①
　∠AHB＝∠AHC＝90° …②
　①, ②より三角形の2つの角がそれぞれ等しいので,
　残りの角も等しい。よって, ∠BAH＝∠CAH …③
　共通の辺なので, AH＝AH …④
　②, ③, ④より1組の辺とその両端の角がそれぞれ等し
　いので, △ABH≡△ACH
　合同な図形の対応する辺の長さは等しいので,
　AB＝AC
(2) 2つの角の大きさが等しい三角形は二等辺三角形

66【仮定】AB＝AC，BD＝CE
【結論】△FBC は二等辺三角形
【証明】△DBC と△ECB で，
　仮定より，BD＝CE …①
　共通の辺なので，BC＝BC …②
　二等辺三角形の定理より，∠DBC＝∠ECB …③
　①，②，③より 2 組の辺とその間の角がそれぞれ等しいので，△DBC≡△ECB
　合同な図形の対応する角の大きさは等しいので，∠DCB＝∠EBC
　2 つの角の大きさが等しいので，△FBC は二等辺三角形

67 定義：2 つの辺の長さが等しい三角形
　定理：二等辺三角形の底角は等しい／二等辺三角形の頂角の二等分線は底辺を垂直に二等分する

68 2 つの辺の長さが等しい／2 つの角の大きさが等しい

69（1）74°　（2）21°　（3）66°　（4）104°　（5）36°
【解説】
（1）AB＝AC，BC＝BD であるので，
　∠DCB＝∠ABC＝x である。よって $x + x + 32 = 180$
（2）AB＝AC，CB＝CD であるので，
　∠ABC＝∠ACB＝∠CDB＝67°
　よって∠C＝$180 - 67 - 67 = 46$ なので，
　$x = 67 - 46 = 21$
（3）半径は等しいので，OA＝OB＝OC より，
　∠CAO＝24°，∠OAB＝x
　∠AOB＝$24 + 24 = 48$° であるので，
　△OAB に注目すると，$2x + 48 = 180$
（4）∠CBD＝$26 + 26 = 52$°
　∠DCE＝∠DAC＋∠ADC＝$26 + 52 = 78$°
　$x = ∠DAE + ∠DEA = 26 + 78 = 104$
（5）$x + 2x + 2x = 180$

70【仮定】AB＝AC，∠BAD＝∠CAD
【結論】△DBC は二等辺三角形
【証明】△ABD と△ACD で，
　仮定より，AB＝AC …①　∠BAD＝∠CAD …②
　共通の辺なので，AD＝AD …③
　①，②，③より 2 組の辺とその間の角がそれぞれ等しいので，△ABD≡△ACD
　合同な図形の対応する辺の長さは等しいので，DB＝DC
　2 つの辺の長さが等しいので△DBC は二等辺三角形

71【仮定】AB＝CD，AC＝BD
【結論】△EBC は二等辺三角形
【証明】△ABC と△DCB で，
　仮定より，AB＝CD …①　AC＝DB …②
　共通の辺なので，BC＝BC …③
　①，②，③より 3 組の辺がそれぞれ等しいので，△ABC≡△DCB
　合同な図形の対応する角の大きさは等しいので，

∠ACB＝∠DBC
　2 つの角の大きさが等しいので，△EBC は二等辺三角形

72【仮定】AO＝BO，AB⊥l
【結論】△PAB は二等辺三角形
【証明】△PAO と△PBO で，
　仮定より，AO＝BO …①
　∠POA＝∠POB＝90° …②
　共通の辺なので，PO＝PO …③
　①，②，③より 2 組の辺とその間の角がそれぞれ等しいので，△PAO≡△PBO
　合同な図形の対応する辺の長さは等しいので，PA＝PB
　二辺の長さが等しいので△PAB は二等辺三角形

6 章　直角三角形・正三角形

73 斜辺と 1 つの鋭角がそれぞれ等しい／斜辺と他の一辺がそれぞれ等しい

74（1）BC　（2）90°より小さい角

75 △ABC≡△IGH：斜辺と 1 つの鋭角がそれぞれ等しい／△JKL≡△RQP：斜辺と他の一辺がそれぞれ等しい

76【仮定】PA⊥OX，PB⊥OY，PA＝PB
【結論】∠AOP＝∠BOP
【証明】△OAP と△OBP で，
　仮定より，∠PAO＝∠PBO＝90° …①　PA＝PB …②
　共通の辺なので，OP＝OP …③
　①，②，③より直角三角形の斜辺と他の一辺がそれぞれ等しいので，△OAP≡△OBP
　合同な図形の対応する角の大きさは等しいので，∠AOP＝∠BOP

77【仮定】AB＝AC，BM＝CM，MD⊥AB，ME⊥AC
【結論】MD＝ME
【証明】△BDM と△CEM で，
　仮定より，BM＝CM …①
　∠BDM＝∠CEM＝90° …②
　二等辺三角形の定理より，∠DBM＝∠ECM …③
　①，②，③より直角三角形の斜辺と 1 つの鋭角がそれぞれ等しいので，△BDM≡△CEM
　合同な図形の対応する辺の長さは等しいので，MD＝ME

78 定義：三辺が等しい三角形
　定理：正三角形の 3 つの内角はすべて等しい

79【仮定】　AB＝BC＝CA，AM＝CM，
　　　　　∠AMP＝∠CMQ
【結論】PM＝QM
【証明】△AMP と△CMQ で，

仮定より，AM＝CM…①　∠AMP＝∠CMQ…②
正三角形の定理より，∠MAP＝∠MCQ＝60°…③
①，②，③より1組の辺とその両端の角がそれぞれ等しいので，△AMP≡△CMQ
合同な図形の対応する辺の長さは等しいので，
PM＝QM

80【仮定】AB＝BC＝CA，BP＝PQ＝QB

【結論】∠BAQ＝∠BCP

【証明】△ABQと△CBPで，
仮定より，AB＝CB…①　BQ＝BP…②
正三角形の内角はすべて等しく60°であるので，
∠ABQ＝∠CBP＝60°…③
①，②，③より2組の辺とその間の角がそれぞれ等しいので，△ABQ≡△CBP
合同な図形の対応する角の大きさは等しいので，
∠BAQ＝∠BCP

81【仮定】AB＝BP＝PA，AC＝CQ＝QA

【結論】CP＝QB

【証明】△APCと△ABQで，
仮定より，AP＝AB…①　AC＝AQ…②
正三角形の内角はすべて等しく60°なので，
∠PAB＝∠CAQ＝60°　また，
∠PAC＝∠PAB＋∠BAC＝60°＋∠BAC
∠BAQ＝∠CAQ＋∠BAC＝60°＋∠BAC
よって，∠PAC＝∠BAQ…③
①，②，③より，2組の辺とその間の角がそれぞれ等しいので，△APC≡△ABQ
合同な図形の対応する辺の長さは等しいので，
CP＝QB

82【仮定】PQ＝QR＝RP，PS＝ST＝TP

【結論】SQ＝TR

【証明】△PSQと△PTRで，
仮定より，PS＝PT…①　PQ＝PR…②
正三角形の内角はすべて60°なので，
∠SPT＝∠QPR＝60°
∠SPQ＝∠SPT－∠QPT＝60°－∠QPT
∠TPR＝∠QPR－∠QPT＝60°－∠QPT
よって，∠SPQ＝∠TPR…③
①，②，③より，2組の辺とその間の角がそれぞれ等しいので，△PSQ≡△PTR
合同な図形の対応する辺の長さは等しいので，
SQ＝TR

83(1) 斜辺と1つの鋭角がそれぞれ等しい

(2) ① $90-x$　② $90-x$　③ E

(3) ① D　② DE　③ E　④ 1組の辺とその両端の角がそれぞれ等しい

84(1) 斜辺と他の一辺がそれぞれ等しい

(2) ① 180　② 二等辺　③ F

(3) ① 90　② DF　③ F　④（直角三角形の）斜辺と1つの鋭角がそれぞれ等しい

85 定義：三辺が等しい三角形
定理：正三角形の3つの内角はすべて等しい

86 (1) $\angle x＝87°，\angle y＝27°$　(2) $\angle x＝75°，\angle y＝150°$

【解説】
(1) △ABC は正三角形であるので，
∠ABC＝∠BCA＝∠CAB＝60°
$x＝180－33－60＝87$
平行線の錯角は等しいので，∠y＋∠ACB＝∠x
よって，∠y＝∠x－∠ACB＝87－60＝27

(2) △PBC 正三角形であるので，
∠PBC＝∠BCP＝∠CPB＝60°
四角形 ABCD は正方形，△PBC は正三角形であるので，AB＝BC＝BP　よって△BAP は二等辺三角形
∠ABP＝∠ABC－∠PBC＝90－60＝30°　より，
△BAP に注目すると，$2x＋30＝180$
よって，$x＝75$°
△BAP≡△CDP（2組の辺とその間の角が等しい）であるので，PA＝PD より，△PAD は二等辺三角形
∠DAP＝∠DAB－∠x＝90－75＝15°
△PAD に注目すると，$15＋15＋y＝180$
これを解くと，$y＝150$°

87【仮定】AM＝CM，∠ABM＝∠CDM＝90°

【結論】AB＝CD

【証明】△ABM と△CDM で，
仮定より，AM＝CM…①
∠ABM＝∠CDM＝90°…②
対頂角は等しいので，∠AMB＝∠CMD…③
①，②，③より直角三角形の斜辺と1つの鋭角がそれぞれ等しいので，△ABM≡△CDM
合同な図形の対応する辺の長さは等しいので，
AB＝CD

88【仮定】PQ＝QR＝RP，PS＝RT

【結論】RS＝QT

【証明】△PRS と△RQT で，
仮定より，PR＝RQ…①　PS＝RT…②
正三角形の定理より，
∠SPR＝∠TRQ＝60°…③
①，②，③より2組の辺とその間の角がそれぞれ等しいので，△PRS≡△RQT
合同な図形の対応する辺の長さは等しいので，
RS＝QT

89【仮定】∠BAP＝∠CAP，PQ⊥AB，PR⊥AC

【結論】PQ＝PR

【証明】△APQ と△APR で，
共通の辺なので，AP＝AP…①
仮定より，∠PQA＝∠PRA＝90°…②
∠QAP＝∠RAP…③
①，②，③より直角三角形の斜辺と1つの鋭角がそれぞれ等しいので，△APQ≡△APR
合同な図形の対応する辺の長さは等しいので，

PQ＝PR

90 (1) ∠BAE＝120°，∠CBD＝120°

(2) △ABE と △BCD で，
仮定より，AE＝BD …①　　AB＝BC …②
(1)より ∠BAE＝∠CBD＝120° …③
①，②，③より2組の辺とその間の角がそれぞれ等し
いので，△ABE≡△BCD
合同な図形の対応する辺の長さは等しいので，
EB＝DC

【解説】
(1) 正三角形の内角はすべて 60°であるので，外角はす
べて 120°である。

91 (1) ① 90－a　② 90－a　③ a　(2) ∠CAQ

(3) △ABP と △CAQ で，
仮定より，AB＝CA …①　∠APB＝∠CQA＝90° …②
(2)の結果より，∠PBA＝∠CAQ …③
①，②，③より直角三角形の斜辺と1つの鋭角がそれ
ぞれ等しいので，△ABP≡△CAQ
合同な図形の対応する辺の長さは等しいので，
BP＝AQ

92 【仮定】DA＝AC＝CD，EC＝CB＝BE
【結論】AE＝DB
【証明】△ACE と △DCB で，
仮定より，AC＝DC …①　EC＝CB …②
正三角形の内角はすべて 60°なので，
∠ACD＝∠BCE＝60°
∠ACE＝∠ACD＋∠DCE＝60°＋∠DCE
∠DCB＝∠BCE＋∠DCE＝60°＋∠DCE
よって，∠ACE＝∠DCB …③
①，②，③より，2組の辺とその間の角がそれぞれ等し
いので，△ACE≡△DCB
合同な図形の対応する辺の長さは等しいので，
AE＝DB

7章 平行四辺形

93 定義：2組の向かい合う辺がそれぞれ平行である四
角形　定理：2組の向かい合う辺はそれぞれ等しい／
2 組の向かい合う角はそれぞれ等しい／対角線はそ
れぞれの中点で交わる

94 (1) △ABD と △CDB で，
共通の辺なので，BD＝DB …①
平行線の錯角は等しいので，∠ADB＝∠CBD …②
∠ABD＝∠CDB …③
①，②，③より1組の辺とその両端の角がそれぞれ等し
いので，△ABD≡△CDB
(2) ア．CD　イ．CB　ウ．向かい合う辺はそれぞれ等
しい　エ．∠DCB　オ．∠CDA　カ．向かい合う角は
それぞれ等しい　(3) ア．向かい合う辺はそれぞれ
等しい　イ．BC　ウ．∠BCO　エ．∠CBO　オ．1組

の辺とその両端の角がそれぞれ等しい　カ．辺の長さ

95 定義：2組の向かい合う辺がそれぞれ平行である四
角形　定理：2組の向かい合う辺はそれぞれ等しい／
2 組の向かい合う角はそれぞれ等しい／対角線はそ
れぞれの中点で交わる

96 【仮定】AB//CD, AD//BC, BD⊥AE, BD⊥CF
【結論】AE＝CF
【証明】△ABE と △CDF で，
平行四辺形の定理より，AB＝CD …①
仮定より，∠AEB＝∠CFD＝90°…②
平行線の錯角は等しいので，∠ABE＝∠CDF …③
①，②，③より，直角三角形の斜辺と1つの鋭角がそれ
ぞれ等しいので，△ABE≡△CDF
合同な図形の対応する辺の長さは等しいので，
AE＝CF

97 【仮定】AB//CD, AD//BC
【結論】DE＝BF
【証明】△DEO と △BFO で，
平行四辺形の定理より，DO＝BO …①
平行線の錯角は等しいので，∠EDO＝∠FBO …②
対頂角は等しいので，∠DOE＝∠BOF …③
①，②，③より1組の辺とその両端の角がそれぞれ等し
いので，△DEO≡△BFO
合同な図形の対応する辺の長さは等しいので，
DE＝BF

98 ①②③(順不同)辺がそれぞれ平行／辺がそれぞれ
等しい／角がそれぞれ等しい
④ それぞれ中点で交わる
⑤ 辺が平行で長さが等しい

99 (1) ○　(2) ×　(3) ○　(4) ○　(5) ×　(6) ○
(7) ○　(8) ×

【解説】
(1) 2組の向かい合う辺がそれぞれ等しい
(2) ∠B の外角＝105°である
のでAD//BCであるが，AD
≠BC であるので，平行四
辺形とはいえない。

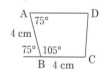

(3) 1組の向かい合う辺が平行で長さが等しい
(4) 2組の向かい合う角がそれぞれ等しい
(5) 対角線が中点で交わるためには，BO＝DO の条件
も必要である。
(6) ∠C の外角が 100°であるので，同位角が等しく
AB//CD である。AB＝CD でもあるので，1組の向か
い合う辺が平行で長さが等しい。
(7) ∠ABD＝∠CDB で錯角が等しいので，AB//CD
∠ADB＝∠CBD で錯角が等しいので，AD//BC
よって，2組の向かい合う辺がそれぞれ平行。
(8) 平行四辺形になる条件のどれにも当てはまらない。

100 【仮定】OA＝OC, OB＝OD

【結論】四角形 ABCD は平行四辺形
ア．△OCD　イ．2 組の辺とその間の角がそれぞれ等しい　ウ．△OCD　エ．∠CDO　オ．∠BCO　カ．2 組の向かい合う辺がそれぞれ平行

101【仮定】AD＝BC, AD//BC

【結論】四角形 ABCD は平行四辺形
ア．BC　イ．∠CBD　ウ．2 組の辺とその間の角がそれぞれ等しい　エ．∠CDB　オ．//　カ．//　キ．2 組の向かい合う辺がそれぞれ平行

102 2 組の向かい合う辺がそれぞれ平行／2 組の向かい合う辺がそれぞれ等しい／2 組の向かい合う角がそれぞれ等しい／対角線がそれぞれ中点で交わる／1 組の向かい合う辺が平行で長さが等しい

103【仮定】AB//CD, AD//BC, AP＝DP, BQ＝CQ

【結論】四角形 AQCP は平行四辺形
【証明】平行四辺形の定理より，AD＝BC …①
仮定より，AP＝$\frac{1}{2}$AD …②　CQ＝$\frac{1}{2}$BC …③
①,②,③より AP＝CQ …④
仮定より，AP // QC …⑤
④,⑤より，1 組の向かい合う辺が平行で長さが等しいので，四角形 AQCP は平行四辺形である。

104【仮定】AB//CD, AD//BC, AP＝CQ

【結論】四角形 PBQD は平行四辺形
【証明】AC, BD の交点を O とすると，
平行四辺形の定理より，AO＝CO …①
仮定より，AP＝CQ …②
①,②より AO＋AP＝CO＋CQ
よって OP＝OQ …③
平行四辺形の定理より，BO＝DO …④
③,④より対角線がそれぞれ中点で交わるので四角形 PBQD は平行四辺形である。

105 定義：2 組の向かい合う辺がそれぞれ平行である四角形
定理：向かい合う辺はそれぞれ等しい／向かい合う角はそれぞれ等しい／対角線はそれぞれの中点で交わる

106 ①②③(順不同) 辺がそれぞれ平行／辺がそれぞれ等しい／角がそれぞれ等しい
④ それぞれ中点で交わる
⑤ 辺が平行で長さが等しい

107 (1) $x = 75°$, $y = 105°$　(2) $x = 34°$, $y = 76°$

【解説】
(1) ABCD は平行四辺形であるので，向かい合う角は等しく，隣り合う角の和は 180° である。
(2) △ABC に注目すると，∠B＝180－90－56＝34°
平行線の同位角は等しいので∠x＝∠B＝34°
∠DEF＝∠B＋∠BDE＝34＋42＝76°
四角形 DEFG は平行四辺形であるので，
∠DEF＝∠y＝76°

108【仮定】AB//CD, AD//BC, AE⊥XY, CF⊥XY

【結論】AE＝CF
【証明】△AEO と△CFO で，
仮定より，∠AEO＝∠CFO＝90° …①
平行四辺形の定理より，AO＝CO …②
対頂角は等しいので，∠AOE＝∠COF …③
①,②,③より，直角三角形の斜辺と 1 つの鋭角がそれぞれ等しいので，△AEO≡△CFO
合同な図形の対応する辺の長さは等しいので，
AE＝CF

109【仮定】AB//CD, AD//BC, AM＝DM, BN＝CN

【結論】△ABM≡△CDN
ア．BC　イ．AD　ウ．BC　エ．CN　オ．CD　カ．∠DCN　キ．2 組の辺とその間の角がそれぞれ等しい

110 (1) ○　(2) ×　(3) ○　(4) ○

111 ア．∠DCB　イ．∠DCB　ウ．∠BAD　エ．//　オ．//　カ．2 組の向かい合う辺がそれぞれ平行

112 △OAB と△OCD で，
仮定より，OB＝OD …①
対頂角は等しいので，∠AOB＝∠DOC …②
平行線の錯角は等しいので，∠ABO＝∠CDO …③
①,②,③より，1 組の辺とその両端の角がそれぞれ等しいので，△OAB≡△OCD
合同な図形の対応する辺の長さは等しいので，
OA＝OC …④
①,④より，対角線がそれぞれ中点で交わるので，四角形 ABCD は平行四辺形である。
(注意)△OAB≡△OCD より，AB＝CD
また仮定より AB//DC であり，1 組の向かい合う辺が平行で長さが等しいので，四角形 ABCD は平行四辺形であることを示してもよい。

113

114【仮定】AB//CD, AD//BC, BE//CF, BC//EF

【結論】四角形 AEFD は平行四辺形
ア．BC　イ．BC　ウ．EF　エ．BC　オ．BC　カ．EF　キ．1 組の向かい合う辺が平行で，長さが等しい

115【仮定】AB//CD, AD//BC, BE＝DF

【結論】四角形 AECF が平行四辺形
ア．DF　イ．CD　ウ．∠CDF　エ．2 組の辺とその間の角がそれぞれ等しい　オ．CF　カ．△CEB　キ．CE　ク．2 組の向かい合う辺がそれぞれ等しい

8章 特別な平行四辺形と等積変形

116 長方形
　定義：4つの角がすべて等しい四角形
　定理：2つの対角線は等しい
　ひし形
　定義：4つの辺がすべて等しい四角形
　定理：2つの対角線は垂直に交わる
　正方形
　定義：4つの角がすべて等しく，4つの辺もすべて等しい四角形
　定理：2つの対角線が等しく，垂直に交わる。

117

	平行四辺形	ひし形	長方形	正方形
①	×	○	×	○
②	×	○	×	○
③	○	○	○	○
④	×	×	○	○
⑤	×	○	×	○
⑥	×	×	○	○
⑦	○	○	○	○
⑧	×	×	○	○

118 【仮定】 $AB=BC=CD=DA$, $AB \perp CP$, $AD \perp CQ$
　【結論】 $CP=CQ$
　【証明】△CBP と△CDQ で，
　仮定より，$BC=DC$ …①
　$\angle CPB=\angle CQD=90°$ …②
　ひし形は平行四辺形でもあるので，平行四辺形の定理より，$\angle CBP=\angle CDQ$ …③
　①, ②, ③より直角三角形の斜辺と1つの鋭角がそれぞれ等しいので，△CBP≡△CDQ
　合同な図形の対応する辺の長さは等しいので，$CP=CQ$

119 (1) △ABD　(2) △AOB
【解説】
(2) (1)より△ACD＝△ABD より，
　△ACD－△AOD＝△ABD－△AOD
　よって，△DOC＝△AOB

120 (1) △ACE, △ACF, △BCF　(2) △BPC

121
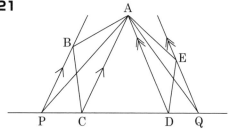

122 (1)
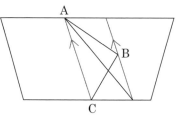

(2)
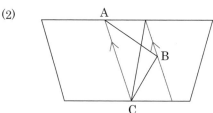

123 (1) 正方形　(2) ひし形　(3) 長方形
　(4) 長方形　(5) 正方形　(6) ひし形　(7) 正方形

124 平行四辺形
　定義：2組の向かい合う辺がそれぞれ平行である四角形／定理：向かい合う辺はそれぞれ等しい／向かい合う角はそれぞれ等しい／対角線はそれぞれの中点で交わる
　長方形
　定義：4つの角がすべて等しい四角形
　定理：2つの対角線は等しい
　ひし形
　定義：4つの辺がすべて等しい四角形
　定理：2つの対角線は垂直に交わる
　正方形
　定義：4つの角がすべて等しく，4つの辺もすべて等しい四角形
　定理：2つの対角線が等しく，垂直に交わる

125 (1)
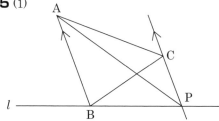

(2)
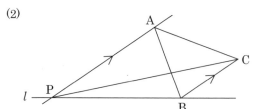

126 ① △DBP, △DBQ, △DAQ　② △DQR

127 【仮定】 $\angle A=\angle B=\angle C=\angle D$
　【結論】 $AC=BD$
　【証明】△ABC と△DCB で，

共通の辺なので，$BC=CB$ …①
仮定より，$\angle B=\angle C$ …②
長方形は平行四辺形でもあるので，平行四辺形の定理より，$AB=DC$ …③
①，②，③より 2 組の辺とその間の角がそれぞれ等しいので，$\triangle ABC \equiv \triangle DCB$
合同な図形の対応する辺の長さは等しいので，
$AC=BD$

128 ① $AC=CB=BD=DA$　② ひし形
　　③ 2 つの対角線は垂直に交わる　④ 平行四辺形
　　⑤ 対角線はそれぞれの中点で交わる

129 $P\left(0, \dfrac{10}{3}\right)$

【解説】
　A を通り OB と平行な直線と y 軸との交点が P である。直線 OB の傾きは，$\dfrac{0-(-1)}{0-3}=\dfrac{1}{-3}=-\dfrac{1}{3}$
　よって，A を通り，傾きが $-\dfrac{1}{3}$ の直線の方程式は，
$y-3=-\dfrac{1}{3}(x-1)$　※上巻 p318 の公式を参照
$y=-\dfrac{1}{3}x+\dfrac{10}{3}$ であるので，$x=0$ のとき $y=\dfrac{10}{3}$
（注）二直線が平行であるとき，二直線の傾きは等しい。

9 章 確率とデータの活用

130 (1) 6 通り　(2) 24 通り

131 (1) 4 通り　(2) 3 通り

132　12 通り

133　9 通り

134　9 通り

135　12 通り

136　6 通り

137　20 通り

138　10 通り

139　6 通り

【解説】
A,B,C,D から 2 つを選ぶ組み合わせは，
(A,B), (A,C), (A,D), (B,C), (B,D), (C,D) の 6 通り。

140　6 通り

【解説】
初めに a を選択した場合，c, d, e の 3 通りの選び方があり，b を選択した場合も c, d, e の 3 通りの選び方があるので，合計で 6 通りある。

141　6 通り

【解説】
4 人を A,B,C,D と名前をつけると，この中から 2 人を

選ぶ組み合わせは，
(A,B), (A,C), (A,D), (B,C), (B,D), (C,D) の 6 通り。

142　12 通り

【解説】
4 人を A,B,C,D と名前をつけると，A が代表であるとき，副代表の選び方は B～D の 3 通りの選び方がある。B,C,D が代表のときも，副代表の選び方はそれぞれ 3 通りずつあるので，求める場合の数は $3\times4=12$ 通り。

143　9 通り

【解説】
十の位が 1 のとき，一の位の選び方は 3,5,0 の 3 通りある。十の位が 3,5 のときもそれぞれ一の位の選び方は 3 通りある。よって，求める場合の数は $3\times3=9$ 通り。

144 (1) 6 通り　(2) 12 通り

【解説】
(1) B,C,D 3 人の並べ方を考えればよい。
(2) 第 1 走者を B としたとき，A,C,D 3 人の並べ方は 6 通りあり，第 1 走者を C としたときも，A,B,D 3 人の並べ方は 6 通りある。よって合計で 12 通り。

145 (1) 24 個　(2) 12 個　(3) 12 個

【解説】
(1) 百の位が 1 のとき，右の樹形図より 6 通りの 3 桁の整数ができる。百の位が 2,3,6 のときもそれぞれ 6 通りできるので，全部で $6\times4=24$ 通り。
(2) 一の位が偶数であれば，その数は 2 の倍数といえる。2 が一の位のとき，十の位と一の位の選び方は右の樹形図より 6 通りある。同様に一の位が 6 のときも 6 通りあるので，合計で 12 通り。
(3) 百の位が 3 または 6 であれば必ず 300 以上になる。それぞれの場合で 6 通りに整数ができるので，合計で 12 通りできる。

146 (1) $\dfrac{1}{2}$　(2) $\dfrac{2}{3}$　(3) $\dfrac{5}{6}$

147 (1) $\dfrac{1}{4}$　(2) $\dfrac{3}{13}$　(3) $\dfrac{2}{13}$　(4) $\dfrac{3}{4}$　(5) $\dfrac{10}{13}$　(6) $\dfrac{49}{52}$

148 (1) $\dfrac{1}{2}$　(2) $\dfrac{1}{8}$　(3) $\dfrac{7}{8}$

149 (1) $\dfrac{1}{8}$　(2) $\dfrac{3}{8}$

150 (1) $\dfrac{1}{9}$　(2) $\dfrac{5}{12}$　(3) $\dfrac{3}{4}$　(4) $\dfrac{1}{9}$　(5) $\dfrac{8}{9}$

151 (1) $\dfrac{1}{15}$　(2) $\dfrac{2}{5}$　(3) $\dfrac{3}{5}$

152
(1) 第 1 四分位数：3　　四分位範囲：5
　　第 2 四分位数：6　　範囲：8
　　第 3 四分位数：8

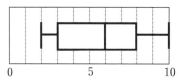

(2) 第1四分位数：5.5　　四分位範囲：1.5
　　第2四分位数：6.5　　範囲：4
　　第3四分位数：7

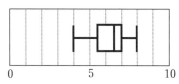

(3) 第1四分位数：3　　　四分位範囲：5
　　第2四分位数：5.5　　範囲：7
　　第3四分位数：8

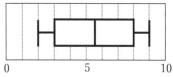

(4) 第1四分位数：62　　四分位範囲：10
　　第2四分位数：64.5　範囲：50
　　第3四分位数：72

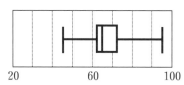

① 25　② 密集

【解説】
(1) データを小さい順に並べると，
　　2,3,3,4,5,6,7,8,8,9,10
　　データの個数は 11 個（＝5＋1＋5）なので，6番目
　　が第2四分位数（6），5＝2＋1＋2 なので，左から
　　3番目が第1四分位数（3），右から3番目が第3四
　　分位数（8）
　　四分位範囲：8－3＝5　　範囲：10－2＝8
(2) データを小さい順に並べると，
　　4,5,5,6,6,6,7,7,7,7,8,8
　　データの個数は 12 個（＝6＋6）なので，6番目と7
　　番目の平均が第2四分位数（6.5），6＝3＋3 なの
　　で，左から3番目と4番目の平均が第1四分位数
　　（5.5），右から3番目と4番目の平均が第3四分位
　　数（7）
　　四分位範囲：7－5.5＝1.5　　範囲：8－4＝4
(3) データを小さい順に並べると，
　　2,2,2,3,3,3,4,7,7,8,8,9,9,9
　　データの個数は 14 個（＝7＋7）なので，7番目と8
　　番目の平均が第2四分位数（5.5），7＝3＋1＋3 な
　　ので，左から4番目が第1四分位数（3），右から4
　　番目が第3四分位数（8）

四分位範囲：8－3＝5　　範囲：9－2＝7

153 (1) ウ　(2) ア　(3) イ

154 (1) 3　(2) 5　(3) 4　(4) 7　(5) ウ　(6) イ
　　(7) ① ○　② ○　③ ×　④ ○

【解説】
(5) 200＝100＋100（上位データ，下位データの個数は
　　100）で，順位が中央の生徒は一人にならない。よっ
　　て，100位と101位の生徒の平均で求める。
(6) 100位，101位の生徒の点数をそれぞれ s_{100}, s_{101} と
　　すると，この2人の平均点は $\frac{s_{100}+s_{101}}{2}=7$ であり，順
　　位が隣り合うとき，上位の方が高得点か，互いに同
　　点と考えられるので，$s_{100} \geqq s_{101}$ である。よって，
　　$(s_{100}, s_{101})=(7,7),(8,6),(9,5) \cdots$ となる。
(7) ① 7点は中央値であり，中央値以上の得点だった
　　生徒は少なくとも全体の 50% はいる。
注）(6)の考え方から，100位の生徒は7点以上取って
　　いるので，1位～100位の半数の生徒は全員7点以
　　上をとっていることになる。
　　② 3点は中央値であり，中央値以下の得点だった生
　　徒は少なくとも全体の 50% はいる。
注）(6)の考え方から，101位の生徒は3点以下である
　　ので，101位～200位の半数の生徒は全員3点以下
　　をとっていることになる。
　　③ 3点が第1四分位数であり，第1四分位数以下の
　　得点だった生徒は少なくとも全体の 25%，つまり
　　200÷4＝50 人はいる。従って4点以下だった生徒
　　は 50 人以上いることになる。
注）(6)の考え方から，$\frac{s_{150}+s_{151}}{2}=3$ であり，150位の生
　　徒は3点以上，151位の生徒は3点以下であるの
　　で，151位～200位の50人の生徒は全員3点以下を
　　とっていることになる。従って4点以下の生徒は50
　　人未満ということはあり得ない。
　　④ 範囲は最大値と最小値の差であり，漢字テストの
　　範囲は7点，英単語と計算のテストの範囲は共に9
　　点である。

155 (1) $\frac{1}{3}$　(2) $\frac{2}{3}$　(3) $\frac{7}{9}$

【解説】
(1) $\frac{3}{2+3+4}=\frac{3}{9}=\frac{1}{3}$
(2) $\frac{2+4}{2+3+4}=\frac{6}{9}=\frac{2}{3}$
(3) 赤玉が出る確率は $\frac{2}{9}$ であるので，
　　赤玉が出ない確率は $1-\frac{2}{9}=\frac{7}{9}$

156 $\frac{7}{8}$

【解説】
樹形図を書くと全部で8通りの出方がある。（p84 参
照）そのうちすべて裏が出る場合は1通りである。
（少なくとも1枚は表が出る確率）＝1－（すべて裏が
出る確率）であるので，$1-\frac{1}{8}=\frac{7}{8}$

157 $\frac{1}{2}$

【解説】

コインを AB と名前をつけると，全部で4通りの出方がある。そのうち表が2回だけ出るのは2通りあるので，$\frac{2}{4} = \frac{1}{2}$

$$
\begin{array}{cc}
A & B \\
\text{表} < & \begin{array}{l}\text{表} \\ \text{裏}\end{array} \\
\text{裏} < & \begin{array}{l}\text{表} \\ \text{裏}\end{array}
\end{array}
$$

158 $\frac{1}{9}$

【解説】

A がグーを出したときの樹形図を書くと全部で9通りの出し方がある。（p90 参照）そのうち A だけが勝つのは BC が共にチョキを出したときの1通りである。A がパー，チョキを出した場合も A だけが勝つ場合はそれぞれ1通りあるので，A だけが勝つ確率は，$\frac{3}{9+9+9} = \frac{3}{27} = \frac{1}{9}$

159 (1) 36 通り　(2) $\frac{5}{6}$　(3) $\frac{5}{12}$

【解説】

(1) p86 参照

(2) 続けて同じ目が出る場合は，
（1回目，2回目）＝(1,1),(2,2),(3,3),(4,4),(5,5),(6,6)
であるので，続けて同じ目が出ない場合の数は，
$36 - 6 = 30$　よって求める確率は，$\frac{30}{36} = \frac{5}{6}$

(3)（1回目の目）＜（2回目の目）となる場合を数えると，

1回目の目	2回目の目	
1	2〜6	→ 5 通り
2	3〜6	→ 4 通り
3	4〜6	→ 3 通り
4	5〜6	→ 2 通り
5	6	→ 1 通り

$5 + 4 + 3 + 2 + 1 = 15$ 通りであるので，求める確率は $\frac{15}{36} = \frac{5}{12}$

160 $\frac{3}{5}$

【解説】

青$_1$，青$_2$，青$_3$，白$_1$，白$_2$と玉に名前をつけると，異なる色の組は(青$_1$，白$_1$)，(青$_1$，白$_2$)，(青$_2$，白$_1$)，(青$_2$，白$_2$)，(青$_3$，白$_1$)，(青$_3$，白$_2$)の6通り。
また，5つから2つを選ぶ選び方は次のようになる。

$$
\text{青}_1 < \begin{array}{l}\text{青}_2 \\ \text{青}_3 \\ \text{白}_1 \\ \text{白}_2\end{array} \quad
\text{青}_2 < \begin{array}{l}\text{青}_3 \\ \text{白}_1 \\ \text{白}_2\end{array} \quad
\text{青}_3 < \begin{array}{l}\text{白}_1 \\ \text{白}_2\end{array} \quad
\text{白}_1 - \text{白}_2
$$

$4 + 3 + 2 + 1 = 10$ 通りあるので，求める確率は $\frac{6}{10} = \frac{3}{5}$

161 $\frac{3}{10}$

【解説】

男$_1$，男$_2$，男$_3$，女$_1$，女$_2$と5人に名前をつけると，男子2人の組は(男$_1$，男$_2$)，(男$_1$，男$_3$)，(男$_2$，男$_3$)の3通り。
また，5人から2人を選ぶ選び方は次のようになる。

$$
\text{男}_1 < \begin{array}{l}\text{男}_2 \\ \text{男}_3 \\ \text{女}_1 \\ \text{女}_2\end{array} \quad
\text{男}_2 < \begin{array}{l}\text{男}_3 \\ \text{女}_1 \\ \text{女}_2\end{array} \quad
\text{男}_3 < \begin{array}{l}\text{女}_1 \\ \text{女}_2\end{array} \quad
\text{女}_1 - \text{女}_2
$$

$4 + 3 + 2 + 1 = 10$ 通りあるので，求める確率は $\frac{3}{10}$

162 $\frac{1}{3}$

【解説】

4枚から2枚を選ぶ選び方は次のように6通りある。

$$
0 < \begin{array}{l}1 \\ 2 \\ 3\end{array} \quad
1 < \begin{array}{l}2 \\ 3\end{array} \quad
2 - 3
$$

このうち和が4以上になるのは(1,3),(2,3)の2通りであるので，求める確率は，$\frac{2}{6} = \frac{1}{3}$

163 $\frac{1}{3}$

【解説】

4枚から2枚を選んで2桁の整数を作る場合の数は次の9通りある。（左が十の位，右が一の位）

$$
1 < \begin{array}{l}0 \\ 2 \\ 3\end{array} \quad
2 < \begin{array}{l}0 \\ 1 \\ 3\end{array} \quad
3 < \begin{array}{l}0 \\ 1 \\ 2\end{array}
$$

このうち3の倍数であるものは，12,21,30 の3通りあるので，求める確率は $\frac{3}{9} = \frac{1}{3}$

164 第1四分位数：54　第2四分位数：65
第3四分位数：73　四分位範囲：19　範囲：45

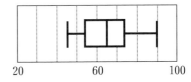

【解説】

$17 = 8 + 1 + 8 = (4 + 4) + 1 + (4 + 4)$ であるので，
第1四分位数＝13 位と14 位の平均値
第2四分位数＝9 位の値
第3四分位数＝4 位と5 位の平均値
四分位範囲＝第3四分位数－第1四分位数
範囲＝最大値－最小値

165 x：ウ　y：イ　z：ア

166 ① ×　② ×　③ ○　④ ○　⑤ ×

【解説】

(2) ① 第1四分位数は55点，第3四分位数は80点。
　② 90点をとった生徒はいるが，1人だけとは限らない。
　③ 箱の中はおよそ50%のデータが入っている。
注）55点（第一四分位数）や80点（第3四分位数）の生徒は2人以上存在する可能性もあるため，その場合は55点以上80点以下の生徒数は全体の50%より大きくなる。

④ 中央値は 65 点であるが，これは 180 位と 181 位
　の生徒の点数の平均値である。例えば 180 位の生
　徒が 66 点，181 位の生徒が 64 点であっても中央値
　は 65 点になる。よって 180 位の生徒の点数は 65
　点とは限らない。

10 章 式の乗法・除法

167 (1) $xy + xz$　(2) $xz - yz$　(3) $pq + pr + ps$
(4) $-bx + cx - dx$　(5) $\frac{x}{z} + \frac{y}{z}$　(6) $\frac{sx}{t} - \frac{sy}{t}$

168 (1) $-6x^2 + 12xy$　(2) $12a^2 - 4ab - 4a$
(3) $3x + 6y$　(4) $4a - 1$

169 (1) $10a^2 - 8ab + b^2$　(2) $-x^2 + x^2y$
(3) $-3x^3 - 6x$　(4) $5a^2 - 8ab - 6b^2$

170 (1) $ax + ay + bx + by$
(2) $ax + ay + az + bx + by + bz$
(3) $ax + ay + bx + by + cx + cy$
(4) $px + py + pz + qx + qy + qz + rx + ry + rz$

171 (1) $ab - 3a + 2b - 6$　(2) $x^2 - ax - 6a^2$
(3) $y^2 - 4b^2$　(4) $2a^2 + 3ab + 3a - 2b^2 + 6b$
(5) $x^3 - 7x - 6$　(6) $a^2 + 3ab + 2b^2 + 3b - 9$

172 (1) $3a^2 - 15a$　(2) $-6x + 2x^2$
(3) $x^2 + 3x + 2$　(4) $a - b$
(5) $9x^2 - 6x^2y + 3xy$　(6) $2a - 6b$
(7) $9y - 3y^2$　(8) $-10x^2$
(9) $x^2 - 3xy - 28y^2$　(10) $-8a - 27$
(11) $6x^2 + 5xy - 12x - 6y^2 + 8y$

173 (1) $-5a + 10$　(2) $2a^2b - 3ab^2$
(3) $ab + a + 3b + 3$　(4) $x^2 - 7xy - 18y^2$
(5) $2a^2 + 3ab + 3a - 2b^2 + 6b$
(6) $x^2 + 3xy - x + 3y - 2$　(7) 0　(8) a
(9) $25x^2 - 1$　(10) $-2x^4 + 3x^3 + 3x^2 - x + 6$

174 (1) $a^2 + 2ab + b^2$　(2) $a^2 - 2ab + b^2$
(3) $4a^2 + 4a + 1$　(4) $x^2 - 10x + 25$
(5) $x^2 + 12xy + 36y^2$　(6) $4x^2 - 20xy + 25y^2$

175 (1) $a^2 - b^2$　(2) $x^2 - 1$　(3) $x^2 - 4y^2$
(4) $y^2 - 25$　(5) $81x^2 - 1$　(6) $4a^2 - 9b^2$

176 (1) $x^2 + 3x + 2$　(2) $a^2 - a - 12$
(3) $x^2 + 3xy + 2y^2$　(4) $y^2 - 12y + 35$
(5) $a^2 - 3ab - 10b^2$　(6) $x^2 - 12xy + 27y^2$

177 (1) イ　(2) ア

178 (1) $a^2 - 2a + 1$　(2) $a^2 + 2ab + b^2$
(3) $x^2 + 14x + 49$　(4) $y^2 - 6y + 9$
(5) $a^2 + 4ab + 4b^2$　(6) $9x^2 - 12xy + 4y^2$

179 (1) $b^2 - c^2$　(2) $z^2 - 1$　(3) $x^2 - 16y^2$
(4) $1 - 25a^2$　(5) $36x^2 - 1$　(6) $100a^2 - 49b^2$

180 (1) $y^2 + 7y + 12$　(2) $x^2 - 3xy + 2y^2$
(3) $x^2 - x - 30$　(4) $y^2 + 3yz - 40z^2$

(5) $a^2 - 4ab - 21b^2$　(6) $x^2 - 12x + 11$

181 (1) $x^2 - \frac{1}{6}x - \frac{1}{3}$　(2) $x^2 + x + \frac{1}{4}$
(3) $9a^2 - \frac{1}{16}$　(4) $-3x^2 + 12x - 9$　(5) $-6x - 13$
(6) $3x^2 + 4x - 23$　(7) $\frac{x+3}{2}$　(8) $7x^2 + 3x$

182 (1) $99^2 = (100 - 1)^2 = 10000 - 200 + 1$
　　　　$= 100^2 - 2 \times 100 \times 1 + (-1)^2 = 9801$
(2) $102^2 = (100 + 2)^2 = 100^2 + 2 \times 100 \times 2 + 2^2$
　　$= 10000 + 400 + 4 = 10404$
(3) $98 \times 102 = (100 - 2)(100 + 2) = 100^2 - 2^2$
　　$= 10000 - 4 = 9996$

183 (1) $x^2 + 7x + 12$　(2) $2x^2 - 2y^2$
(3) $49x^2 - 14xy + y^2$　(4) $x^2 + \frac{2}{3}x + \frac{1}{9}$
(5) $-4x^2 + 4x + 3$　(6) $-2x + 3y$
(7) $\frac{1}{9}x^2 - \frac{1}{6}xy + \frac{1}{16}y^2$　(8) $-6x + 25$
(9) $-x^2 - 5x - 24$

184 (1) $(100 + 3)(100 - 3)$
　　　$= 100^2 - 3^2 = 10000 - 9 = 9991$
(2) $(200 + 1)^2 = 200^2 + 2 \times 200 \times 1 + 1^2 = 40401$

185 (1) $x^2 - \frac{1}{16}$　(2) $25x^2 - 15x + \frac{9}{4}$
(3) $0.25x^2 - 0.04$　(4) $3x^2 - 26y^2$
(5) $-2a + 3b$　(6) $x^2 + 2x - 3$
(7) $x^2 - \frac{1}{2}xy - \frac{5}{4}y^2$
(8) $x^2 + 2xy + y^2 - 6x - 6y + 9$

11 章 因数分解

186 ① 因数　② 因数分解

187 (1) $a(x + y)$　(2) $3(x - 4y)$　(3) $x(x - 1)$
(4) $5ab(b + 2)$　(5) $m(x - y + z)$
(6) $mn(m + n - 1)$

188 (1) $(x + y)(x - y)$　(2) $(x + 7)(x - 7)$
(3) $(a + 1)(a - 1)$　(4) $(8x - y)(8x + y)$
(5) $(3a + 2b)(3a - 2b)$　(6) $(9 + 10d)(9 - 10d)$
(7) $(y - 6)(y + 6)$　(8) $(6y - 1)(6y + 1)$
(9) $(4a - 5b)(4a + 5b)$

189 (1) $(x - 1)(x + 3)$　(2) $(x + 1)(x - 3)$
(3) $(x + 3)(x - 2)$　(4) $(a + 1)(a - 5)$
(5) $(y + 1)^2$　(6) $(x - 6)^2$　(7) $(x + 3y)(x - 6y)$
(8) $(a - 2b)(a + 6b)$　(9) $(x + 10y)(x + y)$

190 (1) $(a - 1)^2$　(2) $(3x + 1)^2$　(3) $(3x + y)^2$
(4) $(2x - 3y)^2$　(5) $(a - 2)^2$　(6) $(2a - 1)^2$
(7) $(y + 9)^2$　(8) $(3x - 5y)^2$　(9) $(x - 10)^2$

191 (1) $(y - 1)(y + 1)$　(2) $a(ax - by)$
(3) $(a - 3)^2$　(4) $(2x - 5y)^2$
(5) $x(x + 3)$　(6) $(x - 3)(x - 6)$
(7) $(x + 2)(x - 7)$　(8) $(3x - y)(3x + y)$
(9) $11(x - 3y + 2)$　(10) $(1 - a)(1 + a)$
(11) $(5x + 1)^2$　(12) $(a + b)(a - 12b)$
(13) $3(x^2 + 2y^2 - 1)$　(14) $(x + y)(x + 5y)$

(15) $(x+2)(x-8)$　　(16) $(x+4)(x-2)$

(17) $(10a-7b)^2$　　(18) $3ab(b-9)$

192 (1) $(x+9)(x-5)$　　(2) $(7b-1)(7b+1)$

(3) $3ay(4ay-1)$　　(4) $(3x-2y)^2$

(5) $3x(3x-4y)$　　(6) $(3x-2y)(3x+2y)$

(7) $(t+7)(t-8)$　　(8) $t(t-1)$

(9) $(6t-1)^2$　　(10) $(x-4y)^2$

(11) $(x+8y)(x-2y)$　　(12) $(x-4y)(x+4y)$

(13) $(a-16b)(a-b)$　　(14) $(9r-7s)(9r+7s)$

(15) $(4m+n)^2$　　(16) $(k+3)(k-8)$

(17) $(4x-7y)^2$　　(18) $(1+8m)(1-8m)$

193 (1) $\left(x+\frac{1}{3}\right)^2$　　(2) $\left(\frac{a}{5}+\frac{b}{7}\right)\left(\frac{a}{5}-\frac{b}{7}\right)$

(3) $\left(x+\frac{1}{2}\right)^2$　　(4) $(x-0.1)^2$

(5) $(0.4a-1)(0.4a+1)$　　(6) $(0.2-0.5y)(0.2+0.5y)$

(7) $-3(x-1)(x-4)$　　(8) $5(x+9)(x-6)$

(9) $-2(x-3y)^2$　　(10) $2a(x+2y)(x-2y)$

(11) $(1-ab)(1+ab)$　　(12) $xy(x-10)(x+10)$

194 (1) $(x-y)(a-6)$　　(2) $(a-2)(a+9)$

(3) $(x-y)(x-y-1)$　　(4) $(a-b-2c)(a+b+2c)$

(5) $(2m+2n-1)^2$

195 (1) $y(x-3)(x+4)$　　(2) $\left(x+\frac{2}{3}\right)\left(x-\frac{2}{3}\right)$

(3) $(0.5x+0.7y)(0.5x-0.7y)$

(4) $3a(b+3c)(b-3c)$　　(5) $2y(x+5)(x-3)$

(6) $\left(\frac{x}{2}-y\right)\left(\frac{x}{2}+y\right)$　　(7) $2(x-3)(x-8)$

(8) $(x-7)(x-2)$　　(9) $-(x-1)^2$

(10) $-3x(a+2)^2$　　(11) $x(x-y)^2$

(12) $a(x+3)(x-9)$　　(13) $(1-3b)(2c+1)$

(14) $4(y+z-2)(y+z+2)$

196 (1) $4(x-1)(x+3)$　　(2) $(2x+3)^2$

(3) $4x(x-4)$　　(4) $4(x-2)(x+2)$

(5) $9(2m+n)(2m-n)$　　(6) $2(a+b)^2$

(7) $(x+5y)(x+6y)$　　(8) $(8m-n)^2$

(9) $\left(x-\frac{y}{10}\right)^2$　　(10) $(z-25)^2$　　(11) $5(x+37)(x+40)$

(12) $y(x-1)(x+1)$　　(13) $2y(6x-5y)$

【解説】

(12)(13) すべて展開して式を整理してから因数分解を行う。

12章　式の計算の利用

197 (1) 9　　(2) 11　　(3) 10000　　(4) 37　　(5) 200

(6) -15　　(7) $\frac{5}{3}$

198 (1) $(501-499)(501+499)=2\times1000=2000$

(2) $39(501+499)=39\times1000=39000$

(3) $(20+0.1)^2=400+4+0.01=404.01$

(4) $(50-0.2)(50+0.2)=2500-0.04=2499.96$

199 (1) $a=-5, b=-8$

(2) $k=13, 8, 7, -7, -8, -13$

200 (1) $2m$　　(2) $2m-1$ または $2m+1$

(3) $m+1$　　(4) $m, m+1$　　(5) $3m$

(6) $3m+1$　　(7) $2m+1$　　(8) $2m+2$

201 連続する3つの整数を $n-1, n, n+1$ とする。(n は整数)

$(n+1)^2-(n-1)^2=n^2+2n+1-(n^2-2n+1)$

$=n^2+2n+1-n^2+2n-1=4n$

よって，真ん中の数の4倍になる。

202 連続する2つの整数を $n, n+1$ とする。(nは整数)

$(n+1)^2+n^2=n^2+2n+1+n^2$

$=2n^2+2n+1=2(n^2+n)+1$

$2\times$（整数）$+1$ となるので，これは奇数である。

203 (1) 差が7である2つの整数を $n, n+7$ とする。

（n は整数）

$(n+7)^2-n^2=14n+49=7(2n+7)$

$7\times$（整数）となるので，これは7の倍数である。

(2) -2.5

204 2つの連続する奇数を $2n+1, 2n+3$ とおく。

（nは整数）

$(2n+3)^2-(2n+1)^2$

$=(4n^2+12n+9)-(4n^2+4n+1)$

$=4n^2+12n+9-4n^2-4n-1$

$=8n+8=8(n+1)$

$8\times$（整数）となるので，これは8の倍数である。

205 2つの異なる奇数を $2m+1, 2n+1$ とする。

（m, nは整数）

$(2m+1)^2+(2n+1)^2+2$

$=4m^2+4m+1+4n^2+4n+1+2$

$=4m^2+4n^2+4m+4n+4$

$=4(m^2+n^2+m+n+1)$

$4\times$（整数）となるので，これは4の倍数である。

206 (1) ある整数を n とすると，

$n^3-n=n(n^2-1)$

$=n(n-1)(n+1)=(n-1)n(n+1)$

$(n-1), n, (n+1)$ は3つの連続する整数である。よってこれは連続する3つの整数の積になっている。

(2) 23, 24, 25

207 (1) $S=4\pi(x+1)$　　(2) $\ell=2\pi(x+1)$　　(3) 2倍

208 (1) $S=6(x+y+6)$

(2) $\ell=2(x+y+6)$　　(3) 3倍

209 (1) 999000　　(2) 63　　(3) 400　　(4) 54

(5) -25　　(6) 150

【解説】

(1) $a^2+a=a(a+1)=999(999+1)=999\times1000$

$=999000$

(2) $7x^2-7y^2=7(x^2-y^2)=7(x-y)(x+y)$

$=7\times(3.75-2.25)(3.75+2.25)=7\times1.5\times6=63$

(3) $36x^2-24x+4=4(9x^2-6x+1)=4(3x-1)^2$

$=4\left(3\times\frac{11}{3}-1\right)^2=4\times10^2=400$

(4) $-a^2+b^2=-(a^2-b^2)=-(a-b)(a+b)$

$=-(-6)\times9=54$

(5) $-a^2 + 2ab - b^2 = -(a^2 - 2ab + b^2) = -(a-b)^2$
$\quad = -(-5)^2 = -25$

(6) $(z+4)(z-9) - (z-6)(z+6)$
$\quad = z^2 - 5z - 36 - (z^2 - 36) = -5z = -5 \times (-30) = 150$

210 (1) $99.9 \times 100.1 = (100 - 0.1)(100 + 0.1)$
$\qquad\quad = 100^2 - 0.1^2 = 10000 - 0.01 = 9999.99$

(2) $99.9 \times 99.1 - 99.9 \times 99$
$\quad = 99.9(99.1 - 99) = 99.9 \times 0.1 = 9.99$

211 ① 奇数　② 15　③ 17　④ 19　⑤ 3　⑥ 1
⑦ 3　⑧ 2　⑨ 偶数

212 ① $n+1$　② $(n+1)^2$　③ $2n+1$　④ $n+1$
⑤ $2n+1$

213 ① $2r+k$　② $2r+k$　③ k

【解説】
$S = \pi(r+k)^2 - \pi r^2 = \pi(r^2 + 2rk + k^2) - \pi r^2$
$\quad = 2\pi rk + \pi k^2 = \pi k(2r+k)$
$\ell = 2\pi\left(r + \dfrac{k}{2}\right) = \pi(2r+k)$

13章 平方根 I

214 (1) $6, -6 \,(\pm 6)$　(2) 存在しない　(3) 2つ
(4) 平方根

215 (1) ± 1　(2) ± 2　(3) ± 3　(4) ± 7
(5) ± 9　(6) ± 12　(7) ± 13　(8) 0

216 (1) ± 4　(2) ± 3　(3) ± 2　(4) ± 5　(5) ± 1　(6) 0

217 ① 無限　② $\pm\sqrt{3}$　③ $\pm\sqrt{x}$　④ x
⑤ $\sqrt{25}$　⑥ 5　⑦ x　⑧ 正　⑨ 正しい
⑩ 正しくない　⑪ 正しくない

218 (1) 3　(2) 4　(3) 13　(4) 13　(5) -5　(6) 7　(7) 2
(8) 5

219 2乗すると必ず正の数になるので，負の数の平方
根は存在しない。よって-9の平方根は存在しない。

220 (1) 2　(2) $\times$　(3) 0.2　(4) $\times$　(5) -10　(6) $\times$
(7) $-\dfrac{9}{7}$　(8) 64　(9) -8　(10) -0.1　(11) 9　(12) $\times$

221 (1) ± 9　(2) $\pm\sqrt{4.9}$　(3) ± 0.7　(4) $\pm\dfrac{1}{4}$
(5) $\pm\sqrt{\dfrac{1}{3}}$　(6) $\times$　(7) ± 20　(8) $\pm\dfrac{3}{10}$　(9) $\times$　(10) $\pm\dfrac{5}{2}$

222 ① 1.99996164　② 2　③ 6.99972849
④ 7　⑤ 3.87　⑥ 4.00　⑦ 4.12
⑧ $<$　⑨ $<$　⑩ $>$　⑪ $>$

223 (1) $-\sqrt{25}$　(2) $\sqrt{49}$　(3) $\sqrt{0.01}$
(4) $-\sqrt{\dfrac{9}{4}}$　(5) $\sqrt{100}$

224 (1) $\sqrt{7} > \sqrt{6}$　(2) $2 > \sqrt{2}$
(3) $-4 < -\sqrt{14}$　(4) $\sqrt{34} < 6 < \sqrt{37}$
(5) $\sqrt{\dfrac{4}{5}} < \sqrt{\dfrac{6}{5}}$　(6) $-\sqrt{0.9} > -1$

(7) $\sqrt{\dfrac{3}{5}} > \sqrt{\dfrac{1}{2}}$　(8) $-\sqrt{5} < -2 < -\sqrt{3}$

225 (1) $a = 1, 2, 3, 4$　(2) $a = 4, 5$
(3) $a = 10, 11, 12, 13, 14, 15$
(4) $a = 3, 4, 5, 6, 7, 8, 9$

226 (1) 整数部分：1　小数部分：$\sqrt{3}-1$
(2) 整数部分：3　小数部分：$\sqrt{11}-3$
(3) 整数部分：6　小数部分：$\sqrt{38}-6$
(4) $40 - 16\sqrt{6}$　(5) 4

227 A. 無限　B. $\sqrt{3}$　C. $\pm\sqrt{5}$　D. 平方根
E. ± 2　F. $\pm\sqrt{4}$

228 (1) ± 6　(2) $\pm\sqrt{2}$　(3) $\pm\sqrt{1.3}$
(4) ± 0.4　(5) $\pm\dfrac{9}{2}$　(6) $\pm\sqrt{\dfrac{1}{10}}$

229 A. 平方根　B. $\pm\sqrt{6}$　C. 6　D. 3　E. x　F. 10

230 (1) 5　(2) 11　(3) 11　(4) 17　(5) $\dfrac{4}{5}$
(6) 0.8　(7) 0.2　(8) $-\dfrac{1}{3}$

231 (1) $\sqrt{64}$　(2) $-\sqrt{100}$　(3) $\sqrt{0.36}$　(4) $-\sqrt{\dfrac{81}{49}}$

232 $-\sqrt{6} < -\sqrt{3} < 0 < \sqrt{\dfrac{3}{2}} < \sqrt{2} < 2 < \sqrt{5}$

233 (1) $k = 9, 10, 11$　(2) $k = 3, 4, 5$

【解説】
(1) $\sqrt{9} \leqq \sqrt{k} \leqq \sqrt{11}$ として考える。
(2) $\sqrt{6} < \sqrt{k^2} < \sqrt{36}$ として考える。

234 整数部分：12　小数部分：$\sqrt{151} - 12$

【解説】
$12^2 = 144,\ 13^2 = 169$ であるので，
$\sqrt{144} < \sqrt{151} < \sqrt{169}$　つまり，$12 < \sqrt{151} < 13$

14章 平方根 II

235 (1) ① $(\sqrt{x} \times \sqrt{y})(\sqrt{x} \times \sqrt{y})$
$\quad = \sqrt{x} \times \sqrt{x} \times \sqrt{y} \times \sqrt{y} = (\sqrt{x})^2 \times (\sqrt{y})^2 = xy$
② xy　(2) $\sqrt{xy}$

236 (1) $\sqrt{10}$　(2) $\sqrt{3}$　(3) 2

237 (1) ① $\dfrac{\sqrt{y}}{\sqrt{x}} \times \dfrac{\sqrt{y}}{\sqrt{x}} = \dfrac{\sqrt{y} \times \sqrt{y}}{\sqrt{x} \times \sqrt{x}} = \dfrac{(\sqrt{y})^2}{(\sqrt{x})^2} = \dfrac{y}{x}$　② $\dfrac{y}{x}$
(2) $\sqrt{\dfrac{y}{x}}$

238 (1) $\sqrt{3}$　(2) $\sqrt{\dfrac{3}{5}}$　(3) $\sqrt{\dfrac{6}{7}}$

239 (1) $3\sqrt{2}$　(2) $3\sqrt{3}$　(3) $2\sqrt{6}$　(4) $4\sqrt{3}$
(5) $3\sqrt{7}$　(6) $4\sqrt{2}$　(7) $5\sqrt{3}$　(8) $4\sqrt{15}$
(9) $10\sqrt{7}$　(10) $6\sqrt{5}$　(11) $3\sqrt{15}$　(12) $50\sqrt{2}$

240 (1) $-2\sqrt{6}$　(2) $-2\sqrt{35}$　(3) $15\sqrt{2}$
(4) $\dfrac{2\sqrt{3}}{3}$　(5) $-5\sqrt{2}$　(6) $\dfrac{\sqrt{42}}{5}$

241 (1) $3\sqrt{10}$　(2) $-10\sqrt{2}$　(3) $\sqrt{3}$　(4) $6\sqrt{7}$
　　(5) $\frac{\sqrt{6}}{2}$　(6) -24　(7) $7\sqrt{6}$　(8) $\frac{\sqrt{11}}{2}$　(9) $\frac{\sqrt{2}}{6}$

242 (1) 10　(2) $6\sqrt{10}$　(3) $10\sqrt{6}$　(4) $5\sqrt{21}$
　　(5) $20\sqrt{3}$　(6) $13\sqrt{2}$

243 (1) $\sqrt{28}$　(2) $\sqrt{200}$　(3) $\sqrt{180}$　(4) $\sqrt{\frac{3}{4}}$
　　(5) $\sqrt{\frac{18}{5}}$　(6) $\sqrt{0.03}$

244 (1) $\frac{3\sqrt{2}}{2}$　(2) $\frac{2\sqrt{5}}{15}$　(3) $\frac{2\sqrt{7}}{7}$　(4) $\frac{\sqrt{14}}{2}$

245 (1) 17.32　(2) 54.77　(3) 0.5477
　　(4) 173.2　(5) 0.866　(6) 10.954

246 (1) $1.\dot{2}$　(2) $0.\dot{9}\dot{0}$　(3) $0.\dot{0}7\dot{5}$

247 (1) $\frac{1}{9}$　(2) $\frac{50}{11}$

248 ア，イ，オ，コ，サ，シ

【解説】
ウ．$\frac{11}{3}$ を小数で表すと有限小数になる。
エ．$\frac{11}{3}$ は有理数である。
オ．循環小数は必ず分数に直せるため有理数。
カ．$\sqrt{2}$ は無理数なので$10\sqrt{2}$ も無理数で，小数に直す
　　と循環しない小数になる。
キ．$-\sqrt{81}=-9$ なので，有理数である。
ク．$\frac{13}{40}=0.325$ なので有限小数である。
ケ．循環小数は同じ数字の列が無限に繰り返される。
サ．$\sqrt{\frac{49}{64}}=\frac{7}{6}$ なので，有理数である。
シ．$\sqrt{\frac{3}{4}}=\frac{\sqrt{3}}{2}$ なので，無理数である。

249 (1) $7\sqrt{2}$　(2) $2\sqrt{13}$　(3) $20\sqrt{2}$

250 (1) $\sqrt{72}$　(2) $\sqrt{\frac{2}{5}}$　(3) $\sqrt{\frac{27}{8}}$

251 (1) $\frac{\sqrt{3}}{9}$　(2) $\sqrt{2}$　(3) $\frac{2\sqrt{6}}{9}$

252 (1) $36\sqrt{5}$　(2) $-\frac{\sqrt{2}}{2}$　(3) $\frac{3}{5}$　(4) $\frac{\sqrt{10}}{4}$　(5) $3\sqrt{3}$
　　(6) $2\sqrt{10}$　(7) $4\sqrt{2}$　(8) $\frac{3\sqrt{3}}{14}$

253 (1) -26.46　(2) 0.8367　(3) -5.292　(4) 4.1835

【解説】
(2) $\sqrt{0.7}=\sqrt{\frac{7}{10}}=\sqrt{\frac{70}{100}}=\frac{\sqrt{70}}{10}$
(4) $\sqrt{\frac{35}{2}}=\sqrt{\frac{70}{4}}=\frac{\sqrt{70}}{2}$

254 (1) $0.\dot{7}$　(2) $0.8\dot{1}$

255 (1) $\frac{25}{9}$　(2) $\frac{49}{37}$

256 イ，ウ，キ，ク，ケ

15章　平方根Ⅲ

257 ① 近似値　② 有効数字　③ 誤差

258 (1) ア．2桁　イ．2桁　ウ..1桁　エ．3桁
　　(2) ア．$6.95\leqq x<7.05$　イ．$0.715\leqq x<0.725$
　　(3) ア．0.05　イ．0.005

259 (1) 5.3×10^3 g　(2) 5.0×10^4 kg　(3) 5.0×10 m
　　(4) 1.3×10 cm　(5) 3.0 L　(6) 1.0×10^3 km

260 (1) 7.85×10^3 g　(2) 4.00×10^4 kg
　　(3) 6.00 m　(4) 2.55×10^2 g
　　(5) 4.22×10 km　(6) 1.73×10 m

261 (1) $17\sqrt{7}$　(2) $2\sqrt{2}$　(3) $2\sqrt{3}-\sqrt{5}$
　　(4) $\sqrt{10}-\sqrt{5}$　(5) -4　(6) 0　(7) $-6\sqrt{11}+6\sqrt{5}$

262 (1) $4\sqrt{2}$　(2) $\sqrt{2}$　(3) $\frac{5\sqrt{3}}{6}$　(4) $\frac{9\sqrt{7}}{28}$　(5) $\frac{14\sqrt{5}}{5}$
　　(6) $-\frac{\sqrt{10}}{10}$　(7) $19\sqrt{5}-6\sqrt{10}$　(8) $3\sqrt{2}$
　　(9) $\sqrt{3}-\sqrt{2}$　(10) $-\frac{\sqrt{2}}{2}$

263 (1) 45　(2) $-3\sqrt{3}$　(3) $-13-3\sqrt{5}$　(4) $-15\sqrt{2}$
　　(5) 3　(6) 1　(7) $10-2\sqrt{21}$　(8) $55+30\sqrt{2}$
　　(9) $9+\sqrt{5}$　(10) $-11+4\sqrt{6}$

264 (1) $a=6$　(2) $x=5$　(3) $n=3$
　　(4) $n=15$　(5) $a=5,8$
　　(6) ① $-4\sqrt{21}$　② 28

265 (1) 6.3×10 g　(2) 3.0×10^2 kg　(3) 6.5×10^5 m

266 (1) ウ　(2) 0.05

【解説】
(1) 四捨五入して2.8になるためには，a は 2.75 以上で
　　なければいけないのでア，イは誤り。2.85 は 3 桁目
　　を四捨五入すると2.9なのでエは誤り。
(2) （誤差）＝（近似値）$-$（真の値）であり，誤差の
　　絶対値が一番大きくなるのは $a=2.75$ のときであ
　　るので，$2.8-2.75=0.05$

267 (1) $2\sqrt{2}$　(2) 2　(3) $-2\sqrt{3}$　(4) 3　(5) $7\sqrt{3}$
　　(6) 30　(7) $\frac{5}{2}$　(8) $3\sqrt{3}$　(9) 20　(10) $-\sqrt{3}$
　　(11) 0　(12) $\sqrt{2}$　(13) $14\sqrt{2}-4\sqrt{6}$　(14) 3
　　(15) $-\frac{2\sqrt{5}}{5}$　(16) $\frac{2}{3}$　(17) 1　(18) 2　(19) $41-24\sqrt{2}$
　　(20) 2　(21) $2-2\sqrt{3}$

268 (1) $x=6$　(2) $a=1,6,9,10$　(3) $n=15$
　　(4) $26-2\sqrt{26}$

【解説】
(1) $\sqrt{96x}=4\sqrt{6x}$ として考える。
(2) a は自然数で$10-a>0$ であるので，$1\leqq a<10$
　　この範囲で考える。
(3) $\sqrt{\frac{60}{n}}=2\sqrt{\frac{15}{n}}$ として考える。
(4) $x^2+16x+63=(x+9)(x+7)$
　　$=\left(\sqrt{26}-9+9\right)\left(\sqrt{26}-9+7\right)=\sqrt{26}\left(\sqrt{26}-2\right)$
　　$=26-2\sqrt{26}$

16章 二次方程式 I

269 (1) $x = \pm 7$　(2) $x = \pm\sqrt{5}$　(3) $x = \pm 20$

(4) $x = \pm 5\sqrt{3}$　(5) $x = \pm 2\sqrt{2}$　(6) $x = \pm\frac{4}{5}$

(7) $x = \pm\frac{\sqrt{11}}{6}$　(8) $x = \pm\frac{\sqrt{42}}{6}$　(9) $x = \pm\frac{2\sqrt{10}}{5}$

(10) $x = \pm\sqrt{6}$　(11) $x = \pm 2\sqrt{3}$

(12) $x = \pm 5$　(13) $x = \pm\frac{\sqrt{5}}{2}$

(14) $x = \pm 2\sqrt{5}$　(15) $x = \pm\frac{5\sqrt{3}}{3}$

270 (1) $x = -2, 9$　(2) $x = 0, -1$

(3) $x = -2, -7$　(4) $x = 0, 1$

(5) $x = 6, -9$　(6) $x = 0, \frac{8}{3}$

(7) $x = 0, -\frac{4}{5}$　(8) $x = 17, -1$

(9) $x = -8, 3$　(10) $x = -2$

(11) $x = \frac{1}{7}$　(12) $x = -1$　(13) $x = \frac{1}{2}$

(14) $x = -\frac{2}{3}$　(15) $x = 10$　(16) $x = 4$

(17) $x = 0, 8$　(18) $x = 1, 7$

271 (1) $x = 0, -6$　(2) $x = 0, -\frac{1}{2}$

(3) $x = -4, 3$　(4) $x = \pm 2$

(5) $x = \pm 4$　(6) $x = \pm 1$　(7) $x = 3$

(8) $x = -1$　(9) $x = \frac{1}{3}$　(10) $x = 5, -4$

(11) $x = 5, -3$　(12) $x = 0, -2$

(13) $x = 4$　(14) $x = 0, 8$

(15) $x = 9, -1$

272 (1) $x = \pm 1$　(2) $x = \pm\sqrt{3}$　(3) $x = \pm 3$

(4) $x = 2, -1$　(5) $x = 0, 1$　(6) $x = \pm\frac{1}{3}$

(7) $x = \pm\frac{\sqrt{10}}{2}$　(8) $x = 0, \frac{16}{3}$

(9) $x = \pm\frac{4\sqrt{3}}{3}$　(10) $x = 0$　(11) $x = \pm\frac{1}{5}$

(12) $x = -1, -6$　(13) $x = -9$

(14) $x = 1, 2$　(15) $x = \frac{3}{2}$

273 (1) $x = \pm\frac{\sqrt{2}}{5}$　(2) $a = 0, -1$　(3) $b = 1$

(4) $t = \pm\frac{2\sqrt{15}}{5}$　(5) $t = 0, \frac{12}{5}$

(6) $t = \pm\frac{\sqrt{15}}{6}$　(7) $x = \pm\frac{3}{2}$

(8) $a = 10, 1$　(9) $c = -\frac{1}{5}$　(10) $x = 0, 2$

(11) $x = -1, 3$　(12) $x = \pm\sqrt{2}$　(13) $m = -3$

(14) $x = -\frac{1}{3}$　(15) $x = 0, -\frac{2}{3}$

274 (1) $x = -\frac{1}{2}$　(2) $x = \frac{1}{4}$　(3) $x = 0, \frac{8}{5}$

(4) $x = \frac{3}{2}$　(5) $x = \pm\sqrt{2}$　(6) $x = -7, 5$

(7) $x = 9, -6$　(8) $x = 4, 8$

275 (1) $x = \pm\sqrt{10}$　(2) $x = \pm\frac{2\sqrt{14}}{7}$

(3) $x = 2, 1$　(4) $x = \pm 13$　(5) $x = -3, 1$

(6) $x = 0, 5$　(7) $x = 3, -4$　(8) $x = 2, -5$

276 (1) $x = 0, \frac{3}{2}$　(2) $x = \pm 3\sqrt{3}$　(3) $x = -3, 1$

(4) $x = -3$　(5) $x = -6, 1$　(6) $x = \pm\frac{3}{5}\sqrt{15}$

(7) $x = \pm 11$　(8) $x = -5, 2$

17章 二次方程式 II

277 (1) $x = -9 \pm\sqrt{10}$　(2) $x = 4 \pm 2\sqrt{3}$

(3) $x = 7, -3$　(4) $x = 14, -4$

(5) $x = -3 \pm 2\sqrt{2}$　(6) $x = 2 \pm\sqrt{15}$

278 (1) $x = 2 \pm\sqrt{6}$　(2) $x = -6 \pm\sqrt{35}$

(3) $x = -3 \pm 2\sqrt{2}$　(4) $x = 4 \pm\sqrt{13}$

(5) $x = 5 \pm 3\sqrt{3}$　(6) $x = 1 \pm\sqrt{19}$

279 (1) $x = \frac{-b \pm\sqrt{b^2 - 4ac}}{2a}$　(2) $x = \frac{-q \pm\sqrt{q^2 - 4pr}}{2p}$

280 (1) $x = \frac{-5 \pm\sqrt{17}}{2}$　(2) $x = -4 \pm\sqrt{13}$

(3) $x = \frac{5 \pm\sqrt{57}}{4}$　(4) $x = \frac{1}{4}, -1$　(5) $x = 2, \frac{1}{7}$

(6) $x = \frac{3 \pm\sqrt{19}}{5}$

281 (1) $x = -7$　(2) $x = \frac{3 \pm\sqrt{3}}{3}$　(3) $x = -6 \pm 6\sqrt{3}$

(4) $x = \frac{3 \pm\sqrt{5}}{2}$　(5) $x = 0, \frac{3}{2}$　(6) $x = \pm\frac{\sqrt{22}}{4}$

282 $x = \frac{-b \pm\sqrt{b^2 - 4ac}}{2a}$

283 (1) $12, 6$　(2) $18, 9$　(3) $9, 3$　(4) $36, 6$

(5) $\frac{1}{9}, \frac{1}{3}$　(6) $\frac{1}{36}, \frac{1}{6}$

284 (1) $A : 2$　$B : 7$　$C : \sqrt{7}$　$D : -2 \pm\sqrt{7}$

$E : -9$　$F : 5$　$G : 16$　$H : 4$　$I : -9 \,(-1)$

$J : -1 \,(-9)$

(2) $x = \frac{-4 \pm\sqrt{4^2 - 4\times1\times(-3)}}{2} = \frac{-4 \pm\sqrt{28}}{2} = \frac{-4 \pm 2\sqrt{7}}{2} = -2 \pm\sqrt{7}$

(3) $(x+1)(x+9) = 0$　$x = -1, -9$

285 (1) $x = 3, -1$　(2) $x = \frac{1}{2}, -2$　(3) $x = \pm\frac{\sqrt{77}}{7}$

(4) $x = 0, \frac{11}{7}$　(5) $x = 2 \pm\sqrt{7}$

(6) $x = \frac{11 \pm\sqrt{105}}{2}$　(7) $x = \frac{1}{5}$　(8) $x = 2 \pm\sqrt{17}$

18章 二次方程式の利用

286 $5, 9$

【解説】

ある整数を n とすると，$6(n-3) = (n-4)^2 + 11$

287 $4, 5$

【解説】

連続する2つの自然数を n，$n+1$ とすると，
$n^2 + (n+1)^2 = 41$

288 $6, 7, 8$

【解説】

連続する3つの自然数を n，$n+1$，$n+2$ とすると，
$n(n+2) = 6(n+1) + 6$

289 5

【解説】

ある自然数を n とすると，$4(n+2) = (n+4)^2 - 53$

290 $a = 10, x = 5$

291 $a = -4, b = -12$

292 $a = -10, b = 25$

293 $2\sqrt{6}$ cm

【解説】

求める半径を r とすると，$\pi r^2 = 24\pi$

294 (1) $(x-99)(x+1)$　(2) $(x+9)(x+11)$

(3) $(x-34)(x+3)$　(4) $(x-26)(x-3)$

295 縦の長さ：15 m　横の長さ：19 m

【解説】

縦の長さを x とすると横の長さは $x+4$ であるので，$x(x+4) = 285$

296 縦の長さ：9 cm　横の長さ：13 cm

【解説】

横の長さを x とすると，縦＋横 $= 44 \div 2 = 22$ であるので，縦の長さは $22-x$ になる。よって，$x(22-x) = 117$

297 17 m

【解説】

正方形の土地の一辺を x とすると，$(x-9)(x+2) = 152$

298 3 m

【解説】

道幅を x とすると，$(24-x)(30-x) = 567$

299 25 cm

正方形の紙の一辺を x とすると，$6(x-12)^2 = 1014$

300 2秒後と6秒後

【解説】

x 秒後に $\triangle PBQ = 36 \text{ cm}^2$ になるとすると，$(16-2x) \times 3x \times \frac{1}{2} = 36$

301 (1) 20m　(2) 2秒後と3秒後　(3) 5秒後

【解説】

(1) $h = 25 \times 4 - 5 \times 4^2 = 20$

(2) $30 = 25t - 5t^2$ を解くと，$t = 2.3$

(3) $0 = 25t - 5t^2$ を解くと，$t = 0.5$

302 6

【解説】

ある正の数を n とすると，$n^2 = 2(n+12)$

303 3

【解説】

連続する3つの自然数を n，$n+1$，$n+2$ とすると，$n^2 = (n+1) + (n+2)$

304 $a = -1$，もう1つの解：3

【解説】

$x = -2$ を2次方程式に代入して a を求め，求めた a をもとの2次方程式に代入して x を解く。

305 $a = -12, b = 11$

【解説】

$(x-1)(x-11) = 0$ の左辺を展開して係数を比較する。

306 (1) $4\pi x^2$　(2) $\frac{3\sqrt{3}}{2}$c

【解説】

(2) $4\pi x^2 = 27\pi$ を解く。

307 縦：7 cm　横：11cm

【解説】

横の長さを x とすると，縦＋横 $= 36 \div 2 = 18$ であるので，縦の長さは $18-x$ になる。よって，$x(18-x) = 77$

308 縦：11 m　横：22m

【解説】

長方形の土地の縦の長さを x とすると，$x(2x-2) = 220$

309 2 cm

【解説】

余白の幅を x とすると，$(26-2x)(20-2x) = 352$

19章　二次関数 I

310 ① 2次関数　② 2乗に比例　③ 比例定数

311 (1)

x	-3	-2	-1	0	1	2	3
y	9	4	1	0	1	4	9

(2)

x	-3	-2	-1	0	1	2	3
y	$\frac{9}{2}$	2	$\frac{1}{2}$	0	$\frac{1}{2}$	2	$\frac{9}{2}$

(3)

x	-3	-2	-1	0	1	2	3
y	-45	-20	-5	0	-5	-20	-45

(4)

x	-3	-2	-1	0	1	2	3
y	$-\frac{9}{4}$	-1	$-\frac{1}{4}$	0	$-\frac{1}{4}$	-1	$-\frac{9}{4}$

312 (1) $y = -\frac{2}{9}x^2$　(2) $y = -\frac{8}{9}$　(3) $x = \pm 3\sqrt{2}$

313 (1)

x	-4	-3	-2	-1	0	1	2	3	4
y	16	9	4	1	0	1	4	9	16

(2)

x	-6	-4	-2	0	2	4	6
y	-18	-8	-2	0	-2	-8	-18

(1)
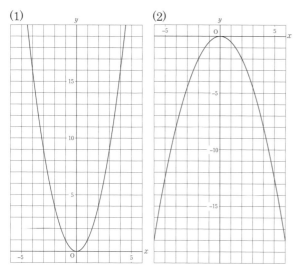

(2)

314 ア. 放物線　イ. 線対称　ウ. 軸　エ. 頂点
オ. 上　カ. 上　キ. 下　ク. 下

315

(1)
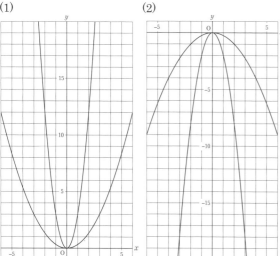

(2)

316 ①： $y = 5x^2$　②： $y = x^2$　③： $y = \dfrac{1}{5}x^2$
④： $y = -x^2$　⑤： $y = -\dfrac{1}{2}x^2$　⑥： $y = -\dfrac{1}{4}x^2$

317

(1)
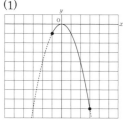

(2)
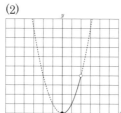

(3)
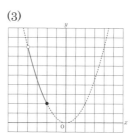

(4)
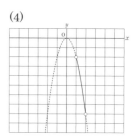

318 (1) $0 \leqq y \leqq 27$　(2) $-8 < y \leqq 0$　(3) $-25 < y \leqq -4$

319 (1) 放物線　(2) 頂点　(3) 比例定数
(4) ① x の 2 乗　② y　③ 線　(5) $p > 0,\ q < 0$
(6) $p = 3$　(7) $q = -\dfrac{1}{3}$

320 (1) ②,③,④,⑥　(2) 開きが最も小さい：⑧
開きが最も大きい：⑥　(3) ②と⑤，④と⑦

【解説】
(1) 上に開く放物線は比例定数が正のとき。
(2) 比例定数の絶対値が大きいほど放物線の開きは小さくなる。
(3) 比例定数の絶対値が等しい組は x 軸について互いに線対称である。

321

(1)
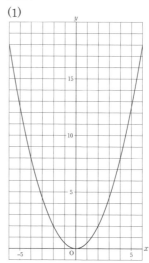

(2)
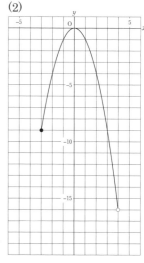

322 (1) $4 \leqq y < 36$　(2) $-\dfrac{8}{3} < y \leqq 0$

【解説】
大まかなグラフをかいて求める。p206 を参照すること。

323 (1) $y = -x^2$　(2) $x = \pm 2\sqrt{5}$

【解説】
(1) y は x の 2 乗に比例するので，$y = ax^2$ に $x = -5$，
$y = -25$ を代入すると，$a = -1$ となる。
(2) $y = -x^2$ に $y = -25$ を代入して x を求める。

20章 二次関数Ⅱ

324 ① 一次関数　② 傾き　③ 切片　④ 3
⑤ 8−5　⑥ 6　⑦ 1−(−5)　⑧ 3　⑨ −1−(−4)
⑩ 変化後の値　⑪ 変化前の値　⑫ $\frac{y \text{の増加量}}{x \text{の増加量}}$
⑬ 傾き

325 (1)

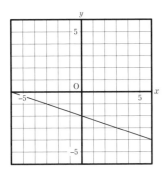

(2) x の増加量：9　y の増加量：−3
(3) 変化の割合 $= \frac{-3}{9} = -\frac{1}{3}$

326 ① $y = x + 1$　② $y = -\frac{2}{3}x + 3$　③ $y = -3x - 2$

327 (1) x の増加量：3　y の増加量：21
変化の割合：7
(2) x の増加量：3　y の増加量：−21
変化の割合：−7

328 (1) x の増加量：2　y の増加量：−24
変化の割合：−12
(2) x の増加量：4　y の増加量：−24
変化の割合：−6

329 (1) $\frac{1}{4}$　(2) −2

330 (1)

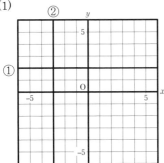

(2) ① $x = 4$　② $y = -5$

331 (1) $y = 3x + 5$　(2) C$(-2, -1)$

332 (1) ①：$y = -9$　②：$x = -2$
(2) B$(-3, -9)$　C$(3, -9)$　(3) D$(-2, -4)$

333 A$(1, 2)$　B$(-2, 8)$

334 (1) ① $y = -\frac{1}{3}x + 3$　② $y = 3x + 4$　③ $x = 4$
④ $y = -3$　(2) $\left(-\frac{7}{3}, -3\right)$　(3) $\left(-\frac{3}{10}, \frac{31}{10}\right)$

【解説】
(2) ②と④の連立方程式を解く。
(3) ①と②の連立方程式を解く。

335 (1) 傾き：3　切片：0
(2) x の増加量：15　y の増加量：45　変化の割合：3
(3) x の増加量：15　y の増加量：225
変化の割合：15　(4) $(0, 0)$, $(1, 3)$

【解説】
(1)〜(3)
増加量＝（変化後の値）−（変化前の値）
変化の割合 $= \frac{y \text{の増加量}}{x \text{の増加量}}$　であることに注意する。
(4) ①，③より y を消去すると，$3x = 3x^2$
$3x^2 - 3x = 0$　$3x(x - 1) = 0$　$x = 0.1$
$x = 0$ のとき，$y = 3 \times 0 = 0$
$x = 1$ のとき，$y = 3 \times 1 = 3$

336 (1) $y = -8$　(2) A$(-4, -8)$, B$(4, -8)$
(3) $y = x - 4$　(4) D$(2, -2)$

【解説】
(2) $y = -8$ を $y = -\frac{1}{2}x^2$ に代入して x の値を求める。
(3) A$(-4, -8)$,C$(1, -3)$ を通る直線の傾きは，
$\frac{-8-(-3)}{-4-1} = \frac{-5}{-5} = 1$　なので，$y - (-8) = 1 \times \{x - (-4)\}$
よって，$y = x - 4$
(4) $y = -\frac{1}{2}x^2$ と $y = x - 4$ を連立させる。y を消去する
と，$-\frac{1}{2}x^2 = x - 4$　これを解くと，$x = -4.2$
$x = -4$ は A の x 座標なので，D の x 座標は $x = 2$
これを $y = x - 4$ に代入すると，$y = -2$
よって D の座標は$(2, -2)$

337 (1) $\frac{1}{5}$　(2) $-\frac{3}{4}$　(3) −3

【解説】
増加量＝（変化後の値）−（変化前の値）
変化の割合 $= \frac{y \text{の増加量}}{x \text{の増加量}}$　であることに注意する。
(1) $11 = a \times 8^2 - a \times 3^2$
(2) $3 = \frac{b \times (-1)^2 - b \times (-3)^2}{-1 - (-3)}$
(3) x, y は右の表のように変化
するので，$\frac{3-12}{4-1} = \frac{-9}{3} = -3$

x	1	→	4
y	12	→	3

21章 いろいろな事象と関数Ⅰ

338 (1) ②⑤⑦　(2) ①③　(3) ⑥⑩

339 (1) $y = \frac{30}{x}$ ×　(2) $y = 7\pi x^2$ ○　(3) $y = 4\pi x^2$ ○
(4) $y = \frac{4}{3}\pi x^3$ ×　(5) $y = -x + 15$ ×　(6) $y = \frac{\pi}{6}x^2$ ○

340 (1) $y = \frac{1}{125}x^2$　(2) 時速 75 km

【解説】
(1) 求める式を $y = ax^2$ とすると，$x = 50$ のとき，$y = 20$
であるので，$20 = a \times 50^2$　これを解くと，$a = \frac{20}{50^2} = \frac{1}{125}$

よって, $y = \dfrac{1}{125}x^2$

(2) $y = 45$ を(1)の式に代入すると, $45 = \dfrac{1}{125}x^2$

よって, $x = \sqrt{45 \times 125} = \sqrt{3^2 \times 5^4} = 3 \times 5^2 = 75$

341 (1) 2000 円　(2) $3 < x \leqq 5$

342 (1) $y = \dfrac{1}{16}x^2$　(2) $(0, 12.5)$

【解説】

(1) $p = 4$ であるので, $y = \dfrac{1}{4 \times 4}x^2 = \dfrac{1}{16}x^2$

(2) $y = \dfrac{1}{50}x^2 = \dfrac{1}{4p}x^2$

$4p = 50$ より, $p = 12.5$　よって, $(0, 12.5)$

343 (1) ア：3　イ：x^2　ウ：3　(2) 4 倍, 9 倍, 16 倍

(3) 毎秒 12 m　(4) 毎秒 24 m

344 12 秒

【解説】

落下距離 y が落下時間 x の 2 乗に比例するので,

$y = ax^2$ (a は比例定数) という関係が成り立つ。$x = 2$

のとき $y = 20$ であるので, $20 = a \times 2^2$

よって $a = 5$ となり, $y = 5x^2$ が成り立つ。この式に

$y = 720$ を代入すると, $720 = 5x^2$　これを解くと,

$x = \sqrt{\dfrac{720}{5}} = \sqrt{144} = 12$　(注) x は時間であるので $x > 0$

345 (1) $y = ax$　(2) $y = ax^2$　(3) $y = \dfrac{a}{x}$

346 (1) ア．12　イ．3　ウ．3　エ．27

【解説】

$y = ax^2$ に $(2, 12)$ または $(-3, 27)$ を代入すると,

$a = 3$ が得られる。よって $y = 3x^2$ から表に当てはまる

数値を求められる。

347 (1) $y = x^3$　×　(2) $y = \pi x^2$　〇　(3) $y = \dfrac{3000}{x}$　×

(4) $y = 5x$　×　(5) $y = \dfrac{\pi}{10}x$　×

348 (1) $y = \dfrac{1}{4}x^2$　(2) 0.25 m

【解説】

(1) y は x の 2 乗に比例するので, 求める式を $y = ax^2$ と

することができる。この式に $x = 2, y = 1$ を代入して a を

求めると, $a = \dfrac{1}{4}$ となる。

(2) $y = \dfrac{1}{4}x^2$ で $x = 1$ のとき, $y = \dfrac{1}{4} = 0.25$

349 (1) 500 円　(2) 4 km　(3) $4 < x \leqq 5$

350 (1) $y = 5x^2$　(2) 毎秒 15 m　(3) 毎秒 10 m

【解説】

(1) $y = ax^2$ に $x = 3, y = 45$ を代入して a を求める。

(2) 平均の速さ＝落下距離÷落下時間

　　$= 45 \div 3 = 15$ m/秒

(3) $y = 5x^2$ に $x = 2$ を代入すると $y = 20$ となるので,

初めの 2 秒間で 20 m 落下する。この間の平均の速さ

は $20 \div 2 = 10$ m/秒

22章　いろいろな事象と関数 II

351 (1) $y = \dfrac{1}{4}x^2$　(2) $0 \leqq x \leqq 6,\ 0 \leqq y \leqq 9$

(3)

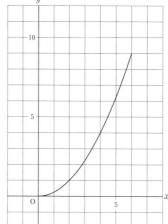

(4) $\dfrac{9}{4}$ cm^2

(5) $4\sqrt{2}$ 秒後

352 (1) 5　(2) 11　(3) 4　(4) 15

353 (1) 6　(2) -2　(3) -6　(4) $\dfrac{3}{2}$

354 (1) AB$= 10$, CD$= 6$　(2) -2　(3) 6　(4) M$(-2, 6)$

(5) $y = -3x$

【解説】

(5) 原点 O と M を通る直線の方程式を求める。原点を

通る直線は $y = ax$ であり, これに $(-2, 6)$ を代入する

と, $a = -3$ となる。

355 $\left(-7, -\dfrac{9}{2} \right)$

356 (1) $y = -12$　(2) $a = -\dfrac{4}{3}$　(3) $(-3, -12)$　(4) $\dfrac{81}{2}$

357 (1) A$(-6, 9)$ B$(2, 1)$　(2) 12　(3) $y = -\dfrac{5}{2}x$

358 (1) $(2, -4), (-2, -4)$　(2) $(3, -9)$

【解説】

(1) P, Q の x 座標を t とおくと, 各座標は, P $(t, -t^2)$,

Q $(t, -4t^2)$ となる。よって, PQ $= -t^2 - (-4t^2) = 12$

これを解くと, $t = \pm 2$

$t = 2$ のとき, P の座標は $(2, -4)$, $t = -2$ のとき, P

の座標は $(2, 4)$

(2) P, Q の x 座標を t とおくと, R, S の x 座標は $-t$ に

なる。よって, 各座標は, P $(t, -t^2)$, Q $(t, -4t^2)$,

R $(-t, -4t^2)$, S $(-t, -t^2)$ となる。

PQ $= -t^2 - (-4t^2) = 3t^2$　QR $= t - (-t) = 2t$

よって, $3t^2 : 2t = 9 : 2$　これを解くと, $t = 0.3$

問題文より P の x 座標は正なので, $t = 0$ は不適。

359 (1) $y = 4x^2$　(2) $0 \leqq x \leqq 3,\ 0 \leqq y \leqq 36$

(3) $\dfrac{3\sqrt{2}}{2}$ 秒後

【解説】

(1) x 秒後の PE, QE の長さは $2x$ cm であるので,

$y = \frac{1}{3} \times \frac{1}{2} \times 2x \times 2x \times 6 = 4x^2$

(2) P が E から H に到達するまでの時間は，$6 \div 2 = 3$ 秒である。$x = 3$ のとき，$y = 4x^2 = 4 \times 3^2 = 36$ で，x, y はともに 0 以上であることに注意して求める。

(3) 立方体 ABCD-EFGH の体積の 12 分の 1 は，$6^3 \times \frac{1}{12} = 18 \text{ cm}^3$　よって，$y = 4x^2$ において $y = 18$ のときの x の値を求めると，$x = \frac{3\sqrt{2}}{2}$ となる。

360 (1) $a = \frac{1}{2}$　(2) 24　(3) $y = \frac{3}{5}x + \frac{28}{5}$

【解説】

(1) $(-4, 8)$ を $y = ax^2$ に代入して求める。

(2) $y = \frac{1}{2}x^2$ に $x = 2$ を代入すると，$y = 2$
$y = 8$ を代入すると，$x = \pm 4$
よって，B の座標は $(2, 2)$，C の座標は $(4, 8)$
これにより $\triangle$ACB の底辺 AC は 8，高さは 6 となる。

(3) A$(-4, 8)$ と B$(2, 2)$ の中点を M とすると，M の座標は，$\left(\frac{-4+2}{2}, \frac{8+2}{2}\right)$ つまり，M は $(-1, 5)$ となる。求める直線は C$(4, 8)$ と M$(-1, 5)$ を通る直線であり，この直線の傾きは，$\frac{8-5}{4-(-1)} = \frac{3}{5}$ となる。よって求める直線は，$y - 8 = \frac{3}{5}(x - 4)$ つまり，$y = \frac{3}{5}x + \frac{28}{5}$

361 (1) $\left(1, \frac{3}{2}\right)$　(2) $(4, 24)$

【解説】

(1) A の x 座標を t とすると，A,B,C,D の座標は次のようになる。
A$\left(t, \frac{3}{2}t^2\right)$, B$\left(-t, \frac{3}{2}t^2\right)$, C$\left(t, -\frac{1}{2}t^2\right)$, D$\left(-t, -\frac{1}{2}t^2\right)$
よって，AB $= t - (-t) = 2t$，AD $= \frac{3}{2}t^2 - \left(-\frac{1}{2}t^2\right) = 2t^2$
AB=AC であるので，$2t = 2t^2$　これを解くと，$t = 0, 1$。$t = 0$ は A〜D がすべて原点になるので適さない。よって $t = 1$ のときの A の座標を求めればよい。

(2) 同様に A の x 座標を t とする。
AD $= 2t^2$, DC $=$ AB $= 2t$ なので，$2t^2 - 2t = 24$
これを解くと，$t = -3, 4$。A の x 座標を正であるので，$t = 4$ のときの A の座標を求めればよい。

23章 相似な図形 I

362

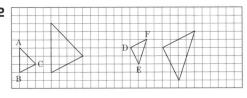

363

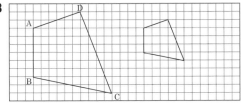

364 (1) 100 分の 1　(2) 21.5m

365 (1) ① 相似　② 角　③ 比
(2) ① $\triangle$DEF　② $\triangle$DFE　③ $\triangle$FDE
(3) ① 30　② 95　③ $\triangle$RPQ

366 (1) ① 80°　② 40°　③ 60°　(2) $\triangle$ABC∽$\triangle$EFD
(3) ① 5:4　② 4:5　(4) 5:4

367 (1) $x = \frac{10}{3}$　(2) $x = \frac{5}{6}$　(3) $x = 3\sqrt{2}$

368 (1) 9 cm　(2) 3 cm

369 CD=8 cm　FG=18 cm

370 (1) $\frac{9}{5}$ 倍　(2) $\frac{72}{5}$ cm

371 (1) 相似の位置にある　(2) 相似の中心

372

(1)　　　　　　　　　　　　(2)

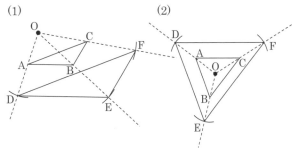

(3)　　　　　　　　　　　　(4)

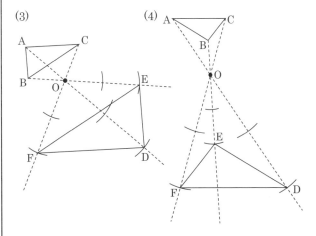

373 ① 相似　② 角　③ 辺

374

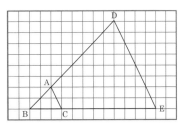

375

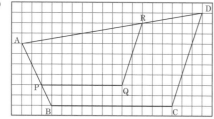

376 (1) $x = \dfrac{4}{5}$　(2) $x = \dfrac{5\sqrt{3}}{3}$

377 (1) ① ∠EDF　② ∠ACB
(2) ① △DFE　② △ACB
(3) 2：3　(4) 12 cm　(5) 15 cm

378 (1)

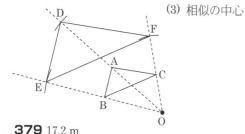

(2) 相似の位置にある
(3) 相似の中心

379 17.2 m

【解説】
求める高さを x とすると，6.2：x = 0.36：1
これを解くと，$x = 17.222\cdots \fallingdotseq 17.2$

24章　相似な図形Ⅱ

380 (1) ∠FCG　(2) ∠CBE　(3) ∠ACF, ∠ABD

381 定義：2つの辺が等しい三角形
定理：二等辺三角形の底角は等しい／二等辺三角形の頂角の二等分線は底辺を垂直に二等分する

382 定義：2組の向かい合う辺がそれぞれ平行である四角形　定理：向かい合う辺はそれぞれ等しい／向かい合う角はそれぞれ等しい／対角線はそれぞれの中点で交わる

383 ・三角形の合同条件
3組の辺がそれぞれ等しい／2組の辺とその間の角がそれぞれ等しい／1組の辺とその両端の角がそれぞれ等しい
・直角三角形の合同条件
斜辺と1つの鋭角がそれぞれ等しい／斜辺と他の一辺がそれぞれ等しい

384 【仮定】　AB＝AC, CD⊥AB, BE⊥AC
【結論】　∠BCD＝∠CBE
【証明】△BCD と △CBE で，
仮定より，∠BDC＝∠CEB＝90°…①
共通の辺なので，BC＝BC…②
二等辺三角形の定理より，∠DBC＝∠ECB…③

①，②，③より直角三角形の斜辺と1つの鋭角がそれぞれ等しいので，△BCD≡△CBE
合同な図形の対応する角の大きさは等しいので，∠BCD＝∠CBE

385 3組の辺の比がすべて等しい／2組の辺の比とその間の角がそれぞれ等しい／2組の角がそれぞれ等しい

386 △ABC∽△GIH：3組の辺の比がすべて等しい
△DEF∽△KLJ：2組の角がそれぞれ等しい
△MNO∽△PRQ：2組の辺の比とその間の角がそれぞれ等しい

387 (1) ① $90 - a$　② $90 - a$　③ a
(2) △ACB, △BCH

388 3組の辺の比がすべて等しい／2組の辺の比とその間の角がそれぞれ等しい／2組の角がそれぞれ等しい

389 △ABD と △ECD で，
共通の角なので，∠ADB＝∠EDC…①
平行線の同位角は等しいので，∠ABD＝∠ECD…②
①，②より2組の角がそれぞれ等しいので，△ABD∽△ECD

390 △ABC と △AED で，
仮定より，∠ACB＝∠ADE…①
共通の角なので，∠CAB＝∠DAE…②
①，②より2組の角がそれぞれ等しいので，△ABC∽△AED

391 △OAB と △ODC で，
対頂角は等しいので，∠AOB＝∠DOC…①
平行線の錯角は等しいので，∠BAO＝∠CDO…②
①，②より2組の角がそれぞれ等しいので，△OAB∽△ODC

392 △ABC と △AED で，
共通の角なので，∠BAC＝∠DAE…①
AB：AE＝8：12＝2：3…②
AC：AD＝10：15＝2：3…③
①，②，③より2組の辺の比とその間の角がそれぞれ等しいので，△ABC∽△AED

393 3組の辺の比がすべて等しい／2組の辺の比とその間の角がそれぞれ等しい／2組の角がそれぞれ等しい

394 △ABC∽△EFD：3組の辺の比がすべて等しい
△GHI∽△OMN：2組の角がそれぞれ等しい
△JKL∽△QRP：2組の辺の比とその間の角がそれぞれ等しい

395 (1) ① $90 - a$　② a　③ $90 - a$　④ a
⑤ $90 - a$　(2) △ECB, △DEC

396 △ABC と △APQ で，
共通の角なので，∠CAB＝∠QAP…①

平行線の同位角は等しいので，∠ABC＝∠APQ …②
①,②より2組の角がそれぞれ等しいので，
△ABC∽△APQ

397 △AEF と△CBF で，
対頂角は等しいので，∠AFE＝∠CFB …①
平行線の錯角は等しいので，∠EAF＝∠BCF …②
①,②より2組の角がそれぞれ等しいので，
△AEF∽△CBF

398 △ABE と△CDE で，
対頂角は等しいので，∠AEB＝∠CED …①
AE：CE＝2：6＝1：3 …②
BE：DE＝1.5：4.5＝1：3 …③
①,②,③より2組の辺の比とその間の角がそれぞれ等しいので，△ABE∽△CDE

25章 相似な図形Ⅲ

399 (1) $x = \frac{27}{4}$　　(2) $x = \frac{15}{2}$

400 (1) △APQ と△QRC で，
平行線の同位角は等しいので，
∠PAQ＝∠RQC …①　　∠AQP＝∠QCR …②
①,②より2組の角がそれぞれ等しいので，
△APQ∽△QRC
(2) ア.QR　イ.AQ　ウ.（平行四辺形の）向かい合う辺の長さは等しい　エ.QR　オ.PB

401 $x = 6, y = 8$

402 (1) $x = 15$　(2) $x = 9$　(3) $x = \frac{64}{9}$
　　　(4) $x = 10$　(5) $x = 4, y = 12$

403 18 cm²

404 (1) $\frac{27}{4}$　(2) $\frac{25}{8}$　(3) 4

【解説】
(1) $x : 9 = 3 : 4$ を解くと，$x = \frac{27}{4}$
(2) $5 : 3 = x : 5 - x$ を解くと，$x = \frac{25}{8}$
(3) $6 : 8 = 7 - x : x$ を解くと，$x = 4$

405 (1) $x = 9, y = 12$　(2) $x = \frac{60}{13}$　(3) $x = \frac{16}{3}$
　　　(4) $x = \frac{10}{3}$　(5) $x = \frac{8}{3}$

406 (1) $x = 5$　(2) $x = 12$

407 (1) $x = \frac{18}{5}$　(2) $x = \frac{15}{8}$

408 DF $= \frac{18}{7}$, EF $= \frac{10}{7}$

409 (1) $x = 4$　(2) $x = 10, y = \frac{7}{2}$

【解説】
(1) D を通り AC と平行な直線と m, n との交点をそれぞれ G,H とする。
GE $= 6 - 3 = 3$ c，HF $= 10 - 3 = 7$ c であるので，
GE：HF＝DE：DF　よって，
$3 : 7 = 3 : 3 + x$　これを解くと，$x = 4$

(2) AC：CF＝BC：CE，AC：CF＝BD：DG であるので，$8 : 4 = x : 5$，$8 : 4 = 7 : y$　これらを解くと，
$x = 10$，$y = \frac{7}{2}$

410 (1) $x = \frac{32}{5}$　(2) $x = 2$　(3) $x = 6, y = 6$
　　　(4) $x = 3, y = \frac{9}{2}$　(5) $x = 12, y = 16$
　　　(6) $x = \frac{42}{11}$，$y = \frac{30}{11}$

【解説】
(1) ∠BAD＝a とすると，∠ABD＝$90 - a$ であるので，
∠DBC $= 90 - ∠ABD = a$　よって ∠BAD＝∠DBC
であるので，△ABD∽△BCD　相似な図形の対応する辺の比は等しいので，$4.8 : x = 3.6 : 4.8$
(2) △ACD∽△BCA であるので，$4 : x = 6 + x : 4$
$x(6 + x) = 16$　　$x^2 + 6x - 16 = 0$
$(x + 8)(x - 2) = 0$　$x > 0$ であるので，$x = 2$
(3) △GAD∽△GCB であるので，
AG：CG＝DG：BG＝10：15＝2：3
一方△AEG∽△ABC であるので，
EG：BC＝AG：AC＝2：2＋3＝2：5　よって.
$x : 15 = 2 : 5$ より，$x = 6$
同様に，△DGF∽DBC であるので，
GF：BC＝DG：DB＝2：2＋3＝2：5　よって.
$y : 15 = 2 : 5$ より，$y = 6$
(4) △BCA で AC//DE であるので，$6 : x = 4 : 2$
これを解くと，$x = 3$ さらに△BED∽△BCA であるので，$4 : 4 + 2 = 3 : y$　これを解くと，$y = \frac{9}{2}$
(5) $y = 28 - x$ であるので，$18 : 24 = x : 28 - x$　これを解くと，$x = 12$，よって，$y = 28 - 12 = 16$
(6) ∠CAE＝∠CEA で底角が等しいので△CAE は二等辺三角形。よって，CE＝CA＝6 cm
∠DEA＝∠CAE で錯角が等しいので DE//AC より，
△BED∽△BCA　よって，
BE：BC＝BD：BA より，$5 : 11 = 7 - x : 7$
BE：BC＝DE：AC より，$5 : 11 = y : 6$

411 (1) 4 cm　(2) 5：4

【解説】
(1) DG＝x とすると，DC＝AB＝5 であるので，
CG＝$5 - x$　また，△GAD∽△GEC であるので，
DG：CG＝AD：EC　よって，$x : 5 - x = 8 : 2$
これを解くと，$x = 4$
(2) △FAB∽FGD より，対応する辺の比は等しいので，FB：FD＝AB：GD＝5：4
F は△ABD の BD を 5：4 に分けるため，
△ABF：△ADF＝5：4

412 30 cm²

【解説】
CD に補助線を引いて考える。
△DCE＝a とおくと，△ADE：△CDE＝8：a＝4：5
これを解くと，$a = 10$　よって，△CDA＝8＋10＝18
△CBD＝b とおくと，△CAD：△CBD＝18：b＝3：2
これを解くと，$b = 12$　よって，

△ABC ＝ 8 ＋ 10 ＋ 12 ＝ 30 cm²

413 ア BAD　イ ACE　ウ ACE　エ BA　オ AE
　　カ BED　キ BE　ク AC　ケ DQ　コ AB　サ AC
　　シ BD　ス CD

414 (1)

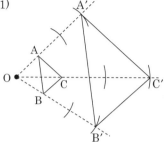

(2)ア.1：3　イ.1：3
　ウ.∠A'OB'　エ.2組の辺の比とその間の角が等しい
　オ.△OA'B'　カ.1：3　キ.△OB'C'
　ク.△OA'C'　ケ.1：3　コ.1：3　サ.1：3

26章　相似な図形Ⅳ

415 PQ//AB, PQ ＝ $\frac{1}{2}$AB

416 ①～③
　2組の向かい合う辺がそれぞれ平行
　2組の向かい合う辺がそれぞれ等しい
　2組の向かい合う角がそれぞれ等しい
　④ 対角線がそれぞれ中点で交わる
　⑤1組の向かい合う辺が平行で長さが等しい

417 (1) AB ＝ 5 cm, DE ＝ 3 cm, DF ＝ 4 cm
　(2) △BAC で,D,E はそれぞれ AB,BC の中点なので,
　中点連結定理より, DE//AC …①
　△CAB で, E,F はそれぞれ BC,AC の中点なので,
　中点連結定理より, EF//AB …②
　①,②より, 2 組の向かい合う辺がそれぞれ平行であ
　るので四角形 ADEF は平行四辺形である。

418 (1) 15　(2) 8

419 (1) 4　(2) 18

420 (1) 30　(2) 3

421 4 cm

422 △DAB において, P, S はそれぞれ DA,DB の中
　点なので,中点連結定理より,
　AB//PS …①　PS ＝ $\frac{1}{2}$AB …②
　同様に△CAB において, Q, R はそれぞれ CB,CA の
　中点なので,中点連結定理より,
　AB//QR …③　QR ＝ $\frac{1}{2}$AB …④
　①,③より, PS//QR …⑤
　②,④より, PS ＝ QR …⑥
　⑤,⑥より 1 組の向かい合う辺が平行で長さが等しい
　ので四角形 PSQR は平行四辺形である。

423 (1) △ACD において,
　M, P はそれぞれ AD, AC の中点なので,
　中点連結定理より, MP ＝ $\frac{1}{2}$CD …①
　同様に△CAB において,
　中点連結定理より, NP ＝ $\frac{1}{2}$AB …②
　仮定より, AB ＝ CD …③
　①,②,③より MP ＝ NP
　よって, 二辺の長さが等しいので△PMN は二等辺
　三角形である。
　(2) 32°

424 ① $x^2 : y^2$　② $x^3 : y^3$

425 ア.3：5　イ.$\frac{9}{2}$　ウ.$\frac{25}{2}$　エ.9：25　オ.3　カ.5
　キ.3：5　ク.$\frac{27}{2}$　ケ.$\frac{125}{2}$　コ.27：125　サ.3　シ.5

426 (1) 25：9　(2) 16：9　(3) 18 cm²

427 (1) 27：1　(2) 5 cm³

428 ①～③
　2組の向かい合う辺がそれぞれ平行
　2組の向かい合う辺がそれぞれ等しい
　2組の向かい合う角がそれぞれ等しい
　④ 対角線がそれぞれ中点で交わる
　⑤1組の向かい合う辺が平行で長さが等しい

429 (1) △AND と△ENC で,
　仮定より, DN ＝ CN …①
　対頂角は等しいので, ∠DNA ＝ ∠CNE …②
　平行線の錯角は等しいので, ∠NDA ＝ ∠NCE …③
　①,②,③より1組の辺とその両端の角がそれぞれ等し
　いので△AND ≡ △ENC
　(2) ア.EN　イ.BM　ウ.AB　エ.AE
　オ. 中点連結　カ.1：1　キ.1：1
　(3) x ＝ 9, y ＝ 7, z ＝ 9

【解説】
(3) AD//BC//MN なので△BMQ∽△BAD, △CNP∽△
　CDA である。さらに M,N はそれぞれ BA,CD の中点
　なので, 相似比はどちらも 1：2 である。よって,
　$x = \frac{1}{2}$AD $= \frac{1}{2} \times 18 = 9$　　$z = \frac{1}{2}$AD $= \frac{1}{2} \times 18 = 9$
　また△AMP∽△ABC で相似比は 1：2 であるので,
　$x + y = \frac{1}{2} \times 32 = 16$　　よって, $y = 16 - x = 16 - 9 = 7$

430 (1) x ＝ 8, y ＝ 4
　(2) △ABC ＝ 9 cm²　　△DEF ＝ 16 cm²
　(3) ア.3　イ.4

【解説】
(1) △ABC と△DEF を分割した左側の直角三角形, 及
　び右側の直角三角形も互いに相似であることに注意
　すると, 6：x ＝ 3：4　　3：y ＝ 3：4

431 $\frac{640}{3}\pi$ cm³

【解説】A₂の体積を x とすると, $90\pi : x = 3^3 : 4^3$

432 (1) 8 cm　(2) 1：4

【解説】

(1) 中点連結定理より PQ//BC，$PQ = \frac{1}{2}BC$ であるので，
　△RPQ∽△RCB で相似比は 1：2 である。よって，
　RQ：RB = 1：2　つまり，4：RB = 1：2
(2) 相似比が 1：2 であるので面積比は $1^2 : 2^2$

433 (1) 円錐　(2) 125：27　(3) 27：98　(4) $\frac{9800}{9}$ cm³

【解説】

(2) AC：AB = 5：3 より求める体積比は $5^3 : 3^3$
(3) $V_2 : V_3 = 3^3 : 5^3 - 3^3$
(4) $300 : V_3 = 27 : 98$

434 6 cm

【解説】

△BAEで M,D はそれぞれ BA，BE の中点であるので，
中点連結定理により，MD//AE，$MD = \frac{1}{2}AE$
よって，AE = 2MD = 2×4 = 8 …①
また，MD//AE より △CFE∽△CMD で，E は CD の中
点なので，その相似比は 1：2 である。
よって，$FE = \frac{1}{2}MD = \frac{1}{2}×4 = 2$ …②
①，②より，AF = AE － FE = 8 － 2 = 6 c

435 ア. 中点連結　イ. BC　ウ. $\frac{1}{2}$BC
　エ.オ. DE ,BF（順不同）
　カ. 1 組の向かい合う辺が平行で長さが等しい

436 (1) ① 25：4　② 4：21　③ 4：25
　(2) $\frac{147}{4}$ cm²　(3) $\frac{125}{4}$ cm²

【解説】

(1) △ABC∽△AEF で相似比は AB：AE = 5：2
　よって，△ABC：△AEF = $5^2 : 2^2$ = 25：4
　△AEF：四角形 EBCF = 4：25 － 4 = 4：21
　△AFG∽△CDG で相似比は AE：CD = 2：5
　よって，△AEG：△DCG = $2^2 : 5^2$ = 4：25
(2) 7：四角形 EBCF = 4：21
(3) 5：△DCG = 4：25

437 (1) DE//OB　$DE = \frac{1}{2}OB$　(2) 1：2
　(3) DE = 6 cm，DF = 2 cm，FO = 4 cm

【解説】

(2) DE//AO より △DEF∽△OAF であり，
　$DE = \frac{1}{2}OB = \frac{1}{2}OA$ よりその相似比は 1：2 であるの
　で，DF：FO = 1：2
(3) OA = OB = OC = $\frac{1}{2}$AB = 12 であるので，
　$DE = \frac{1}{2}OA = 6$ c
　$OD = \frac{1}{2}OC = 6$ c　で，DF：FO = 1：2
　であるので，
　$DF = \frac{1}{3}OD = \frac{1}{3}×6 = 2$ c
　$FO = \frac{2}{3}OD = \frac{2}{3}×6 = 4$ c

27章 円周角と中心角

438 ① AB　② 円周角　③ AB　④ 中心角　⑤ $\frac{1}{2}$

439 (1) $\angle a$　(2) $\angle d$　(3) $\angle b$　(4) $\angle c$

440 (1) $\angle BEC, \angle BDC$　(2) $\angle ABE, \angle ADE$
　(3) $\angle BCE$

441 $a : 100°$　$b : 260°$　$c : 130°$　$d : 240°$　$e : 120°$
　$f : 60°$　$g : 90°$　$h : 90°$

442 (1) 90°　(2) 55°　(3) 51°　(4) 80°　(5) 110°
　(6) 240°　(7) 90°　(8) 55°　(9) 50°　(10) 30°
　(11) 70°　(12) 80°　(13) 35°　(14) 135°　(15) 70°
　(16) 70°

443 (1) 60°　(2) 30°　(3) 20°　(4) 210°　(5) 41°
　(6) 74°　(7) 65°　(8) 18°　(9) 110°　(10) 25°
　(11) 30°

【解説】

(1) $\angle ACF = 25°$，$\angle ECF = 35°$であるので，この和を求
　める。
(2) $\angle ADC = 90°$，$\angle ADB = 60°$であるので，この差を求
　める。
(3) $\angle ACB = 50°$，$\angle ACO = 30°$であるので，
　$\angle OCB = 50 - 30 = 20°$ これは$\angle OBC$と等しい。
(4) $\angle OAB = 50°$より，$\angle AOB = 180 - 2×50 = 80°$
　$\angle OAC = 55°$より，$\angle AOC = 180 - 2×55 = 70°$
　$\angle x = 360 - 80 - 70 = 210°$
(5) $\angle ACB = 17 + 24 = 41°$ これは$\angle x$と等しい。
(6) $\angle ACB = 22 + 30 = 52°$ よって，$\angle ADB = 52°$
　$\angle x = \angle DAF + \angle ADF = 22 + 52 = 74°$
(7) $\angle ACF = 25°$，$\angle BCE = 90°$であるので，
　$\angle OCB = 90 - 25 = 65°$ これは$\angle x$と等しい。
(8) 上側の弧 AC に対する円周角は $2×108 = 216°$ より，
　$\angle AOC = 360 - 216 = 144$ よって，△AOC に注目す
　ると，$x = (180 - 144) ÷ 2 = 18°$
(9) $\angle OAB = 20°$であるので，
　$\angle AOB = 180 - 2×20 = 140°$
　左側の弧 AB に対する中心角 $= 360 - 140 = 220°$
　よって，$\angle x = 220 ÷ 2 = 110°$
(10) $\angle AOC = 180 - 2×25 = 130°$ より，
　$\angle ABC = 130 ÷ 2 = 65°$
　△ABD に注目すると，$\angle x + \angle ABD + 90 = 180$
　よって，$\angle x = 180 - \angle ABD - 90 = 180 - 65 - 90 = 25°$
(11) $\angle OAB = 30°$であるので，
　$\angle AOB = 180 - 2×30 = 120°$
　よって $\angle ACB = 120 ÷ 2 = 60°$
　△BDC に注目すると，$\angle x + \angle BCD + 90 = 180$
　よって，$\angle x = 180 - \angle BCD - 90 = 180 - 60 - 90 = 30°$

444 (1) 33°　(2) 130°

【解説】

(1) $\angle POT = 180 - 90 - 24 = 66°$

∠OAT＋∠OTA＝∠POT より，2x＝66
よって，x＝33°
(2) 四角形 OSPT の ∠S と ∠T はともに 90°なので，
x＝360－90－90－50＝130°

445 (1) x＝115°，y＝70°　(2) x＝70°，y＝80°
(3) x＝120°，y＝40°　(4) x＝60°，y＝40°

【解説】
(1) x＋65＝180，y＋110＝180
(2) ∠x＝∠ADC，∠y＝∠BAD
(3) ∠x＝∠BCD，80＋y＝x
(4) x＋120＝180 より，x＝60°
　　△OBC は二等辺三角形なので，∠OBC＝20°
　　よって∠OBA＝x－20＝40°
　　△OAB も二等辺三角形なので，y＝40°

446 イ，ウ，カ，キ，ケ

【解説】
キ．∠BAC＝180－116－26＝38°
ケ．∠ADC＋∠ABC＝90＋90＝180°

447

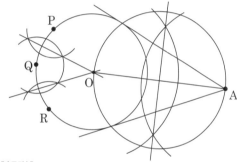

【解説】
線分 PQ と線分 QR のそれぞれの垂直二等分線の交点
が点 O である。線分 OA を直径とする円と，円 O の交
点を S としたとき，直径に対する円周角は 90°であるの
で，∠OSA は直角になる。よって直線 AS が求める接
線である。

448

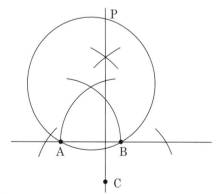

【解説】
A,P,B を通る円の弧 AB に対する円周角である∠APB
は 30°であるので，同じ弧に対する中心角は 60°である。

よってこの円の中心を O としたとき，∠AOB＝60°で，
OA＝OB であるので，△OAB は正三角形である。この
ことから点 O を決定できる。

449
(1)　　　　　　　　　　　(2)

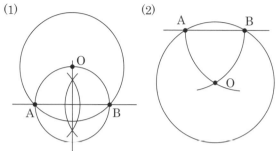

【解説】
(1) 弧 AB に対する円周角が 45°で，同じ弧に対する中
　心角は 90°であるので，∠AOB＝90° である。よって
　線分 AB を直径とする円は点 O を通り，線分 AB の
　垂直二等分線も点 O を通ることから点 O を決定する
　ことができる。
(2) AB より下側の弧 AB に対する円周角が 150°である
　ので，同じ弧に対する中心角は 300°である。
　よって∠AOB＝360－300＝60°であり，OA＝OB で
　あるので，△OAB は正三角形である。このことから
　点 O を決定することができる。
(注) 求める円の線分 AB より上側の円周上の点を P,
　下側の円周上の点を Q とするとき，四角形 APBQ は
　円に内接する四角形なので，∠APB＋∠AQB＝180°
　である。よって∠AQB＝180－150＝30° なので，線
　分 AB より上側の弧 AB に対する中心角は 60°であ
　る。このことから∠AOB＝60° と求めることもでき
　る。

450 △ADP と△BCP で，
弧 AB に対する円周角は等しいので，
∠ADP＝∠BCP…①
対頂角は等しいので，∠APD＝∠BPC …②
①,②より 2 組の角がそれぞれ等しいので，
△ADP∽△BCP

451 △ABC と△DPC で，
同一の弧に対する円周角は等しいので，
∠ACB＝∠PCD…①
弧 BC に対する円周角は等しいので，
∠BAC＝∠PDC…②
①,②より 2 組の角がそれぞれ等しいので，
△ABC∽△DPC

452 △ABH と△ACD で，
弧 AD に対する円周角は等しいので，
∠ABH＝∠ACD…①
仮定より，∠AHB＝90°
直径に対する円周角は直角なので，∠ADC＝90°
よって，∠AHB＝∠ADC …②
①,②より 2 組の角がそれぞれ等しいので，

△ABH∽△ACD

453 (1) $x = \frac{15}{4}$　(2) $x = \frac{5}{2}$

454 (1) 弧 AB $(\overset{\frown}{AB})$　(2) 円周角　(3) 中心角

455 ア. $2a$　イ. $2b$　ウ. $a + b$

456 (1) ∠CBD, ∠CED　(2) ∠ABD
　　　(3) ∠EAC, ∠EBC　(4) ∠ADC, ∠AEC

457 (1) 25°　(2) 110°　(3) 95°

【解説】

(1)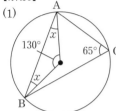

同じ弧に対しては
中心角＝2×円周角
である。また二等辺三角
形の底角は等しいので、
$2x + 130 = 180$
$2x = 50$
$x = 25°$

(2)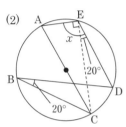

直径に対する円周角は 90°
であるので、∠AEC＝90°。
弧 CD に対する円周角は等
しいので、∠CED＝20°
よって、$x = 90 + 20 = 110°$

(3)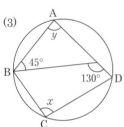

∠BAD＝y とすると、
$45 + y = 130$ より、$y = 85°$
円に内接する四角形の向か
い合う角の和は 180° である
ので、$x + y = 180°$
$x = 180 - y = 180 - 85 = 95°$

458 (1) 72°　(2) 72°

【解説】

(1) 円の中心を O とすると、∠AOD＝$360 \times \frac{2}{5} = 144°$
　　よって、∠APD＝$\frac{1}{2} \times 144 = 72°$

(2) ∠EAC＝$\frac{1}{2}\left(360 \times \frac{1}{5}\right) = 36°$
　　∠ADC＝$\frac{1}{2}\left(360 \times \frac{2}{5}\right) = 72°$
　　よって、△CDF に注目すると、
　　$x + 36 + 72 = 180$ より、$x = 72°$

459 (1) ②

(2)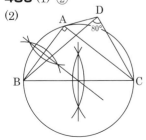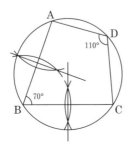

【解説】

(1) 四角形の向かい合う角の和が 180° であるとき、その
　　四角形は同一円周上にある。

460

(1)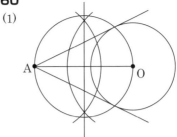

(2)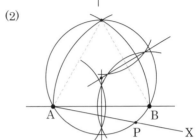

【解説】

(1) AO を直径とする円と円 O の交点を T としたとき、
　　直径に対する円周角は 90° なので、∠ATO は直角で
　　ある。よって OT が求める接線である。

(2) ∠APB が 120° であるので、A,P,B を通る円の、直線
　　AB より上側の円周上の点を Q としたとき、四角形
　　APBQ は円に内接しているので、
　　∠APB+∠AQB = 180° である。よって、
　　∠AQB = 180 - 120 = 60° であるので、この円の線分
　　AB より下側の弧 AB に対する円周角は 60° である。
　　よって△ABC が正三角形となるような頂点 C を直
　　線 AB より上側に求め、この正三角形の頂点を通る
　　円と直線 AX との交点が P となる。

461 (1) $x = 8$　(2) $x = \frac{24}{5}, y = \frac{7}{5}$

【解説】

(1) △EDB∽△EAC であるので、
　　AE=y とすると、$4 : y = 6 : 3$
　　$6y = 12$ より $y = 2$ であるので、$x = y + 6 = 8$

(2) △BOD∽△BAC で、BC＝8 cm あるので、
　　$5 : 8 = 3 : x$ これを解くと、$x = \frac{24}{5}$
　　$5 : 8 = 4 : 5 + y$ これを解くと、$y = \frac{7}{5}$

462 △APE と△BEQ で、
　　直径に対する円周角は直角なので、∠AEC＝90°
　　仮定より、∠BQE＝90°
　　よって、∠AEP＝∠BQE …①
　　弧 DE に対する円周角は等しので、
　　∠PAE＝∠QBE …②
　　①,②より 2 組の角がそれぞれ等しいので、
　　△APE∽△BEQ

463 ア.180°　イ.180°　ウ.180°　エ.DCE
オ.2組の角がそれぞれ等しい

28章　三平方の定理Ⅰ

464 (1) ① 90　② c　③ 4辺の長さ　④ 90
　　⑤ $b-a$　(2) ア. $\frac{1}{2}ab$　イ. $b-a$　ウ. a^2+b^2

465 (1) $5\sqrt{3}$ cm　(2) 13 cm　(3) $3\sqrt{2}$ cm

466 (1) $2\sqrt{3}$ cm　(2) $\sqrt{65}$ cm　(3) $4\sqrt{3}$ cm
　　(4) $2\sqrt{5}$ cm

467 (1) $\sqrt{41}$　(2) $2\sqrt{21}$　(3) $4\sqrt{3}$

468 (1) $2\sqrt{7}$　(2) 16　(3) $\sqrt{95}$　(4) 5

469 ア，ウ，エ

470 (1) $\sqrt{(a-c)^2+(b-d)^2}$
※ $\sqrt{(c-a)^2+(d-b)^2}$ でも可
　　(2) ① $\sqrt{5}$　② 13　③ $\sqrt{85}$

471 (1) $1:\sqrt{2}:1$　(2) $2:\sqrt{3}:1$

472 (1) $x=\sqrt{2}$　(2) $x=10, y=5\sqrt{3}$
　　(3) $x=2\sqrt{2}, y=\frac{4\sqrt{6}}{3}$　(4) $x=\frac{3}{2}\sqrt{6}, y=\frac{3}{2}\sqrt{2}$

473 イ，ウ

474 (1) $3\sqrt{5}$　(2) $\sqrt{13}$

475 (1) 7　(2) 12　(3) $\sqrt{5}$　(4) $3\sqrt{13}$
　　(5) $\frac{3\sqrt{2}}{2}$　(6) $\sqrt{2}+\frac{\sqrt{6}}{3}$　(7) $2\sqrt{39}$　(8) 4

【解説】
(1) $AB=y$ とおくと，$1^2+y^2=5^2$ より，$y^2=24$
　　$y^2+(1+4)^2=x^2$ より，$24+25=x^2$
(2) $OH=OB=13-8=5$ より，$x^2+5^2=13^2$
(3) $BD=y$ とおくと，$5^2+4^2=y^2$ より，$y^2=41$
　　$6^2+x^2=y^2$ より，$36+x^2=41$
(4) D から BC に下した垂線と BC との交点を E とする
　　と，$EC=14-8=6$　よって，$6^2+9^2=x^2$
(5) $AC:2\sqrt{3}=\sqrt{3}:2$ より，$AC=3$
　　よって，$x^2+x^2=3^2$
(6) $AD=BD=y$ とすると，$y:2=1:\sqrt{2}$
　　よって，$y=\sqrt{2}$　$CD=z$ とすると，
　　$z:y=1:\sqrt{3}$ つまり，$z:\sqrt{2}=1:\sqrt{3}$
　　$z=\frac{\sqrt{6}}{3}$　よって，$x=y+x=\sqrt{2}+\frac{\sqrt{6}}{3}$
(7) $AD=y$ とする。$OA=OC=8$ であるので，
　　$y^2+5^2=8^2$　よって，$y=\sqrt{39}$
　　D は AB の中点であるので，$x=2y=2\sqrt{39}$
(8) $OA=OB=(2+8)\div2=5$ であるので，$OD=5$
　　$OC=OA-2=3$ であるので，$x^2+3^2=5^2$

476 (1) $2\sqrt{21}$ c ²　(2) $9\sqrt{3}$ c ²　(3) $5\sqrt{15}$ c ²

【解説】
(1) A から BC に下した垂線と BC との交点を D とす
　　る。
　　$\triangle ABD\equiv\triangle ACD$ であるので，$BD=CD=2$
　　$BD^2+AD^2=AB^2$ であるので，$2^2+AD^2=5^2$
　　よって，$AD=\sqrt{21}$
　　$\triangle ABC=\frac{1}{2}\times4\times\sqrt{21}=2\sqrt{21}$ c ²
(2) A から BC に下した垂線と BC との交点を D とする
　　と，$BC=6\div2=3$
　　$\triangle ABC$ は正三角形であるので，$AB:AD=2:\sqrt{3}$
　　よって，$6:AD=2:\sqrt{3}$ より，$AD=3\sqrt{3}$
　　$\triangle ABC=\frac{1}{2}\times6\times3\sqrt{3}=9\sqrt{3}$ c ²
(3) A,D から BC に下した垂線と BC との交点をそれぞ
　　れ E,F とすると，$EF=4$ なので，
　　$BE=CF=(6-4)\div2=1$
　　$AE=DF=h$ とすると，$1^2+h^2=4^2$ より，$h=\sqrt{15}$
　　台形 $ABCD=\frac{1}{2}(6+4)\times\sqrt{15}=5\sqrt{15}$ c ²
(注) 4つの角がすべて直角なので，四角形 AEFD は長
　　方形で，$AE=DF$ となるので，$\triangle ABE\equiv\triangle DCF$（斜
　　辺と他の一辺がそれぞれ等しい）。よって，$BE=CF$
　　がいえる。

477 $6\sqrt{3}$ cm

【解説】
A から BC に下した垂線と BC との交点を D とする。
$\triangle ABC$ は正三角形で，$\triangle OAB\equiv\triangle OBC\equiv\triangle OCA$（3
組の辺がそれぞれ等しい）ので，
$\angle OBA=\angle OBC=60\div2=30°$　よって，
$\triangle OBD$ において，$OB:BD=2:\sqrt{3}$ で $OB=6$ なの
で，$6:BD=2:\sqrt{3}$　よって，$BD=3\sqrt{3}$
D は BC の中点なので，$BC=2\times BD=6\sqrt{3}$ cm
(注) $\triangle OAB\equiv\triangle OBC\equiv\triangle OCA$ より $\angle BAO=\angle CAO$
よって，直線 AO は $\angle BAC$ の二等分線である。二等
辺三角形の頂角の二等分線は底辺を垂直に二等分する
ので，$BD=CD$ が成り立つ。

29章　三平方の定理Ⅱ

478 (1) $\frac{15}{2}\sqrt{2}$ cm²　(2) 3 cm²　(3) $\frac{35}{2}\sqrt{3}$ cm²

479 ア

480 $x=9$

481 (1) $4\sqrt{3}$　(2) $\sqrt{77}$

482 13

483 (1) $V=\frac{32\sqrt{5}}{3}\pi$ cm³　$S=40\pi$ cm²　(2) 240°

484 $V=\frac{16\sqrt{73}}{3}$ c ³　$S=8\sqrt{77}+16$ cm²

485 (1) 72 cm²　(2) $108\sqrt{3}$ cm³

486 (1) $V = \frac{128}{3}$ cm³　(2) $S = 16\sqrt{6}$ cm²　(3) $\frac{4\sqrt{6}}{3}$ cm

487 $(0.1 + 2\sqrt{3}), (0.1 - 2\sqrt{3})$

488 $18\sqrt{3}$ cm²

【解説】

図のように B から CA の延長線上 におろした垂線 と直線 CA の交点 を D とすると，

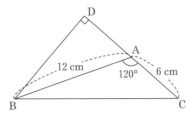

$\angle BAD = 60°$ であるので，$AB : BD = 2 : \sqrt{3}$

$12 : BD = 2 : \sqrt{3}$ より，$BD = 6\sqrt{3}$

よって，$\triangle ABC = \frac{1}{2} \times 6 \times 6\sqrt{3} = 18\sqrt{3}$ cm²

489 (1) $10\sqrt{2}$ cm　(2) 90°　(3) $6\sqrt{5}$ cm²

(4) $2\sqrt{14}$ c　(5) $\frac{3\sqrt{70}}{7}$ cm

【解説】

(1) EF + FG + GH = 4 + 6 + 4 = 14 cm なので，

最短距離を x とすると，$14^2 + 2^2 = x^2$

(2) AD と平面 DHGC は垂直なので，$AD \perp DG$

(3) $DG^2 = 2^2 + 4^2 = 20$ より，$DG = 2\sqrt{5}$

よって，$\triangle ADG = \frac{1}{2} \times 6 \times 2\sqrt{5} = 6\sqrt{5}$ cm²

(4) $AG = \sqrt{2^2 + 4^2 + 6^2} = \sqrt{56} = 2\sqrt{14}$

(5) $\triangle ADG = \frac{1}{2} AG \times DP$

(3),(4)の結果より，$\frac{1}{2} \times 2\sqrt{14} \times DP = 6\sqrt{5}$

よって，$DP = \frac{6\sqrt{5}}{\sqrt{14}} = \frac{3\sqrt{70}}{7}$ cm

490 ウ

【解説】

$AB = \sqrt{(2+2)^2 + (-6-6)^2} = \sqrt{160}$

$BC = \sqrt{(-2-6)^2 + (6-2)^2} = \sqrt{80}$

$CA = \sqrt{(6-2)^2 + (2+6)^2} = \sqrt{80}$

$BC = CA$，$BC^2 + CA^2 = AB^2$ が成り立っているので，

$\triangle ABC$ は直角二等辺三角形といえる。

491 108 cm²

【解説】

$OB = r$ とすると，半径は等しいので $OP = OQ = r$

$OA = r - 3 = CB$，$OC = r - 6$ となるので，$\triangle OCB$ において三平方の定理より，

$(r-3)^2 + (r-6)^2 = r^2$

$r^2 - 18r + 45 = 0$

$(r-3)(r-15) = 0$

CQ = 6 であるので，$OQ = r > 6$

よって，$r = 15$

$OA = 15 - 3 = 12$，$OC = 15 - 6 = 9$ となるので，

長方形 OABC = $12 \times 9 = 108$ cm²

492 (1) $\angle QPR, \angle PQR (\angle PQB)$　(2) 二等辺三角形

(3) $4\sqrt{2}$ c　(4) $8\sqrt{2}$ cm²

【解説】

(1) 四角形 PDCQ ≡ 四角形 PD′C′Q で対応する角の大 きさは等しいので，$\angle DPQ = \angle D'PQ$

また AD//BC で平行線の錯角は等しいので，

$\angle DPQ = \angle PQR$

(2) (1)より底角が等しいので二等辺三角形といえる。

(3) P から RQ に垂線を下ろし，RQ との交点を H とす ると，PH = 4 cm で，$\angle RPH = 45°$ であるので，

$\triangle PHR$ は直角二等辺三角形である。

PH : PR = 1 : $\sqrt{2}$ より，4 : PR = 1 : $\sqrt{2}$

よって，PR = $4\sqrt{2}$ c

(4) $\triangle PQR$ は二等辺三角形なので，

RP = RQ = $4\sqrt{2}$ c　よって，

$\triangle RPQ = \frac{1}{2} \times RQ \times PH = \frac{1}{2} \times 4\sqrt{2} \times 4 = 8\sqrt{2}$ cm²

493 $\frac{3\sqrt{82}}{2}$ cm³

【解説】

AC と BD の交点を H とする。

AB : AC = 1 : $\sqrt{2}$ なので，AC = $3\sqrt{2}$

平行四辺形の対角線は中点で交わるので，H は AC の

中点である。よって，AH = $\frac{3\sqrt{2}}{2}$

$AH^2 + OH^2 = OA^2$ であるので，$\left(\frac{3\sqrt{2}}{2}\right)^2 + OH^2 = 25$

OH = $\frac{\sqrt{82}}{2}$ であるので，求める体積は，

$\frac{1}{3} \times 3 \times 3 \times \frac{\sqrt{82}}{2} = \frac{3\sqrt{82}}{2}$ cm³

494 $P_1 (-2, 0)$，$P_2 (3, 0)$

【解説】

直径に対する円周角は 90°であるので，

$\angle AP_1B = \angle AP_2B = 90°$

P_1 の座標を $(t, 0)$ とすると，

$AP_1^2 + BP_1^2 = AB^2$ であるので，

$(0 - t)^2 + (3 - 0)^2 + (t - 1)^2 + (0 + 2)^2$

$= (0 - 1)^2 + (3 + 2)^2$

$2t^2 - 2t + 14 = 26$　　$2t^2 - 2t - 12 = 0$

$t^2 - t - 6 = 0$　　$(t-3)(t+2) = 0$　　$t = 3, -2$

図より t は負であるので，$t = -2$

同様に，P_2 の座標を $(t, 0)$ として計算しても同じ式が 得られ，図よりこの x 座標は正であるので，このとき

$t = 3$ となる。

495 (1) 120°

(2) $V = \frac{16\sqrt{2}}{3}\pi$ cm³

$S = 16\pi$ cm²

(3) $6\sqrt{3}$ cm

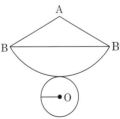

【解説】

(1) 図 2 において，

弧 BB′ = (円 O の円周)

であるので，弧 BB′ = 4π cm

$\angle BAB' = x$ とおくと，$2\pi \times 6 \times \frac{x}{360} = 4\pi$ であるので，

$x = 120°$

(2) 図1において，△AOB は直角三角形であるので，
$OA^2 + 2^2 = 6^2$ より，$OA = 4\sqrt{2}$

よって，$V = \frac{1}{3} \times \pi \times 2^2 \times 4\sqrt{2} = \frac{16\sqrt{2}}{3}\pi$ cm³

図2において，扇形 $ABB' = \pi \times 6^2 \times \frac{120}{360} = 12\pi$

よって，$S =$ 扇形 $ABB' +$ 円 $O = 12\pi + 4\pi = 16\pi$ cm²

(3) 求める最短距離は図2における線分 BB' の長さである。図2において，A から BB' におろした垂線と BB' との交点を H とする。△ABB' は二等辺三角形であるので，∠BAH は $120 \div 2 = 60°$ である。

よって，$AB : BH = 2 : \sqrt{3}$

$6 : BH = 2 : \sqrt{3}$ より，$BH = 3\sqrt{3}$ であるので，

$BB' = 2BH = 6\sqrt{3}$ cm

(注) △ABH≡△AB'H（斜辺と他の一辺がそれぞれ等しい）ので，H は BB' の中点である。

30章　標本調査

496 (1) 母集団　(2) 標本　(3) 無作為抽出
(4) 標本調査　(5) 全数調査
(6)

A 党	B 党	C 党	D 党	その他の党	支持政党なし
26.4	24.1	7.7	4.5	9.8	27.5

497 標本調査：②,④,⑤　全数調査：①,③,⑥

498 (1) 標本調査　(2) 無作為抽出　(3) 母集団：ウ
標本：イ　(4) 0.3%　(5) 180 個

499 (1) ① 65　② 20　③ 15　(2) イ